Klaus-Jürgen Götting
Ernst F. Kilian
Reinhard Schnetter

Einführung in die Meeresbiologie 1
Marine Organismen — Marine Biogeographie

Klaus-Jürgen Götting
Ernst F. Kilian
Reinhard Schnetter

Einführung in die Meeresbiologie 1

Marine Organismen – Marine Biogeographie

Mit 75 Bildern

Friedr. Vieweg & Sohn   Braunschweig/Wiesbaden

CIP-Kurztitelaufnahme der Deutschen Bibliothek

Götting, Klaus-Jürgen:
Einführung in die Meeresbiologie / Klaus-Jürgen Götting;
Ernst F. Kilian; Reinhard Schnetter. — Braunschweig;
Wiesbaden: Vieweg
  (Vieweg-Studium; ...)

NE: Kilian, Ernst F.:; Schnetter, Reinhard:

1. → Götting, Klaus-Jürgen: Marine Organismen —
marine Biogeographie

Götting, Klaus-Jürgen:
Marine Organismen — marine Biogeographie / Klaus-Jürgen
Götting; Ernst F. Kilian; Reinhard Schnetter. — Braunschweig;
Wiesbaden: Vieweg, 1982.
  (Einführung in die Meeresbiologie / Klaus-Jürgen Götting;
  Ernst F. Kilian; Reinhard Schnetter; 1)
  (Vieweg-Studium; 44: Grundkurs Biologie)

NE: Kilian, Ernst F.:; Schnetter, Reinhard:; 2. GT

1982

Satz: Friedr. Vieweg & Sohn, Braunschweig

ISBN-13: 978-3-528-07244-5   e-ISBN-13: 978-3-322-85032-4
DOI: 10.1007/978-3-322-85032-4

Inhaltsverzeichnis

Vorwort

Das Meer, der größte und einheitlichste Lebensraum unserer Erde, hat in den letzten Jahrzehnten ein stetig steigendes Interesse auf sich gezogen. Hofft man doch, es vermehrt als Nahrungsquelle für die ständig wachsende Weltbevölkerung nutzen zu können und seine Rohstoffe und Energiepotentiale industriell zu verwerten. Mit Sorge werden Störungen des Gleichgewichtes mariner Ökosysteme und die Auswirkungen von Verschmutzungen unterschiedlichster Art beobachtet. Die erhebliche Intensivierung der Erforschung der Ozeane hat ihren Niederschlag in einer Fülle von Fachzeitschriften und einer unaufhaltsam steigenden Flut von Einzelveröffentlichungen gefunden, für die die englische Sprache internationale Verständigungsbasis ist.

Im Rahmen zweier Taschenbuchbände wagen die Autoren den Versuch, aus der Fülle der gesichteten Untersuchungsergebnisse eine Information für einen breiten, an meereskundlichen Fragen interessierten Leserkreis zusammenzustellen, die auch dem Biologiestudenten eine Grundlage für weitere Einarbeitung geben soll. Der Stoff ist auf die beiden Bände so verteilt, daß in einem die marinen Lebensräume und ökologischen Fragestellungen in den Mittelpunkt der Betrachtung gerückt sind, aber auch auf Methoden und Meerestechnik hingewiesen wird. Der andere (der vorliegende) gibt eine Übersicht über die marinen Organismengruppen und eine knappe Darstellung der marinen Biogeographie. Dabei erschien es zweckmäßig, auch kurz auf ökologische Zusammenhänge einzugehen. Die Auswahl der genannten Organismenarten und der Schwerpunkte der Darstellung erfolgte aufgrund jahrelanger Erfahrungen auf vielen Exkursionen vor allem an europäischen Küsten mit einer großen Anzahl von Biologiestudenten, deren Interesse und deren Fragen uns wichtige Hinweise gaben.

Die Autoren haben sich bemüht, die beiden Bände so abzufassen, daß sie auch unabhängig voneinander benutzt werden können. Die Abbildungen der Tier- und Pflanzenarten — letztere sind stärker berücksichtigt, als dies im allgemeinen bei einführenden Texten üblich ist — sollen es ermöglichen, wenigstens die wichtigsten Vertreter einordnen zu können. Im Literaturverzeichnis sind nur in Ausnahmefällen Originalarbeiten aufgeführt. Den Zugang zu diesen erschließen die verzeichneten Lehr- und Handbücher und die Zeitschriften-Titel.

Bei der Vorbereitung des Textes halfen uns Kollegen, für deren Unterstützung wir auch hier danken: Dr. E. Ziegelmeier, List, gab zahlreiche Hinweise zum Benthos; technische Unterstützung, Rat und Hilfe wurden uns von den Mitarbeitern der Biologischen Anstalt Helgoland gewährt; Frau H. Schmidt, Frau A. Hudel und die Herren A. Bleichner und H. Steinmüller waren bei der Herstellung von Abbildungsvorlagen behilflich; Teile des Manuskriptes schrieben Frau Ch. Westermann, Frau U. Schäfer und Frau B. Gelzenleuchter; beim Zusammenstellen der Stichwortverzeichnisse und beim Lesen der Korrekturen halfen uns Frau S. Götting, Frau Dr. G. Wintermann-Kilian und Frau Dr. M.-L. Schnetter. Den Mitarbeitern des Verlages, insbesondere Herrn A.A. Weis, danken wir für das großzügige Eingehen auf unsere Wünsche hinsichtlich der Gestaltung dieses Bandes.

Für Änderungs- und Verbesserungsvorschläge sind die Autoren jederzeit dankbar.

Gießen, im April 1981

Die Verfasser

I. Die trophischen Beziehungen

Die Primärproduzenten bilden die Nahrungsgrundlage für alles Leben im Meer. Sie ermöglichen indirekt auch die Besiedlung von Wassertiefen, in die das Licht nicht oder in nicht ausreichendem Maße vordringt.

Die trophischen Beziehungen zwischen Organismen werden im allgemeinen in Form einer Nahrungskette dargestellt: von Primärproduzenten, wie z.B. einzelligen Algen, ernähren sich filtrierende Copepoden, von diesen leben Fische, die selbst wiederum größeren Fischen oder Seevögeln oder Meeressäugern zur Nahrung dienen. Eine solche einsinnig ausgerichtete Nahrungskette dürfte den Ausnahmefall darstellen. Sie ist auch bei starker Verallgemeinerung, wenn man nur die Beziehungen zwischen Lebensformtypen betrachtet (z.B. „einzellige planktische Alge", „planktotropher Fisch") und sich nicht auf bestimmte Arten bezieht (etwa *Prorocentrum micans* → *Acartia clausi* → *Sprattus sprattus* → *Sterna macrura*) in der Mehrzahl der Fälle nicht richtig, da die Beziehungen zwischen den Arten komplizierter sind. So leben die ausgewachsenen Seestachelbeeren (*Pleurobrachia pileus*) zu einem wesentlichen Teil von Ruderfußkrebsen. Die juvenilen Pleurobrachien werden aber auch von adulten Copepoden gefressen, so daß sich die Räuber-Beute-Beziehung während der ontogenetischen Entwicklung umkehrt. Will man die gegenseitigen Abhängigkeiten der Arten anschaulich machen, so ist der Vergleich mit einem dreidimensionalen Netz zutreffender, in dem die Spezies jeweils einen Knoten repräsentieren, wobei allerdings auch weiter voneinander entfernte Knoten direkte Verbindungen haben können.

Organische Substanzen liegen im Meer nicht nur in Gestalt der Organismen vor: beim Stoffwechsel und bei der Zersetzung von Pflanzen und Tieren lösen sich organische Substanzen, darunter Aminosäuren, im Meerwasser. Wahrscheinlich ist der in einigen Meeresregionen vorkommende „Gelbstoff" nichts anderes als die Summe solcher Stoffwechsel- und Abbauprodukte, die sich im Meerwasser lösen. Die gelösten organischen Substanzen stellen ein Nahrungsreservoir dar, da eine Reihe von Tieren imstande ist, dieses Material (vielleicht durch Vermittlung von Bakterien) zu resorbieren. Unklar ist bisher allerdings, welche quantitative Rolle die Aufnahme gelöster Nahrung spielt. Abgesehen von Extremsituationen, wird die Hauptnahrung durch partikuläres organisches Material gestellt.

Dieses partikuläre organische Material ist ein Bestandteil des Seston. Als Seston bezeichnet man die Gesamtheit der im Wasser suspendierten Partikeln. Das Seston umfaßt die kleinen, treibenden, lebenden Organismen (das Plankton) und nichtlebende Partikeln (den Detritus oder das Tripton). Der Detritus setzt sich aus den Resten abgestorbener Pflanzen und Tiere und aus anorganischem Material (z.B. Sandkörner, Tonteilchen) zusammen. Der Detritus kann einen erheblichen Anteil des Sestons ausmachen, auch in landfernen Gebieten. So wurde während der Internationalen Overflow-Expedition im Juni 1960 zwischen Island und den Färöern festgestellt, daß an der Oberfläche der Detritusanteil 74% des Gesamtsestongewichtes (trocken) ausmacht. In 50 m Tiefe beträgt er schon über 90%. Das bedeutet, daß an der Oberfläche zwischen 2×10^6 und 34×10^6 (im Mittel 9×10^6) Detritusteilchen im Liter Wasser enthalten sind. Die nordwärts gerichtete Strömung transportierte im Untersuchungszeitraum in jeder Stunde rund 900 t Plankton und mehr als 7000 t Detritus (Trockengewicht) über den Island-Färöer-Rücken. Diese Zahlen vermitteln einen Eindruck davon, welche Mengen organischer Substanzen im Meer verfrachtet werden. Dieser Transport ermöglicht einen Ausgleich der Nahrungsbilanzen verschiedener Ozeanbereiche untereinander.

In dem hier geschilderten Fall wird das Seston passiv verlagert. Weitere Verlagerungen von organischen Substanzen werden durch die gerichteten Vertikalwanderungen vieler Planktonten und Nektonten bewirkt (vgl. Abschnitt Plankton). Vertikalwanderungen können während der Ontogenese durchgeführt werden, sich also über einen längeren Zeitraum erstrecken, oder sie finden in einem Tag-Nacht-Rhythmus statt. Im nordwestlichen Pazifik machen Ruderfußkrebse (*Calanus cristatus, C. plumchrus, Eucalanus bungii, Metridia ochotensis, M. pacifica*) in den oberen 4000 m etwa 55 % der Plankton-Biomasse aus. Die Juvenilen nehmen ihre Nahrung in der euphotischen Zone auf, die heranwachsenden Tiere sinken in tiefere Schichten. Zwischen 1000 und 2000 m stellen sie noch über 40 %, zwischen 2000 und 3000 m etwa 20 % der Plankton-Biomasse. Diese Copepoden dienen anderen Tiefseetieren als Nahrung und stellen so die Verbindung zwischen den Gemeinschaften der Oberfläche (mit den Primärproduzenten) und der Tiefe her. Den Copepodit-Stadien wie auch den in großer Menge erzeugten Larven anderer Evertebraten kommt durch ihre Fähigkeit zur Ausnutzung mikroskopisch kleiner Primärnahrung sicher eine besonders wichtige Rolle bei der Verwertung und Weitergabe der Nahrung zu.

Mit zunehmender Tiefe vermindert sich das Nahrungsangebot. Das abgestorbene Phytoplankton zersetzt sich bereits in den oberen Wasserschichten, so daß gegebenenfalls nur die leeren Schalen in die Tiefe gelangen. Vom Zooplankton erreichen Formen über 1 mm Durchmesser größere Tiefen in relativ geringerem Zersetzungsgrad. So haben 10 bis 20 % bis 2 mm großer Flügelschnecken (Pteropoda) noch etwas Plasma in den Schalen, wenn sie auf 500 m abgesunken sind, während bei 2000 m die Schalen leer sind. Da Copepoden und andere Crustaceen ähnlicher Größe langsamer sinken als Pteropoden, sind sie schon in geringerer Tiefe völlig zersetzt. Nur 1/10 bis 1/30 der in den oberen Wasserschichten vorhandenen, partikulären organischen Substanz erreicht 5000 m Tiefe, und dieser Anteil besteht aus den schwerlöslichen und schwer assimilierbaren Fraktionen. Um so größer ist die Bedeutung der aktiven Vertikalwanderungen pelagischer Tiere für den Nahrungstransport in die Tiefe. Normalerweise steigen Planktonten und Nektonten nachts aus der Tiefe in höhere Wasserschichten empor und fressen dort. Durch die Überlappung der Wanderungen verschiedener Arten in verschiedenen Tiefenzonen ergibt sich ein abgestufter Stofftransport nach unten, eine „Nahrungskaskade".

Es sind auch Ausnahmen von der Regel des nach unten gerichteten Stofftransportes bekanntgeworden. So können die Thune des tropischen Pazifik etwa 60 % ihres Nahrungsbedarfs aus einer Nahrungskette decken, die in der euphotischen Oberflächenschicht liegt. Die restliche Nahrung besteht aus Tintenschnecken, die ihre Beute in größeren Tiefen suchen. So ist in diesem Fall also auch ein nach oben gerichteter Stofftransport Grundlage für das Leben einer Fischart.

Die Methoden der Nahrungsaufnahme sind sehr verschieden. Kleine Vielzeller ernähren sich strudelnd oder filtrierend, größere filtrierend, schlingend oder zerkleinernd-schlingend. Innerhalb eng verwandter Gruppen können die Unterschiede im Auswahlvermögen und in der Aufnahmetechnik beträchtlich sein. So kann man bei den Copepoda Filtrierer und Greifer unterscheiden. Filtrierer leben vor allem in den oberen 200 m (Calanidae, Eucalanidae, Paracalanidae, *Pseudocalanus div. spec.*), Greifer überwiegen zwischen 1000 m und 4000 m (Euchaetidae, Phaennidae, Augaptilidae, Heterorhabdidae, Candaciidae, *Bathycalanus spec.*). Unterhalb von 4000 m, wo offenbar jedes Nahrungsangebot optimal genutzt werden muß, leben Ruderfüßer, die sowohl filtrieren als auch greifen können (Aetideidae, Scolecithricidae, Metridiidae, Lucicutiidae).

Auch das Auswahlvermögen aus dem Nahrungsangebot ist verschieden. *Calanus glacialis* ist um so wählerischer, je größer die Nahrungskonzentration im umgebenden Wasser ist. Dagegen ändern die ♀♀ von *C. helgolandicus* ihre Bewegungsgeschwindigkeiten und regulieren so eine bestimmte Aufnahmemenge, ihr Selektionsvermögen ändert sich aber nicht mit sich ändernder Nahrungskonzentration.

Das Nahrungsangebot ist einer der Faktoren, welche die Überlebenschancen der Populationen entscheidend beeinflussen. So wird die Höhenlage der Wasserzone, in der sich antarktische Copepoden *(Rhincalanus gigas)* fortpflanzen, durch mehrere hydrologische Faktoren bestimmt. Die Lage dieser „Fortpflanzungszone" zur Schicht der maximalen Phytoplankton-Entwicklung bestimmt, wieviele Copepoditen am Leben bleiben, heranwachsen und sich im nächsten Zyklus vermehren. Eine Veränderung nur eines Faktors wirkt sich auf das ganze Beziehungsgefüge aus. Die Ernährungssituation bestimmt die Wachstumsgeschwindigkeit und die Körpergröße bei Eintritt der Geschlechtsreife. Von der Körpergröße ist bei vielen marinen Evertebraten nicht nur die Anzahl der Eier bzw. der Jungtiere abhängig, sondern auch deren Größe, die wiederum für die Überlebenschancen der Jungen wichtig ist. Solche Abhängigkeiten sind z.B. für die Meerassel *Idotea baltica* nachgewiesen worden. Bezeichnet man die Anzahl der Jungen mit E, die Körperlänge (mm) der ♀♀ mit L, ihr Frischgewicht mit W und das der Juvenilen mit G, so gelten die Beziehungen

$$E = 0{,}273 \cdot L^{2{,}32}$$
$$E = 5{,}652 \cdot W^{0{,}79}$$
$$G = 0{,}0116 \cdot L^{2{,}774}$$
$$G = 0{,}366 \cdot W$$

Auch an diesem Beispiel wird deutlich, welche weitreichenden Konsequenzen ungenügende Ernährung haben kann.

Arten, die in einem Lebensraum nebeneinander vorkommen, machen sich häufig Konkurrenz in bezug auf einen oder mehrere Faktoren. Das gilt auch für den Nahrungserwerb. Ein Beispiel dafür sind die Beziehungen zwischen dem Meeresleuchttierchen *Noctiluca miliaris* und Copepoden. *Noctiluca* ernährt sich vor allem von Diatomeen, die auch einen wesentlichen Bestandteil der Nahrung der Ruderfußkrebse darstellen. Vermehrt sich *Noctiluca* sehr stark, so wird dadurch das Futterangebot für die Copepoden verringert und deren Überlebenschance herabgesetzt. Den Copepoden kommt im Meer als Konsumenten 1. Grades die wichtigste „Vermittler"-Rolle zwischen Phytoplanktonten und Konsumenten höheren Grades zu. Eine Verminderung ihrer Anzahl wirkt sich daher negativ auf alle Metazoen aus, die sich hauptsächlich von ihnen ernähren.

Die Nahrungsbeziehungen stellen nur einen Teil der gesamten ökologischen Zusammenhänge dar. Eine Analyse der Beziehungen zwischen den Arten geht am einfachsten von einem wenige Faktoren umfassenden System aus. Biocoenosen mit wenigen Arten findet man im physiologischen „Stress"-Habitat, z.B im Brackwasser. So gibt es im Asowschen Meer (durchschnittlicher Salzgehalt 11‰) eine Biocoenose, die im wesentlichen von vier Arten bestimmt wird: dem Hydroidpolypen *Perigonimus megas*, der Krabbe *Rhithropanopeus harrisi*, der Seepocke *Balanus improvisus* und der Hinterkiemerschnecke *Tenellia adspersa* (Bild 1). Dominierend in dieser Gemeinschaft ist der Hydroidpolyp, er bestimmt die Lebensbedingungen für die übrigen Mitglieder. Im zeitigen Frühjahr lassen sich fast gleichzeitig die Larven des Polypen und der Seepocke auf unbesiedeltes Substrat nieder. Anfangs stören sie sich nicht; da aber die Polypenkolonien schnell wachsen, wird später einfallenden *Balanus*-Larven das Festsetzen erschwert (direkte topische Beziehung Nr. 1 in Bild 1). Bei weiterem Wachstum treten beide Arten in Konkurrenz um den verfügbaren Platz (direkte topische Beziehung 2). Balaniden-Larven, die erst später im Jahr metamorphosereif werden, setzen sich auf den Polypenstöcken fest (direkte topische Beziehung 5). Andererseits gestalten die wachsenden Seepocken das Substrat uneben und erleichtern damit den Ansatz der Planulae von *Perigonimus* (direkte topische Beziehung 6). Die Unebenheiten des Substrats verursachen Turbulenzen, welche die Ernährungsbedingungen für die jungen Polypenkolonien verbessern (indirekte trophische Be-

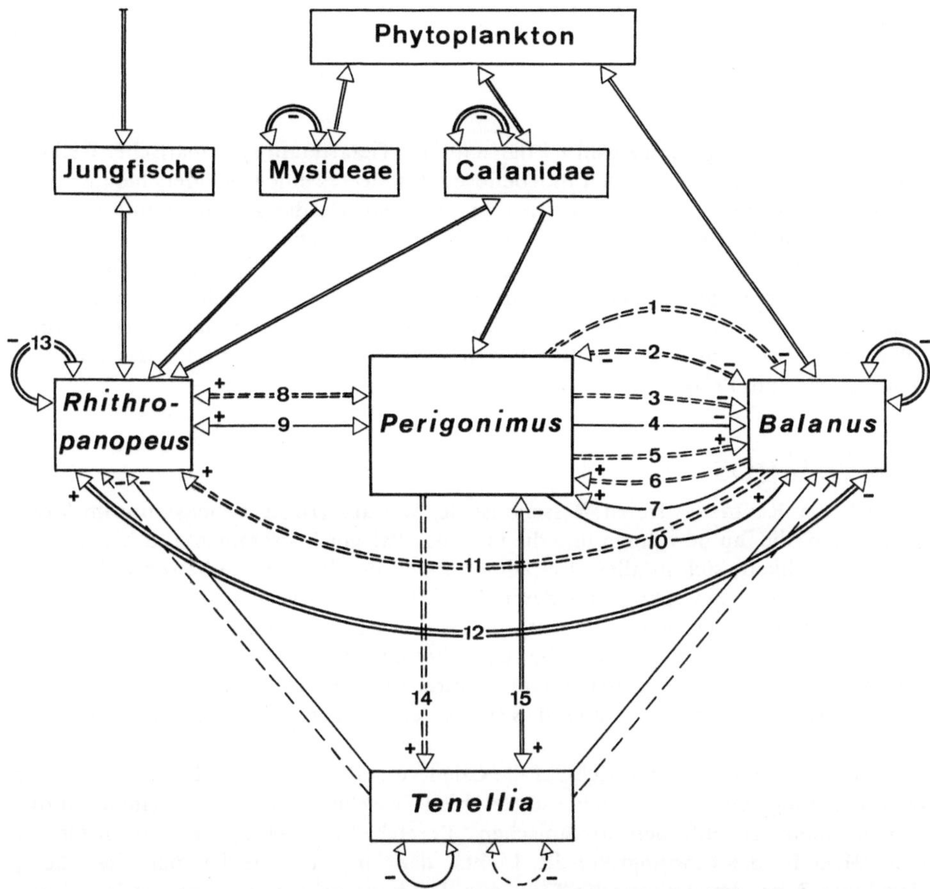

Bild 1 Trophische und topische Beziehungen zwischen vier Tierarten aus dem Asowschen Meer:
dem Hydrozoon *Perigonimus*, der Seepocke *Balanus*, der Krabbe *Rhithropanopeus* und der
Hinterkiemerschnecke *Tenellia*.
+: positive Auswirkung, —: negative Auswirkung, Doppelpfeil: direkte trophische Beziehung,
Pfeil: indirekte trophische Beziehung, durchbrochener Doppelpfeil: direkte topische Beziehung;
durchbrochener Pfeil: indirekte topische Beziehung. Nähere Erläuterung im Text.
(n. *Turpajeva* 1969, verändert)

ziehung 7). Die Krabbe lebt zwischen den Polypenstöcken (direkte topische Beziehung 8).
Sie ernährt sich von planktischen Krebsen, die von der Strömung herangetragen und von
den Polypen abgefangen werden (indirekte trophische Beziehung 9). Dadurch, daß die Polypen die Nahrung für die Krabbe bereitstellen, schützen sie gleichzeitig die Seepocken vor
dieser (indirekte trophische Beziehung 10). Im Winter stirbt ein großer Teil der Polypenkolonien ab und löst sich vom Substrat. Die Krabben verbergen sich in den Spalträumen
zwischen den Seepocken und in deren leeren Gehäusen (direkte topische Beziehung 11);
sie fressen jetzt vorwiegend Seepocken (direkte trophische Beziehung 12), während sie
sich in der Jahresmitte auch von den kleineren Individuen der eigenen Art ernähren (direkte trophische Beziehung 13). Zwischen den Kolonien von *Perigonimus* lebt die Nackt-
schnecke *Tenellia* und ernährt sich von ihnen (direkte Beziehungen 14 und 15). Weitere
Angaben zu den Beziehungen in dieser oligomiktischen Biocoenose sind Bild 1 zu entnehmen.

II. Organismen des Meeres

Im folgenden sollen einige ausgewählte Pflanzen- und Tierarten in systematischer Reihenfolge besprochen werden, die in den Biocoenosen des Meeres eine besonders herausragende Rolle spielen oder die für den Menschen wichtig sind. Da das Leben im und auf dem Meeresgrund (dem Benthal) sich in vielerlei Hinsicht vom Leben im freien Wasser (dem Pelagial) unterscheidet, soll die Besprechung dieser natürlichen Gruppierung folgen. Eine charakteristische Fauna lebt in den Pflanzenbeständen (im Phytal), doch unterscheidet sie sich nicht so weitgehend von der Tierwelt des Benthal, daß sie als gleichrangige Gruppe aufgeführt wird. Sie wird hier zum Benthos gerechnet. Ähnliches gilt für das Pleuston und Neuston, die zum Pelagos gestellt werden.

1. Das Pelagos

Das Pelagial, der Raum des freien Wassers, ist der weitaus größte Lebensraum im Meer. Die Organismen, die ihn bewohnen und die man als „Pelagos" zusammenfaßt, haben prinzipiell die Möglichkeit, sich in allen drei Dimensionen des Raumes zu bewegen. Naturgemäß sind die Art der Bewegung und deren Effektivität sehr verschieden. Unter diesem Gesichtspunkt wird das Pelagos unterteilt: als Plankton faßt man die Organismen zusammen, die sich entweder nicht aktiv bewegen können oder deren Eigenbewegung zu schwach ist, um sich gegen Wasserströmungen durchzusetzen; als Nekton bezeichnet man alle Tiere, die so gute Schwimmer sind, daß sie sich auch gegen Strömungen zu behaupten vermögen.

Andere Einteilungen beziehen sich auf die Gliederung des Raumes in horizontaler oder vertikaler Richtung. Schon E. Haeckel unterschied zwischen einem küstennahen „neritischen" und einem küstenfernen „ozeanischen" Bereich. Ein wichtiges Kriterium für das Leben im Meer ist die Eindringtiefe des Lichts: danach unterscheidet man eine obere, durchleuchtete Zone, die euphotische Zone, von der darunterliegenden aphotischen Zone. Für die euphotische Zone hat sich auch die Bezeichnung „Epipelagial" eingebürgert. Darunter (also in der aphotischen Zone) folgen dann Meso- und Bathypelagial, als deren Grenze meist die $10°$-Isotherme angenommen wird. In äquatornahen Gebieten verläuft diese Isotherme in etwa 700 m Tiefe, sie steigt zu den Polen hin an und erreicht die Oberfläche an der Grenze zur Polarregion. Entsprechend verläuft die untere Grenze des Bathypelagial entlang der $4°$-Isotherme. Es folgen dann nach unten das Abyssopelagial (bis ca. 6000 m Tiefe) und als unterste Zone das Hadopelagial (Tiefseegräben).

Zahlreiche Organismen verbringen ihr ganzes Leben im Pelagial: sie sind holopelagisch. Als Beispiel sei die Makrele *(Scomber scombrus)* genannt: aus ihren planktischen Eiern gehen ebenfalls planktische Larven hervor, während die heranwachsenden und adulten Fische zum Nekton gehören. Andere Arten gehören nur in bestimmten Entwicklungsphasen zum Pelagos, sie sind meropelagisch. Ein Beispiel ist der Hering *(Clupea harengus)*: er legt seine Eier am Boden ab, die Larven sind planktisch, die Erwachsenen nektonisch.

1.1 Das Plankton

1.1.1 Allgemeiner Teil

Die im Wasser treibenden (die planktischen) Organismen können nach mehreren Gesichtspunkten eingeteilt werden. Diejenigen, die sich autotroph, also durch Assimilation anorganischer Verbindungen mit Hilfe von Sonnenlicht und Blattgrün, ernähren, werden als Phytoplankton zusammengefaßt, die sich heterotroph ernährenden dagegen als Zooplankton. Verbreitet ist auch die Einteilung nach der Größe:

Ultraplankton:	kleiner als 5 μm;
Nannoplankton:	Körpergröße zwischen 5 und 60 μm;
Mikroplankton:	60 bis 500 μm;
Mesoplankton:	0,5 bis 1 mm;
Makroplankton:	1 mm bis 1 cm;
Megaloplankton:	größer als 1 cm.

Nach der Methodik der Gewinnung faßt man Ultra- und Nannoplankton als Filter- oder Zentrifugenplankton, die übrigen Gruppen als Netzplankton zusammen.

Die Mehrzahl aller Tierstämme hat im Meer planktische Vertreter. Die Arten sind jedoch nicht gleichmäßig verteilt und nicht regelmäßig anzutreffen. Ähnlich wie auf dem Lande und im Süßwasser, gibt es auch im marinen Plankton Lebensgemeinschaften. Die Verbreitung der Arten wird durch ihre Ansprüche vor allem an Temperatur und Salzgehalt, durch Strömungen und — wesentlich — durch die Nahrungsgrundlage bestimmt.

Bestimmungen der Planktonbiomasse werden seit vielen Jahren durchgeführt. Wegen der Weite der Ozeane und der geringen Probendichte ist es jedoch schwierig, zu einer aussagekräftigen Darstellung der Plankton-Produktion in den Weltmeeren zu kommen. Die bisherigen Untersuchungen zeigen, daß die Biomasse des Planktons nicht etwa in den tropischen, sondern vielmehr in den gemäßigten Breiten am größten ist. Besondere Dichten werden in Aufstiegsgebieten erreicht, wie etwa vor der pazifischen Küste Südamerikas. Das aus der Tiefe hochkommende Wasser ist reich an Mineralsalzen, die eine starke Entwicklung des Phytoplanktons ermöglichen und damit für das Zooplankton günstige Ernährungsbedingungen schaffen. Die geringe Biomasse in den hohen arktischen und antarktischen Breiten hängt vor allem mit der kurzen Vegetationsperiode zusammen. Von Bedeutung sind ferner langanhaltende Winde (Passat, Monsun), die nicht nur das Plankton in bestimmten Meeresgebieten zusammentreiben, sondern auch zu einer Durchmischung verschiedener Wasserkörper führen und damit — saisonbedingt — die Planktonentwicklung beeinflussen.

Ein interessantes Phänomen sind die Vertikalwanderungen, die von vielen Planktonorganismen ausgeführt werden. Die Wanderung wird durch äußere, sich verändernde Faktoren (Licht, Temperatur) ausgelöst und in ihrer Richtung bestimmt. Vermutlich geben Schwerkraft und Lichtrichtung vielen Planktonten Orientierungshilfen. Es ist zu unterscheiden zwischen sich regelmäßig wiederholenden Vertikalwanderungen, die meist in einem diurnalen Rhythmus stattfinden, und solchen, die im Zusammenhang mit der ontogenetischen Entwicklung stehen. So leben die Juvenilen zahlreicher pazifischer Copepoden in oberflächennahen Schichten, die heranwachsenden Tiere sinken in größere Tiefen (über 3000 m) ab.

Viele Planktonten steigen in der abendlichen Dämmerung und nachts in höhere Wasserschichten auf. Über die Bedeutung dieser täglichen Vertikalwanderungen wurde im Abschnitt „Die trophischen Beziehungen" berichtet. An diesen Tageswanderungen nehmen auch viele Organismen teil, die sich (wie die Cumacea) tagsüber in die oberste Sedimentschicht eingraben. Daher sind nächtliche Planktonfänge im allgemeinen artenreicher und zeigen ein anderes Artenspektrum als Fänge bei Tage.

Nicht eindeutig geklärt werden konnte bisher die Rolle des Zooplanktons bei der Rückstreuung von Schallwellen. Eine Reihe von Beobachtungen schien daraufhinzuweisen, daß von Fischerei- und Forschungsschiffen ausgesandte Schallsignale nicht nur von Fischschwärmen, sondern auch von dichten Planktonwolken rückgestreut werden. Neuere

Untersuchungen haben ergeben, daß Planktonten unter 2 cm Körpergröße wohl nicht an der meßbaren Rückstreuung beteiligt sind. Deutliche, meist in Gruppen erscheinende Echosignale dürften von Fischen stammen. Die daneben auftretenden diffusen Signale rühren wohl von kleinen, in Schwärmen lebenden Fischen, vielleicht auch von größeren Crustaceen (Amphipoda, Euphausiacea) her, werden offensichtlich aber außerdem von abiotischen Faktoren mitverursacht (Oxycline).

Durch die verschiedenen abiotischen und biotischen Einflüsse kommt es zur Ausbildung örtlich und zeitlich charakteristisch zusammengesetzter Planktongemeinschaften. So treten im südlichen Pazifik am häufigsten Salpen, Coelenteraten und Euphausiiden auf. Die Salpen leben als Filtrierer von Phytoplankton. Da dieses sich bevorzugt im aufsteigenden Wasser von Divergenzgebieten entwickelt, sind dort auch die Salpen besonders reich vertreten. Die vom Zooplankton lebenden Siphonophoren finden ein gutes Nahrungsangebot vor allem in den Konvergenzzonen, wo das Wasser in die Tiefe abströmt. Daher zeigen die Salpen aufsteigendes, die Staatsquallen absteigendes Wasser an: sie sind Indikator-Arten. Entsprechende Beobachtungen liegen aus anderen Meeresgebieten vor. Die Copepoden *Labidocera acutifrons* und *detruncata* kennzeichnen das zentrale nordpazifische Wasser, während das Küstenwasser der deutschen Nordsee als Leitform die Anthomeduse *Sarsia tubulosa* enthält. Nordseewasser und aus dem NO-Atlantik eingedrungenes Wasser lassen sich an Pfeilwurm-Arten unterscheiden: für Nordseewasser ist *Sagitta setosa* typisch, für atlantisches Wasser *S. elegans* (Bild 14:9). Charakterarten der südlichen Nordsee sind außer den genannten die Copepoden *Oithona similis*, *O. nana*, *Pseudocalanus elongatus* und *Acartia clausi*, die Einzeller *Tintinnopsis ventricosa* und *Noctiluca miliaris* sowie der Pfeilwurm *Sagitta bipunctata*. Häufig dringen aus nördlicheren Bereichen auch ein die Ruderfüßer *Temora longicornis*, *Acartia longiremis*, *Centropages hamatus* und *typicus*, *Paracalanus parvus* und die Appendicularie *Oikopleura dioica*. Dazu kommen zahlreiche weitere Arten, die nicht so regelmäßig auftreten, und vor allem die Eier und Larvenstadien von Evertebraten, insbesondere von Polychaeten, Crustaceen, Mollusken und Echinodermen, und von Fischen. Die qualitative und quantitative Zusammensetzung ist jahreszeitlich sehr verschieden. Im Frühjahrsplankton (ab März) des deutschen Nordseegebietes dominieren die Coelenteraten: die Anthomedusen sind mit mehreren, auf das Frühjahr beschränkten Arten vertreten, von den Ctenophoren ist die Seestachelbeere *Pleurobrachia pileus* oft sehr häufig, von den Chaetognathen *Sagitta setosa*. Daneben enthält das Frühjahrsplankton oft noch die Leitformen des Hochseewassers, das während des Winters verstärkt in die Nordsee eingedrungen ist. Im Mai nehmen Lepto- und Scyphomedusen an Zahl zu, ebenso Decapoden-Larven. Letztere, insbesondere Brachyuren-Larven, erreichen im Juli ihr Jahresmaximum. Antho- und Leptomedusen sind dann mit anderen Arten vertreten als im Frühjahr, Rippenquallen sind seltener geworden. Das Meeresleuchttierchen *Noctiluca miliaris*, der Polychaet *Tomopteris helgolandica* und Polychaeten-Larven (u.a. von *Lanice conchilega* und von Spionidae) sind häufig anzutreffen, auch *Oikopleura dioica*. Im Spätsommer gibt es viele Kompaß- und Wurzelmundquallen, die Leptomedusen sind mit mehreren Arten vertreten; Decapoden-Larven und *Sagitta setosa* sind zahlreich. Im Oktober nimmt *Pleurobrachia* wieder zu, *Sagitta setosa* ist häufig, während sich die Zahl der Decapoden-Larven und die von *Oikopleura* verringert hat.

Starke jahreszeitliche Schwankungen weisen auch die planktischen Fischeier auf. Allgemein gilt die Regel, daß Fischarten, deren Verbreitungszentrum im Norden liegt und die bei uns der südlichen Grenze ihres Verbreitungsgebietes nahekommen, früh im Jahr laichen, während Arten mit südlichem Verbreitungsschwerpunkt bei uns ihre Eier in der warmen Jahreszeit ablegen. So findet man im Frühjahr die Eier von Scholle, Flunder, Kliesche und Dorsch, im späten Frühjahr bis Sommer die von Stein- und Glattbutt, im Juli die der Sardelle.

Im Sylter Wattenmeer dominieren die calanoiden Copepoden. Vier Arten *(Acartia clausi, Centropages hamatus, Temora longicornis* und *Pseudocalanus elongatus)* stellen im Mittel 85% der Zooplankton-Biomasse. Nur von Juni bis September sind auch andere Tiergruppen in nennenswertem Umfang vertreten, vor allem Larven von Polychaeten (15% der Biomasse von Juli bis September), harpacticide Copepoden und Appendicularien.

1.1.2 Spezieller Teil

Im folgenden werden die wichtigsten im Plankton vertretenen Gruppen und bemerkenswerten Arten besprochen. Bei der Auswahl der Arten wurden die in der südlichen Nordsee auftretenden Formen sowie diejenigen Spezies bevorzugt berücksichtigt, die für den Menschen besonders wichtig oder interessant sind.

1.1.2.1 Das Phytoplankton

Sieht man von den Pilzen und Bakterien ab, so besteht das Phytoplankton ausschließlich aus Algen überwiegend mikroskopischer Größe. Die durch den Besitz der Phycobiline Phycocyan und Phycoerythrin ausgezeichneten prokaryotischen Cyanophyta (Blaualgen), die praktisch alle Lebensräume auf der Erde erobert haben, spielen im marinen Plankton in der Regel eine untergeordnete Rolle. Erwähnt seien hier die Gattungen *Merismopedia* (Bild 2:1) und *Trichodesmium* (Bild 2:7), welche Hochseebewohner tropischer und subtropischer Meere sind. Die Vertreter letzterer Gattung können Wasserblüten hervorrufen, bei denen bis zu 80 000 Zellen/Liter auftreten. Wahrscheinlich verdankt das Rote Meer seinen Namen solchen Massenentwicklungen von *Trichodesmium erythraeum.* Zu den Blaualgen gehören im tropischen Teil des Atlantik in Tiefen von 200 bis 5000 m gefundene oliv-grüne Zellen, die Chemosynthese betreiben dürften; Chemosynthetiker (Blaualgen und Bakterien) treten auch im sauerstoffarmen oder -freien Wasser größerer Tiefen des Schwarzen Meeres und in ähnlichen Lebensräumen auf, wo sie einer besonderen Lebensgemeinschaft mit der wenig glücklichen Bezeichnung Sulfuretum angehören. Sauerstoffarmes Tiefenwasser ist auch aus der Ostsee bekannt. Nur einige Prokaryoten, Bakterien und besonders Blaualgen, sind in der Lage, atmosphärischen Stickstoff zu binden; sie sind daher bedeutungsvoll für den Nährstoffhaushalt des gewöhnlich an Stickstoffverbindungen armen Seewassers.

Von den eukaryotischen Algen haben zweifellos die Kieselalgen oder Diatomeen (Bacillariophyceae) die größte Bedeutung für den Stoffhaushalt der Biosphäre. Es wird geschätzt, daß 25% der gesamten Photosyntheseleistung der Pflanzen von dieser Organismengruppe erbracht wird. Die Zellwand der Diatomeen besteht aus zwei verkieselten Hälften, die wie die beiden Teile einer Petrischale oder einer Käseschachtel ineinandergreifen (Bild 3:5). Die übereinandergreifenden Seitenteile der Zellwandhälften (Theken) werden als Gürtelbänder (Pleurae) bezeichnet; sie sitzen den Rändern der mehr oder weniger flächig ausgebildeten Schalen (Valvae) an (vgl. Bild 3:10). Zwischen Valva und Pleura können noch Zwischenbänder (Copulae) eingeschoben sein, wodurch die Zelle bei radiärsymmetrischen Formen langgestreckt zylindrisch statt flach scheibenförmig sein kann (vgl. Bild 10:22, 23). Die vegetative Vermehrung der Diatomeen erfolgt durch Zweiteilung; hierbei behält jede Tochterzelle eine verkieselte Zellwandhälfte (Theka) der Mutterzelle. Durch das Übereinandergreifen der Gürtelbänder ist eine der Theken, die Epitheka, etwas größer als die andere, die Hypotheka. Jede Tochterzelle bildet nun zu der von der Mutterzelle stammenden Theka eine Hypotheka. Hierdurch stimmt eine der beiden Tochterzellen in der Größe mit der der Mutterzelle überein, während die zweite kleiner ist (Bild 3:5). Durch diesen Zellteilungsmodus verkleinert sich bei der Mehrzahl

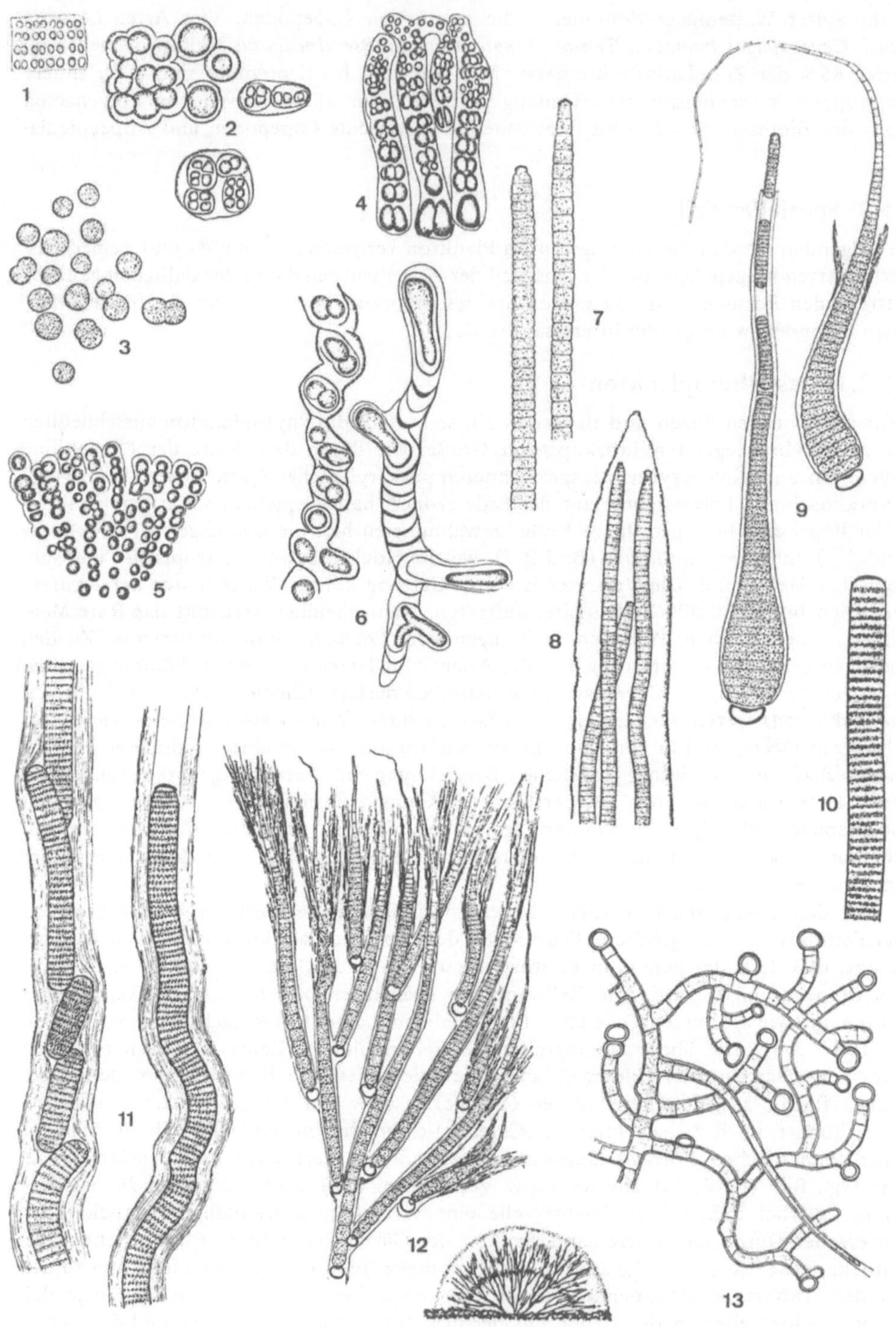

Bild 2

der Diatomeenarten allmählich die durchschnittliche Zellgröße einer Population; bei verhältnismäßig wenigen Arten gibt es Mechanismen, die die Zellverkleinerung stark einschränken oder verhindern. Vor dem Erreichen einer artspezifischen Minimalgröße kommt es in der Regel zu einer geschlechtlichen Fortpflanzung. Nach einer Reifungsteilung (Meiose) gebildete Gameten verschiedener Gametangien verschmelzen miteinander; die Zygote vergrößert sich stark und bildet eine sogenannte Auxospore, innerhalb derer eine große diploide vegetative Zelle als Ausgangspunkt für zahlreiche mitotische Zweiteilungen entsteht.

Die Bacillariophyceae haben entweder radiärsymmetrische oder von einer radiärsymmetrischen Form abgeleitete Zellen (Centrales; Bild 3:6) oder ihre Grundform ist bilateralsymmetrisch (Pennales; Bild 3:10).

Centrales und Pennales unterscheiden sich weiterhin durch ihre Gameten. Bei den Centrales entstehen in den zu Gametangien umgestimmten Zellen entweder vier Spermatozoide oder ein Ei, welches aus dem Oogonium nicht ins freie Wasser entlassen wird, während bei der Ordnung der Pennales in zwei Zellen, die sich vorher nebeneinander gelegt haben und zu Gametangien werden, je zwei unbegeißelte Gameten entstehen (zwei von den vier bei der Meiose gebildeten Kernen gehen zugrunde), von denen jeweils einer in seinem Gametangium verbleibt (Ruhegamet); der zweite (Wandergamet) kriecht in das benachbarte Gametangium und verschmilzt mit dem dort verbliebenen Ruhegameten zur Zygote.

Im Plankton überwiegen die Vertreter der Centrales. Planktonformen zeichnen sich häufig durch Schwebefortsätze (Bilder 3:8; 10:16, 19) aus, oder sie sind zu Ketten vereinigt, wodurch die Schwebefähigkeit ebenfalls erhöht wird; das Schweben wird auch durch Ölvakuolen mit ihrem gegenüber dem Seewasser spezifisch leichteren Inhalt gefördert. Interessant ist die Ausbildung langer Nadelformen mit exzentrischen Spitzen (Bild 10: *Rhizosolenia*), die durch ihre Anordnung ein geradliniges Abgleiten im Wasser verhindern. In Küstennähe tritt in der Nordsee die eigenartige *Bacillaria paradoxa* auf (Pennales; Bild 3:11), deren stäbchenförmige Zellen zu Kolonien vereinigt sind und rasche Gleitbewegungen ausführen, wobei sie sich längs gegeneinander verschieben. Auch andere auf dem Sediment lebende Arten können schon durch geringe Wasserbewegungen aufge-

Bild 2 Cyanophyceae
1 *Merismopedia glauca*, im Brackwasser- und Süßwasserplankton vorkommend (Zellen bis 6 μm breit).
2 *Gloeocapsa crepidinum*, felsbewohnend; drei Coenobien (Zellen ohne Gallerthülle bis 8 μm breit).
3 *Aphanocapsa raspaigellae*, lebt in marinen Schwämmen (Zellen bis 12 μm ϕ).
4 *Dalmatella violacea*, felsbewohnend, teilweise endolithisch (Fäden bis 40 μm breit).
5 *Entophysalis mayor*, bildet epilithische Krusten (Zellen bis 8 μm im Durchmesser).
6 *Solentia stratosa*, etwa 1 mm unter der Oberfläche von Kalkfelsen lebend (Fäden bis 40 μm breit).
7 *Trichodesmium erythraeum*, im Plankton warmer Meere, Wasserblüten z.B. im Roten Meer hervorrufend (Fäden bis 11 μm breit).
8 *Hydrocoleum coccineum*, lebt in Thalli der siphonalen Grünalgengattung *Codium* (Fäden bis etwa 10 μm breit).
9 *Calothrix parasitica*, in Thalli der Rotalge *Nemalion* vorkommend (Fäden bis 15 μm dick).
10 *Oscillatoria* spec. (Fäden je nach Art 5 bis 40 μm breit).
11 *Lyngbya aestuarii* (Fäden bis 24 μm breit).
12 *Rivularia atra*, epilithische, zunächst halbkugelige, später unregelmäßig geformte, gallertige Massen im Eulitoral bildend (Trichome bis 5 μm breit).
13 *Mastigocoleus testarum*, in Kalkfelsen und Muschelschalen lebend (Fäden bis 10 μm breit).
(n. *Fott* 1971 und *Fremy* 1929–1933)

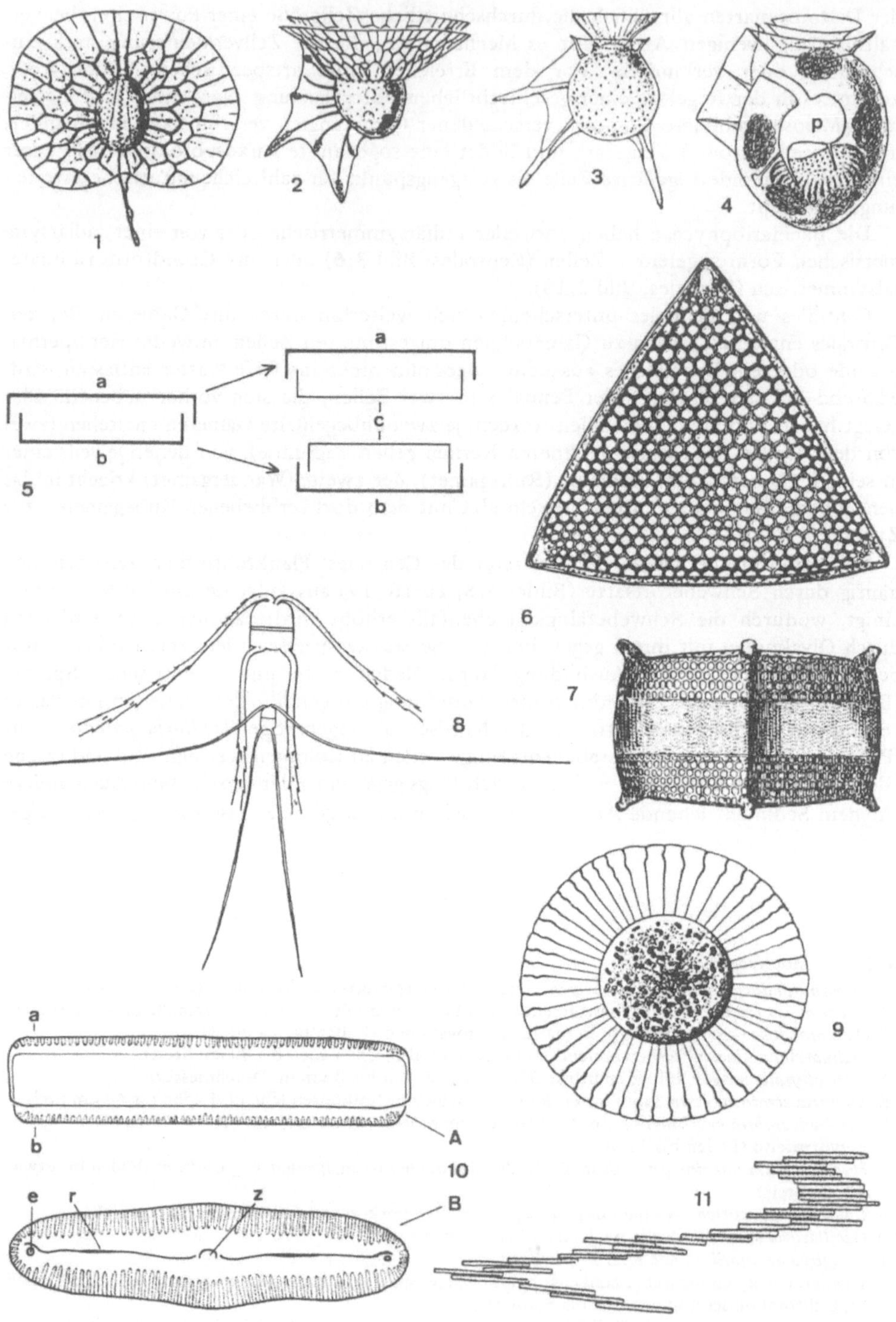

Bild 3

wirbelt werden (Tychoplankton). — Die Leitform des Helgoländer Sommerplanktons ist *Bacteriastrum hyalinum* (Bild 10:16).

Nach den Diatomeen sind als wichtige photoautotrophe Planktonalgen die Dinophyta zu nennen, die in allen Meeren auftreten, im allgemeinen jedoch höhere Temperaturen bevorzugen als die Diatomeen, wodurch in der Nordsee im Frühjahr die maximale Zellzahl der Dinophyta je Volumeneinheit Seewasser zeitlich erst nach der der Diatomeen zu beobachten ist. Weiterhin spielen die Dinophyta in wärmeren Meeren eine bedeutendere Rolle als in kalten.

Mikroskopisch sind die Dinophyta, bei denen begeißelte Formen vorherrschend sind, an ihrer eigenartigen Begeißelung zu erkennen. Seitlich an den Zellen entspringen nahe beieinander zwei Geißeln, von denen eine in einer nach hinten verlaufenden Längsfurche (Sulcus) liegt, während sich die zweite in einer Querfurche (Gürtel) befindet, die die Zelle in einer flachen Schraubenwindung umgibt. Die Zellen können nackt, mit einer Zellulosehaut versehen oder von einem derben, aus Platten zusammengesetzten Zellulosepanzer umgeben sein, der bei der vegetativen Vermehrung (Zweiteilung schräg zur Längsachse) auf beide Tochterzellen etwa zur Hälfte weitergegeben (bei *Ceratium*) oder abgeworfen wird.

Die Zelluloseplatten haben Poren, durch die Plasmastränge austreten können, die den Zellen auch die Aufnahme organischer Nahrung ermöglichen (mixotrophe Ernährungsweise). Die Platten mancher Formen weisen ein Loch auf, durch das der Inhalt einer Trichocyste geschleudert werden kann. Bei einer Reihe von Gattungen sind Pusulen anzutreffen, bei denen es sich um Einstülpungen des Plasmalemma handelt (Bild 3:4); ihre Funktion ist noch nicht eindeutig geklärt. Die Interphasekerne der meisten Dinophyta enthalten stark kontrahierte, lichtmikroskopisch erkennbare Chromosomen. Der Zellkern der Dinophyta wird wegen dieser Eigenheit auch als Dinokaryon bezeichnet.

Bild 3 Dinophyta und Bacillariophyceae

1, 2 *Ornithocercus splendidus*, von oben (1) und von der Seite (2) (bis 115 μm lang). Tropische bis warmtemperierte Meere.

3 *Dinophysis schuettii*, Seitenansicht; tropischer Atlantik (etwa 80 μm lang).

4 *Dinophysis ovum*, Atlantik, Mittelmeer; p = Pusule (Zellänge bis etwa 60 μm).

5 Vegetative Vermehrung der Bacillariophyceae (Schema); links: Schnitt durch die Mutterzelle mit Epitheka (a) und Hypotheka (b); rechts: die Theken der Mutterzelle werden jeweils zu Epitheken der beiden Tochterzellen, zu denen neue Hypotheken (c) gebildet werden; die untere der beiden Tochterzellen ist kleiner als die Mutterzelle.

6 *Biddulphia favus* aus dem Litoral temperierter Meere, nur zufällig im Plankton; Schalenansicht (Durchmesser bis 150 μm).

7 *Biddulphia favus*, Gürtelbandansicht.

8 *Chaetoceros criophilum*, boreale, ozeanische Planktondiatomee, Einzelzellen meist zu Ketten vereinigt (Zellen ohne Borsten bis 34 μm breit).

9 *Planktoniella sol*, mit durch radiale Strahlen verstärkter Flügelleiste; im Plankton tropischer und subtropischer Meere (Zellen ohne Leiste bis 150 μm breit).

10 Gürtelband- (A) und Schalenansicht (B) eines Vertreters der Pennales; a = Epitheka, b = Hypotheka; die Raphe (r) endet in den Endknoten (e) und wird in der Mitte durch den Zentralknoten (z) unterbrochen.

11 *Bacillaria paradoxa*, im Litoral und Küstenplankton der Nordsee und des Ärmelkanals; die bis 240 μm langen Zellen sind zu Kolonien vereinigt, in denen Einzelzellen rasch längs aneinander gleiten können, wodurch sich die Gestalt der Kolonien ständig verändert.

(n. *Gran, Heurck, Murray & Whitting, Schütt* und *Smith*)

Entsprechend den Einrichtungen bei den Diatomeen sind viele Dinoflagellaten dem planktonischen Leben durch oft bizarr gestaltete Fortsätze angepaßt (Bilder 3:1 bis 3; 10:1, 12, 13, 14). Außerdem kommen Vakuolen mit fettem Öl vor.

Die Dinophyta sind nicht nur als Primärproduzenten bedeutungsvoll, sondern bei Massenvermehrung oder nach Zusammentreiben durch Luftströmungen kann es durch die Ausscheidung von Toxinen zur Vergiftung anderer Organismen kommen. Massenhaftes Auftreten führt zu einer roten oder braunen Färbung des Meerwassers. Das in tropischen und subtropischen sowie während der warmen Jahreszeit auch in gemäßigten Breiten besonders nach reichlicher Phosphat- und Nitratzufuhr im Seewasser auftretende Phänomen wird als „Red Tide" bezeichnet. Red Tides können durch Vertreter der Gattungen *Ceratium, Cochlodinium, Gonyaulax* (Bild 10:2), *Gymnodinium* und *Prorocentrum* hervorgerufen werden, wobei nicht alle Arten Toxine abscheiden. An der amerikanischen Pazifikküste sondert die kettenbildende *Gonyaulax catenella* das Nervengift Saxitoxin ab, welches 100 000mal stärker wirkt als Kokain. Ein Milligramm der weißen, amorphen Substanz ($C_{10}H_{17}N_7O_4 \cdot 2$ HCl) reicht aus, um 5000 Mäuse zu töten. Andere Toxine sind weniger giftig; die Giftwirkung kann für die Angehörigen unterschiedlicher Tierstämme verschieden groß sein. Das erwähnte Saxitoxin tötet nur verhältnismäßig wenige marine Tiere, es wird jedoch in filternden Muscheln angereichert, nach deren Verzehr beim Menschen schwere Vergiftungserscheinungen auftreten. Für den Genuß werden Muscheln bereits bei einer Konzentration von 100 bis 200 Zellen je Milliliter Seewassers ungeeignet, eine Wasserblüte ist jedoch erst bei Zellzahlen von mindestens 20 000 je ml Seewasser mit bloßem Auge zu beobachten. Andererseits können 2 bis 3 Wochen nach dem restlosen Verschwinden einer Wasserblüte die Muscheln wieder unbedenklich verzehrt werden. Das Toxin des vor der Küste Floridas Red Tides hervorrufenden *Gymnodinium breve* tötet hauptsächlich Fische, jedoch nur wenige Invertebraten, während von anderen *Gonyaulax*-Arten ausgeschiedene Gifte hauptsächlich für Invertebraten tödlich sind. *Prorocentrum*

Bild 4 Coccolithophorineae (Prymnesiales) und Silicoflagellaten (Dictyochales)

1 *Coccosphaera atlantica* aus dem Nordatlantik (Gehäuse bis 27 µm groß).
2 *Coccosphaera atlantica*, Kalkplatte im optischen Schnitt.
3 *Coccosphaera atlantica*, Kalkplatte in Aufsicht.
4 *Coccosphaera atlantica*, optischer Schnitt durch das Gehäuse.
5 Coccolith von *Calyptrosphaera pirus* im optischen Schnitt (oben) und in Aufsicht (unten).
6 Coccolith von *Syracosphaera tuberculata* im optischen Schnitt und in Aufsicht.
7 Coccolith von *Tergestiella adriatica* von der Seite und in Aufsicht.
8 Coccolith von *Cyclococcolithus leptoporus* im optischen Schnitt und in Aufsicht.
9 Coccolith von *Rhabdosphaera clavigera*, Längsschnitt.
10 *Discosphaera thomsoni*, ganze Zelle und einzelner, trompetenförmiger Coccolith (Zelle bis etwa 20 µm groß).
11 *Syracosphaera pulchra* (Länge etwa 30 µm).
12 *Syracosphaera subsalsa* (Länge des Gehäuses um 25 µm).
13 *Calyptrosphaera circumspicta* (Gehäuse etwa 15 µm lang).
14 *Calyptrosphaera quadridentata* (Gehäuse um 9 µm lang).
15 *Acanthoica acanthifera* (Gesamtlänge etwa 60 µm).
16 *Prymnesium saltans* (Länge etwa 20 µm).
17, 18 Kieselskelette zweier fossiler Formen von *Distephanus crux* von Neuseeland und Kroatien. Die Art kommt rezent im Plankton des Pazifiks vor. Zellängen bis etwa 70 µm.
19−22 Kieselskelette von *Distephanus speculum* aus dem Kaspischen Meer, dem Nordatlantik bei Island, von der schwedischen Westküste und aus der Kieler Bucht (Doppelskelett); Durchmesser bis über 30 µm.

(n. *Conrad, Deflander, Kampter, Lohmann, Murray & Blackman, Schiller* und *Thomson*)

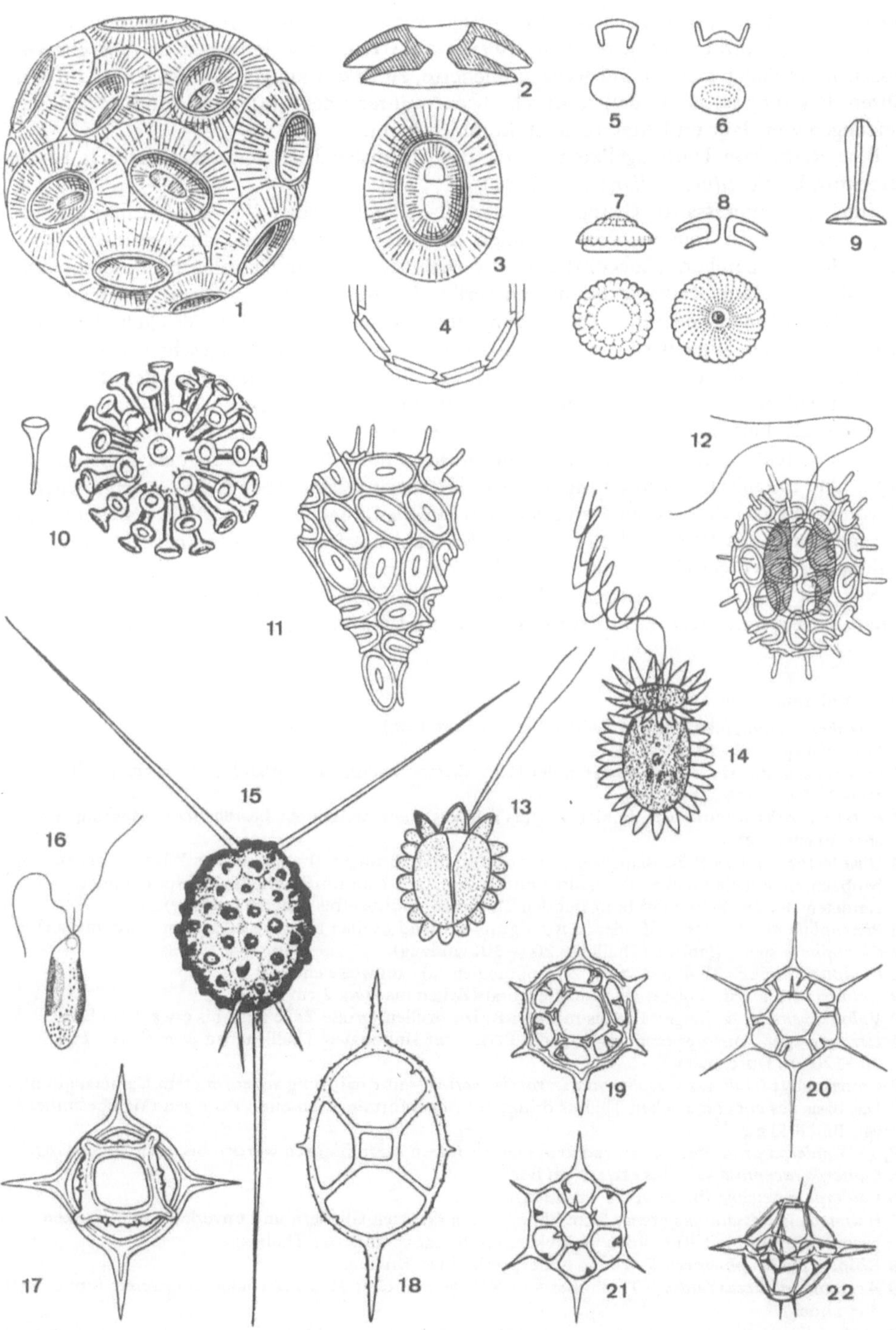

Bild 4

micans ruft an der holländischen Küste giftige Wasserblüten hervor; das Toxin dieser Art ist weniger gefährlich als jenes von *Gonyaulax*-Arten, kann jedoch nach Verzehr von Muscheln, in denen sich die Substanz anreicherte, zu Erkrankungen von Magen und Darm führen. Erwähnt sei noch, daß es durch Gischt während des Auftretens von Red Tides zu Reizungen von Haut und Atemorganen kommen kann.

Eine Reihe von Dinoflagellaten ist für das Meeresleuchten mitverantwortlich, so die heterotrophe *Noctiluca miliaris* (vgl S. 21).

Eine sehr interessante Gruppe mariner Flagellaten stellen die Coccolithophorineae (Prymnesiales) dar, die mehrere Familien umfassen. Ihre Zellen haben an ihrer Oberfläche Kalkkörperchen (Coccolithen) sehr charakteristischer Gestalt, die untereinander noch durch weitere Kalkausscheidungen verbunden sein können, wodurch ein festes Gehäuse (Coccosphäre) entsteht. Die Bildung der Coccolithen erfolgt in Vesikeln des Golgiapparates, wobei zunächst Schuppen aus organischem Material ausgeschieden und dann mit Kalk inkrustiert werden. Die verkalkten Schuppen wandern zur Zelloberfläche. Coccolithen sind aus Ablagerungen seit dem unteren Jura bekannt; sie dienen in der Geologie als Leitfossilien. Die Erdöllagerstätten der Nordsee gehen wahrscheinlich auf Massenentwicklungen von Coccolithophorineae zurück. Rezente Vertreter haben in der Regel eine ozeanische Verbreitung, und sie sind meist wärmeliebend; einige Arten wurden allerdings auch in den kalten Gewässern um Grönland nachgewiesen. Bei Massenentwicklungen können bis $30 \cdot 10^6$ Zellen je Liter Seewasser auftreten, das hierbei eine durch die Kalkpanzer hervorgerufene weißliche Färbung annimmt.

Nur mit submikroskopischen Schuppen aus organischem Material bedeckt sind die Zellen der Prymnesiacee *Prymnesium saltans* (Bild 4:16), welches sich mit seinem Hapto-

Bild 5 Chlorophyceae

1 *Dunaliella salina*, marin und in Salinen (etwa 25 μm lang).

2 *Chlorella* spec. (2—12 μm groß).

3 *Prasiola crispa*, auf festen Substraten der Meeresküsten und im Binnenland; Thallus einschichtig, etwa 1—5 cm groß.

4 *Enteromorpha intestinalis*; hohler Thallus mit aus einer Zellschicht bestehender Wandung (bis über 30 cm lang).

5 *Ulva lactuca*, aus zwei Zellschichten aufgebauter, blattförmiger Thallus; an den Pflanzen oft zu beobachtende helle Flecke oder Säume bilden sich nach dem Entlassen von Zoosporen oder Gameten aus den Zellen der betreffenden Thallusabschnitte (bis über 30 cm lang).

6 *Phaeophila dendroides*; auf oder in Rotalgen wachsend (Zellen bis etwa 20 μm im Durchmesser).

7 *Cladophora* spec., Habitus (Thalli bis 20 (—50) cm lang).

8 *Cladophora* spec., Thallus-Ast mit Zoosporangien (a), teilweise entleert (b).

9 *Valonia utricularis*, Polster aus dem Eulitoral (Zellen bis etwa 2 cm lang).

10 *Valonia ventricosa*, junger Thallus mit drei Rhizoidzellen (große Zelle wird bis etwa 4 cm lang).

11 *Derbesia* spec., mit Sporangium (s); die Fäden der siphonalen Thalli haben je nach Art etwa 30—120 μm Durchmesser.

12 Gametophyt (*Halicystis ovalis*) von *Derbesia marina*, mit ringförmig angeordnetem Gametangium. Die Basis des coenocytischen Thallus dringt in krustenförmig wachsende Rotalgen (Melobesioideae; vgl. Bild 8.5) ein.

13, 14 *Caulerpa prolifera*; die aufrechten, bandförmigen Assimilatoren werden bis etwa 20 cm lang.

15 *Caulerpa racemosa* var. (bis etwa 5 cm hoch).

16 *Caulerpa mexicana* (bis etwa 15 cm hoch).

17 *Halimeda incrassata*, bis etwa 15 cm hoher, aus verkalkten Gliedern und unverkalkten Gelenken bestehender und mit Rhizoiden im lockeren Substrat verankerter Thallus.

18 *Rhipocephalus phoenix*, 5—10 cm hoher, verkalkter Thallus.

19 *Acetabularia acetabulum*, Thallusbasis in Kalkgestein oder Muschelschalen eingesenkt (etwa 5 cm hoch).

[Nach *Lerche* (1), *Imhäuser* (3), *Harvey* (4), *Thuret* (5), *Schnetter* (6, 13, 14, 16), *Oltmanns* (7, 8, 9, 19), *Børgesen* (10), *Weber-van Bosse* (15) und *Ellis & Solander* (17, 18)]

Bild 5

nema an Fischkiemen festheftet. Die Art tritt in Gewässern verringerter Salinität auf (z.B. in Dänemark, Holland und Israel) und kann durch Ausscheiden eines haemolytischen Toxins Massenfischsterben hervorrufen. In Fischzuchtanlagen läßt sich das Auftreten von *Prymnesium* durch Ammoniumsulfatgaben verhindern.

Gelatinöse Wasserblüten können besonders in der Nordsee durch *Phaeocystis* hervorgerufen werden.

Zu den Chrysophyceae zu rechnen sind die Silicoflagellaten (Dictyochales), die eine einzelne Geißel und ein aus röhrenförmigen Teilen bestehendes Kieselskelett aufweisen; sie sind durch zahlreiche fossile, aber nur wenige rezente Vertreter bekannt. Die Systematik der Silicoflagellaten beruht auf der Skelettform; Kulturexperimente ergaben jedoch, daß letztere sehr variabel ist, wodurch die Zahl der beschriebenen Taxa wahrscheinlich überhöht ist (vgl. Bild 4:17—22).

Weitere Chrysophyceae spielen im Plankton nur eine untergeordnete Rolle. Genannt seien hier noch *Ochromonas* (Ochromonadales); *Stylochromonas* tritt mit anderen Craspedomenales im Neuston von Tidepools und im Nannoplankton auf.

Verhältnismäßig geringe Bedeutung besitzen die Chlorophyta für das marine Plankton. Wenige Volvocales (*Brachiomonas, Chlamydomonas, Dunaliella*) und einige Chlorellales (*Chlorella*, Bild 5:2) (Chlorophyceae) werden in der Literatur genannt; *Dunaliella* (Bild 5:1) wird neuerdings in Gewässern mit sehr hohem Salzgehalt kultiviert (z.B. im Toten Meer). Örtlich und zeitlich begrenzt können im küstennahen Plankton Gameten von Caulerpales in größerer Zahl auftreten. Durch *Platymonas* und *Pyramimonas* sind die Prasinophyceae im Plankton vertreten, deren Geißeln und Zellen mit Schuppen aus organischer Substanz versehen sind, die von den Chlorophyceae nicht bekannt sind. Euglenophyta kommen sehr selten im marinen Plankton, etwas häufiger im Brackwasser vor.

Neben den Blau- und Rotalgen weisen nur noch die Cryptophyta Phycobiline als akzessorische Pigmente auf. Etwa 60 Arten, meist Flagellaten, treten als marine Planktonorganismen auf.

Bild 6 Phaeophyceae (Ectocarpales, Sphacelariales, Scytosiphonales, Cutleriales, Dictyotales, Laminariales)

1 *Ectocarpus confervoides* var. *siliculosus*, Ast mit reifem Gametangium (Durchmesser der Zellen bis 50 μm, Thallusgröße bis 25 cm).

2 *Sphacelaria furcigera* mit Y-förmigen Brutknospen (Thallusgröße meist 1 bis 2 cm).

3 *Colpomenia sinuosa* (Thallus bis über 25 cm breit).

4 *Cutleria multifida*: der krustenförmig wachsende Sporophyt (*Aglaozonia*-Stadium; etwa 2 bis 5 cm breit).

5 *Cutleria multifida*: der aufrecht wachsende Gametophyt · (bis etwa 25 cm hoch).

6 *Dictyota dichotoma* (Thallus etwa 5 bis 10 cm hoch).

7 *Laminaria hyperborea*, Sporophyt im „Laubwechsel"; das vorjährige Phylloid (blattartiger Abschnitt) wird abgestoßen, und es bildet sich darunter ein neues (Thallus bis 3 m lang).

8, 9 Weiblicher (mit Oogonium) und männlicher (mit drei Antheridien) Laminariales-Gametophyt (von *Alaria* spec.: Thalli mikroskopisch klein).

10 *Alaria oblonga*, Sporophyt.

11 *Macrocystis pyrifera*, Habitus; ein großer Teil des Thallus treibt durch Schwimmblasen an den Basen der zahlreichen Phylloide an der Meeresoberfläche (o) (Thalli bis etwa 70 m lang).

12 *Macrocystis pyrifera*, distaler Thallusabschnitt. Durch eine interkalare Wachstumszone wird der terminale, blattartige Abschnitt sekundär in schmale Streifen zerrissen, die sich dann zu den endgültigen Phylloiden mit basaler Schwimmblase entwickeln.

13 *Lessonia flavicans* (bis 4 m hoch).

14 *Nereocystis luetkeana* (bis etwa 50 m lang).

[n. oder aus *Oltmanns* (1—3, 7), n. *Falkenberg* (4), *Thuret & Bornet* (5, 6), aus *Fott* (8, 9), n. *Kjellman* (10), *Postels & Ruprecht* (11, 12, 14) und *Hooker & Harvey* (13)]

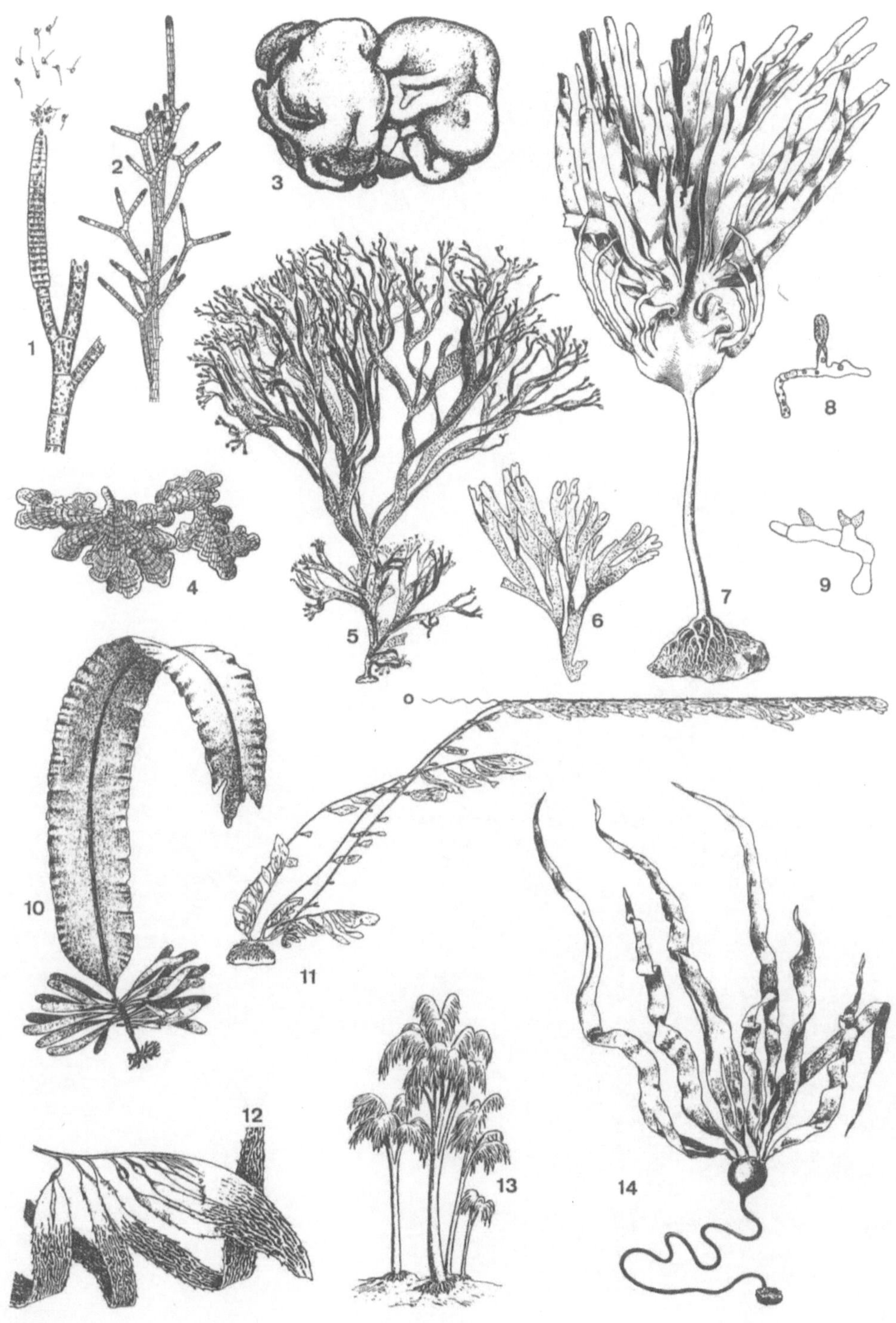

Bild 6

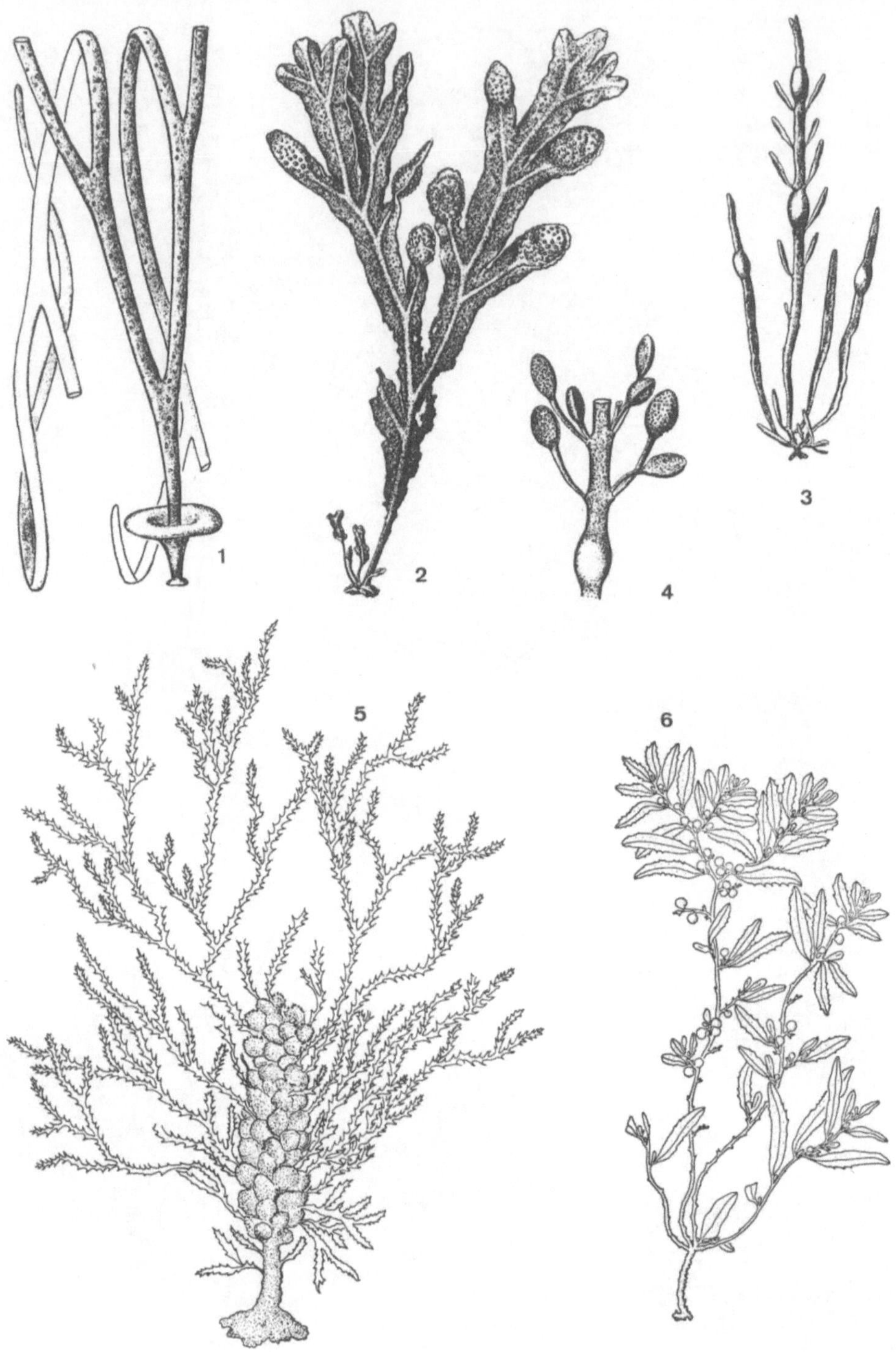

Bild 7

Die in benthischen Algengesellschaften häufig aspektbestimmenden Braun- und Rotalgen (Bilder 6—8; Tab. 1; Bild 9: Spermatophyten) sind für die Zusammensetzung des marinen Phytoplankton von geringer Bedeutung. Interessant ist das Vorkommen von drei nur flotierend auftretenden *Sargassum*-Arten in der Sargasso-See, die man zunächst für losgerissene Teile am Substrat festgewachsener Arten hielt; es sind jedoch keine benthischen Arten gefunden worden, denen die freischwimmenden zugerechnet werden könnten. Bemerkenswerterweise vermehren sich die Planktonformen ausschließlich vegetativ durch Thallusfragmentation; es fehlen ihnen auch die Kryptostomata (grübchenförmige, innen mit Haaren besetzte Einsenkungen der Thallusoberfläche), die den Konzeptakeln homolog sind, in denen die Bildung der Gametangien erfolgt. Hierdurch lassen sich leicht losgerissene Teile festgewachsener *Sargassum*-Arten von solchen der planktontischen Vertreter unterscheiden.

1.1.2.2 Das Zooplankton

Die Dinoflagellaten umfassen sowohl Taxa mit autotropher als auch solche mit heterotropher Ernährungsweise, die dementsprechend zu den Tieren zu stellen sind. Hierzu gehört auch das Meeresleuchttierchen, *Noctiluca miliaris*, welches in selteneren Fällen toxische Wasserblüten hervorrufen kann, die bisher an den Küsten von Hongkong, Natal und NO-Spanien beobachtet wurden.

Einzeller. Das Meeresleuchttierchen ist einer der auffälligsten Einzeller (Bild 10:7). Es erreicht einen Durchmesser bis zu 2 mm. Vereinzelt ist es auch in unserem Gebiet das ganze Jahr über zu finden, von Juni bis August tritt es oft in Massen auf. Wegen der besonderen Zusammensetzung des Zellsaftes (Na^+ anstelle K^+, hohe NH_4^+-Konzentration) ist die Zelle leichter als Seewasser. Bei windstillem Wetter sammeln sich daher die Leuchttierchen in großen Mengen an der Wasseroberfläche und bilden eine mehrere Zentimeter dicke Schicht. Kommt nach ein paar ruhigen Tagen Wind auf, so daß Wellenkämme entstehen, so tritt ein besonders intensives gelbliches bis grünliches Leuchten auf, dessen Ursache bisher ungeklärt ist. Auch andere Dinoflagellaten können leuchten.

Eine Gruppe unsicherer systematischer Stellung sind die Ellobiopsidae, die parasitisch vor allem an Copepoden vorkommen (Bild 10:38).

Unter den Rhizopoda sind die marinen Foraminifera (Kammerlinge) und Radiolaria (Strahlentierchen) durch ihre Gehäuse bemerkenswert. Die Foraminiferen scheiden zunächst ein organisches Häutchen aus, in das dann Kalk oder Sand oder beides eingelagert wird. Besonders häufig ist in warmen Meeren die mehrkammerige *Globigerina*, deren Gehäuse meist mit Schwebstacheln (Bild 10:34) besetzt sind. Nach dem Absterben der Zellen sammeln sich die Schalen auf dem Meeresboden zu einem Globigerinen-Schlamm, der im Laufe von Jahrmillionen verfestigt wird. Ähnlich, aber in geringerem Maße, sind auch die Radiolarien mit ihren meist aus Kieselsäure bestehenden Skeletten an der Sedimentbildung beteiligt.

Bild 7 Phaeophyceae (Fucales)

1 *Himanthalia elongata* (bis etwa 2 m lang).
2 *Fucus spiralis* (Größe bis etwa 50 cm).
3 *Ascophyllum nodosum*, Habitus (Thalli bis über 1 m lang).
4 *Ascophyllum nodosum*, Thallusast mit seitlichen Rezeptakeln.
5 *Cystoseira* spec. (Größe um 50 cm).
6 *Sargassum* spec.; *Sargassum*-Thalli werden etwa 50 bis 200 cm lang).
[n. *Hauck* (1) und *Oltmanns* (2—4)]

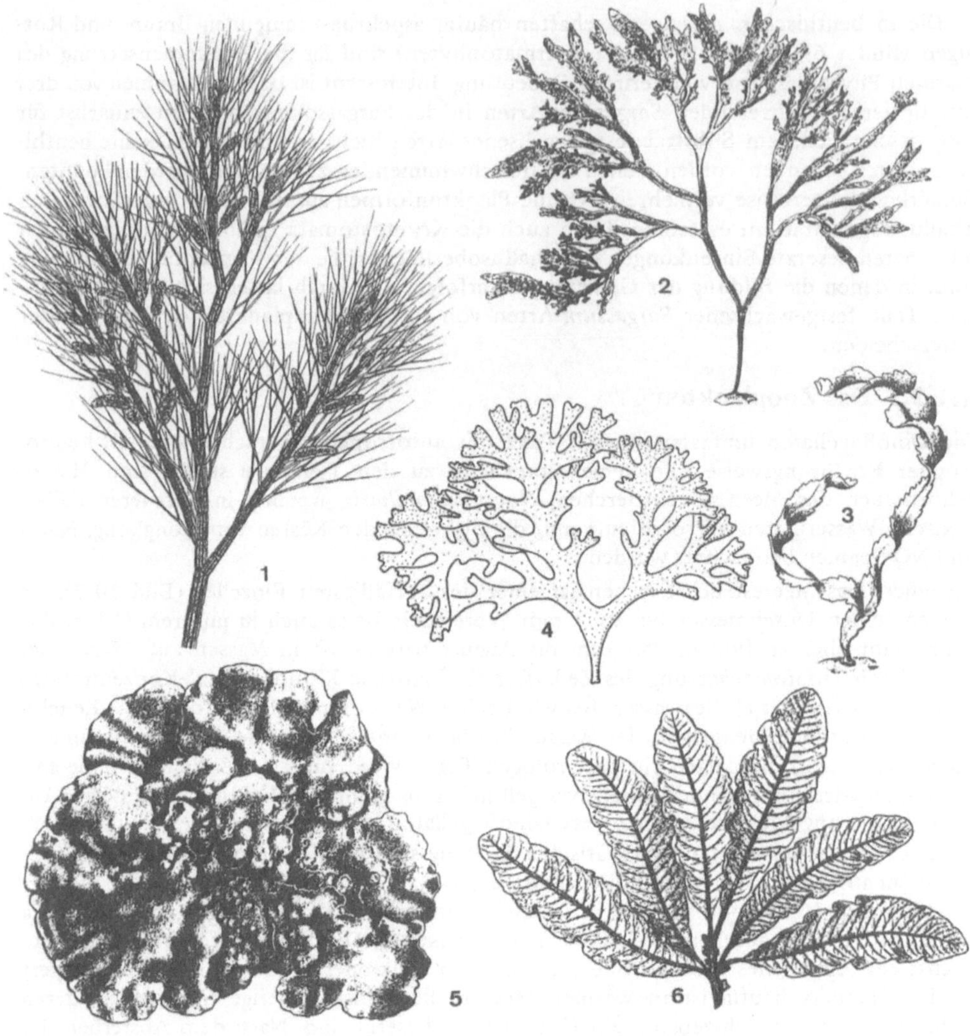

Bild 8 Rhodophyceae

1 *Polysiphonia* spec., distales Thallusstück mit Haarästen (Trichoblasten) und Spermatangienständen;
  Polysiphonia-Arten werden 1 bis 30 cm hoch.
2 *Gigartina stellata* (bis 17 cm hoch).
3 *Vidalia volubilis* (etwa 10 cm hoch).
4 *Chondrus crispus* (bis 22 cm hoch).
5 *Pseudolithophyllum expansum*, krustenförmig wachsend; Thallus bis 30 cm im Durchmesser
  und 2 mm dick.
6 *Delesseria sanguinea*, blattartige Thallusäste bis 5 cm breit und 15 cm lang.

[aus oder n. *Oltmanns* (1–3, 5, 6)]

Tabelle 1: Übersicht über die marinen Algenklassen

	Chlorophylle	akzessorische Pigmente	wichtigste Reservestoffe	Strukturmerkmale	Vorkommen im Meer	Hinweise auf einzelne Gattungen, Verbreitung und wirtschaftliche Nutzung
Abteilung **Cyanophyta** Klasse Cyanophyceae	a	Phycocyanin, Phycoerythrin, β-Carotin; Echinenon, Myxoxanthophyll, Zeaxanthin, Antheraxanthin, β-Cryptoxanthin, Isozeaxanthin	Cyanophyceenstärke (Glucan)	Protozyte, keine begeißelten Stadien, Thylakoide frei im Plasma	wenige Planktonformen, meist Angehörige des Benthos, auch endolithisch	*Trichodesmium* kann rote Wasserblüten hervorrufen; benthische marine Blaualgen im Sub-, Eu- und Supralitoral verbreitet; bei Verschmutzung durch Abwässer häufig Massenentwicklungen; teilweise endosymbiontisch (Cyanellen); die Cyanellen der ,,Glaucophyta", denen Echinenon und Myxoxanthophyll fehlen, sind von zwei Membranen umgeben (Glaucophyta: Flagellaten, künstliche Gruppe)
Abt. **Chlorophyta** Klasse Chlorophyceae	a, b	β-Carotin, bei Chlorophyceae und Charophyceae auch γ-Carotin; Lutein, Neoxanthin, Violaxanthin, Zeaxanthin; bei Chlorophyceae auch Antheraxanthin, β-Cryptoxanthin, Echinenon, Loroxanthin, Siphonein (bei Caulerpales), Siphonoxanthin (bei Caulerpales und Cladophorales); bei Prasino-	Stärke, fettes Öl; Dasycladales (Chlorophyceae): Fructan	begeißelte Stadien mit 2, 4 oder mehr gleichen Geißeln am Vorderende; Chloroplasten aller Chlorophyta mit doppelter Membran, nicht durch ER mit Kernhülle verbunden	wenige Planktonarten, wichtige Benthosalgen	Grünalgen im Plankton: *Dunaliella, Chlamydomonas, Brachiomonas* (Volvocales); *Chlorella* (Chlorellales); im Benthos dominieren Ulotrichales (*Ulothrix*), Ulvales (*Monostroma, Enteromorpha, Ulva*), Cladophorales (*Chaetomorpha, Cladophora*), Acrosiphonales (*Acrosiphonia*) sowie besonders in subtropischen und tropischen Meeren Siphonocladales (*Valonia*), Caulerpales (*Caulerpa, Codium, Halimeda*) und Dasycladales (*Dasycladus, Acetabularia*); Chaetophorales epiphytisch oder parasitisch auf anderen Algen (*Phaeophila*); einige Arten dienen als Nahrungsmittel

Forts. Tabelle 1 auf den nächsten Seiten

Tabelle 1 (Forts.)

Klasse Prasinophyceae		phyceae auch Antheraxanthin, Micronon, Siphonein, Siphonoxanthin. Chloroplasten grün		Geißeln und Zelle mit Schuppen aus organischer Substanz	wenige Arten im Plankton und Benthos, auch im Brackwasser	*Platymonas* und *Pyramimonas* im Plankton, *Prasinocladus* im Benthos
Klasse Charophyceae				hochdifferenzierter Thallus, schraubige Spermatozoide	Benthos, meist limnisch, wenige Brackwasserarten	*Chara baltica* in der Ostsee vorkommende Armleuchteralge
Abt. **Euglenophyta** Klasse Euglenophyceae	a, b	β-, (γ-)Carotin; Diadinoxanthin, β-Cryptoxanthin, Diatoxanthin, Echinenon, Neoxanthin, Zeaxanthin. Chloroplasten grün	Paramylon (β-1,3-Glucan)	meist Flagellaten, zwei Zuggeißeln, eine oft sehr kurz; Zellen schraubenförmig mit aus Streifen zusammengesetzter Pellicula; Chloroplasten mit dreifacher Membran, Thylakoide meist in Dreierstapeln	wenige marine und Brackwasservertreter im Plankton	*Euglena*
Abt. **Chromophyta** (Heterokontophyta)	a, c	β-Carotin; Carotinoide maskieren das Chlorophyll meistens stark	Chrysolaminarin, fettes Öl, keine Stärke	begeißelte Stadien meist mit heterokonter Begeißelung, eine nach vorn gerichtete Flimmergeißel, eine nach hinten gerichtete Peitschengeißel; Chloroplast mit doppelter Hülle von ER-Falte umgeben; Thylakoide in Dreierstapeln (= Lamellen)		

Klasse Chrysophyceae	außerdem Fucoxanthin, Diadinoxanthin, Diatoxanthin, Echinenon. Chloroplasten goldgelb bis braun		Bildung von urnenförmigen, verkieselten Zysten mit Stöpselverschluß innerhalb des Plasmas; Zelloberflächchen mancher Taxa mit Kieselschuppen	meist im Plankton (Nannoplankton), auch im Brackwasser	überwiegend Flagellaten (z.B. *Ochromonas*, Ochromonadales; die durch zahlreiche Fossilien bekannten Silicoflagellaten, Dictyochales, besitzen nur wenige rezente Vertreter); coccal sind die epiphytischen *Phaeodactylum* und *Pterosperma* (Chrysosphaeriales), trichal *Chrysomeris* und *Chrysonepos* (Phaeothamniales)
Klasse Prymnesiophyceae	außerdem Fucoxanthin, Diadinoxanthin, Diatoxanthin. Chloroplasten gelb bis braun	außerdem Paramylon	Geißeln ohne Flimmern, zusätzlich ein Haptonema, Zelloberfläche mit Schuppen aus organischer Substanz, z.T. verkalkt (Coccolithen)	meist Flagellaten des Planktons, wenige Benthosarten	*Prymnesium* verursacht durch hämolytisches Gift Fischvergiftung; Kalkflagellaten (Coccolithophoraceae) mit Coccolithen, meist wärmeliebend, bei Wasserblüten bis 30 × 10⁶ Zellen/Liter Seewasser
Klasse Xanthophyceae	außerdem β-Cryptoxanthin, Diadinoxanthin, Diatoxanthin, Heteroxanthin, Neoxanthin, Vaucheriaxanthin. Chloroplasten grün		teilweise Bildung von Zysten mit zwei verkieselten Wandhälften; Zellwände oft aus zwei Hälften	wenige Vertreter im Plankton und im Benthos	der Flagellat *Olistodiscus* (Heterochloridales) dient als Futterorganismus in Austernkulturen; fadenförmige *Vaucheria*-Arten (Vaucheriales; siphonal) kommen im Benthos vor
Klasse Bacillariophyceae	außerdem α-, ε-Carotin, Fucoxanthin, Diadinoxanthin, Diatoxanthin, Neoxanthin. Chloroplasten braun		vegetative Zellen coccal, mit zweiteiliger verkieselter Zellwand; männliche Gameten einiger Centrales mit einer Schubgeißel, sonst keine begeißelten Stadien	wichtige Plankton- und Benthosalgen	im Plankton überwiegen Vertreter der Centrales (radiärsymmetrische Zellen), während im Benthos die Pennales (bilateralsymmetrische Zellen, meist zu Kriechbewegungen befähigt) dominieren; bedeutendste marine Primärproduzenten

Forts. Tabelle 1 auf den nächsten Seiten

Tabelle 1 (Forts.)

Klasse Phaeophyceae		außerdem ε-Carotin; Fucoxanthin, Antheraxanthin, Diadinoxanthin, Diatoxanthin, Violaxanthin, Zeaxanthin. Chloroplasten braun	außerdem Mannitol	Zellwand enthält Alginate; nur fädige, plektenchymatische und parenchymatische Thalli; Gameten (bei Oogamie nur die männlichen) entstehen in plurilokulären Gametangien (außer bei den Fucales)	wichtige Benthosalgen, nur wenige Arten der Gattung *Sargassum* im Plankton	Hauptverbreitung in kühleren Meeren; an den deutschen Küsten sind die Braunalgengattungen *Ectocarpus*, *Pilayella*, *Giffordia* (Ectocarpales), *Punctaria* (Dictyosiphonales), *Petalonia*, *Scytosiphon* (Scytosiphonales), *Desmarestia* (Desmarestiales), *Laminaria*, *Chorda* (Laminariales), *Fucus*, *Ascophyllum*, *Halidrys* und *Himanthalia* (Fucales) verbreitet; *Macrocystis* und *Nereocystis* sind die größten rezenten Thallophyten; einige Arten werden als Nahrungsmittel und industrielle Rohstoffquellen genutzt
Abt. **Dinophyta** (= Pyrrhophyta) Klasse Dinophyceae	a, c	β-Carotin; Peridinin, Diadinoxanthin, Diatoxanthin, Dinoxanthin, Fucoxanthin. Chloroplasten braun (bis grün)	Stärke, fettes Öl	überwiegend Flagellaten, Zellen nackt oder mit Zellulosewand; zwei Geißeln: meist eine Quergeißel mit Haarreihe in Querfurche und eine nach hinten gerichtete Längsgeißel mit zwei Haarreihen, Geißeln auf Bauchseite der Zelle entspringend; Chloroplasten mit dreifacher Membran, Thylakoide in Dreierstapeln; Dinokaryon; Zelloberfläche mit Trichozysten	wichtige Planktonalgen	allgemein wärmeliebender als die Diatomeen, im tropischen Plankton besonders wichtig; *Gymnodinium* mit nackter, *Ceratium* und *Peridinium* mit gepanzerter Zelle (Zellulose); Verursacher von Meeresleuchten und von „Red Tides"; einige Arten bilden Toxine; viele Arten leben mixotroph, einige endosymbiontisch (z.B. *Gymnodinium microadriaticum*) in Protozoen, Coelenteraten (z.B. Korallen) und Mollusken; nach den Bacillariophyceae wichtigste marine Primärproduzenten

Abt. **Cryptophyta** Klasse Cryptophyceae	a, c	Phycocyan, Phycoerythrin; a-, (β-, ϵ-)Carotin; Alloxanthin, Crocoxanthin, Diatoxanthin, Monadoxanthin. Chloroplasten blau, rötlich, grün oder braun	Stärke, fettes Öl	meist Flagellaten mit zwei ungleich langen Zuggeißeln, längere mit zwei Reihen, kürzere mit einer Reihe von Seitenhaaren; Chloroplasten mit doppelter Membran, in ER-Falte, Thylakoide in Zweierstapeln; Zelloberfläche mit Ejektosomen	Planktonalgen	etwa 60 marine Arten, auch in Gezeitentümpeln und im Brackwasser; eine Art endosymbiontisch in *Mesodinium rubrum*, Verursacher von „Red Tides"
Abt. **Rhodophyta** Klasse Rhodophyceae (2 Unterklassen: Bangiophycidae, Florideophycidae)	a (d?)	Phycocyan, Phycoerythrin; β-, (α-)Carotin; Lutein, Zeaxanthin, Antheraxanthin, β-Cryptoxanthin, Neoxanthin. Chloroplasten rot, violett oder braun (selten grün)	Florideenstärke	Einzeller sowie fädige und plektenchymatische Thalli; keine begeißelten Stadien; Chloroplasten nicht in ER-Falte, Thylakoide nicht in Stapeln; Phycobilisomen; nur Oogamie; Bangiophycidae: einfacher Bau, meist keine Tüpfel, Zellen mit einem sternförmigen Chloroplasten, Entwicklungszyklus mit 2 Generationen; Florideophycidae: oft kompliziert gebaute Thalli, Florideentüpfel, Zellen mit mehreren Chloroplasten, Entwicklungszyklus meist mit 3 Generationen	wichtige Benthosalgen	Vorkommen der Rotalgen in allen Meeren; häufige Gattungen an den deutschen Küsten: *Bangia, Porphyra* (Bangiales), *Bonnemaisonia* (Ende des letzten Jahrhunderts aus Ostasien nach Europa eingeschleppt), *Nemalion* (Nemaliales), *Furcellaria, Polyides, Cystoclonium, Plocamium, Ahnfeltia, Gymnogongrus, Phyllophora, Chondrus* (Gigartinales), *Corallina, Dumontia, Hildenbrandia* (Cryptonemiales), *Lomentaria* (Rhodymeniales), *Ceramium, Plumaria, Delesseria, Phycodrys, Polysiphonia, Rhodomela* (Ceramiales); manche Taxa haben verkalkte Thalli (z.B. Corallinaceae); einige Arten werden als Nahrungsmittel und industrielle Rohstoffe genutzt

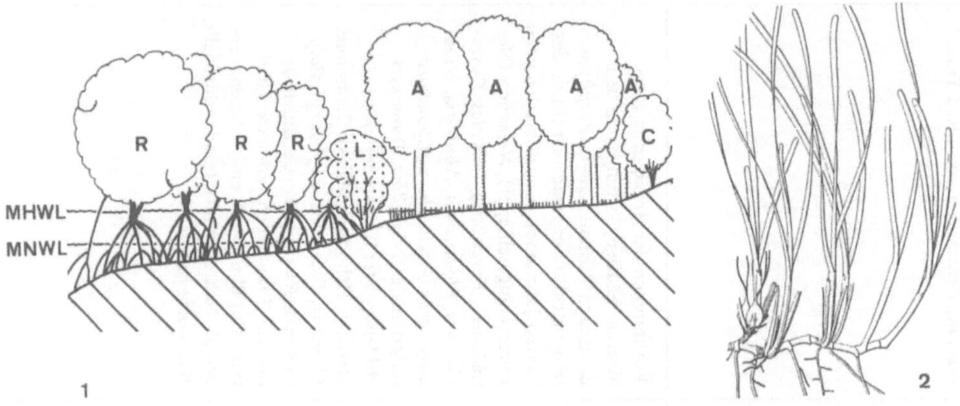

Bild 9 Marine Samenpflanzen

1 Zonierung der karibischen Mangrove; am weitesten meerwärts dringt *Rhizophora mangle* (R) vor; zwischen dieser Art und *Avicennia germinans* (A), die an periodisch trockenfallenden oder nur noch gelegentlich vom Meer überfluteten Stellen wächst, gedeiht *Laguncularia racemosa* (L); die Zugehörigkeit von *Conocarpus erecta* (C) zur Mangrove ist umstritten.
2 *Cymodocea nodosa*, im Mittelmeer, an der westafrikanischen Küste und auf den Kanarischen Inseln vorkommendes Seegras. (n. *Bornet* aus *den Hartog* 1970)

Bild 10 (Seiten 29 bis 31) Planktische Einzeller der Nordsee

Bild 10a

1 *Dinophysis* (50 μm)
2 *Gonyaulax* (50 μm)
3 *Gyrodinium* (100 μm)
4 *Polykrikos schwartzii* (150 μm)
5 *Prorocentrum micans* (50 μm)
6 *Exuviaella marina* (bis 15 μm)
7 *Noctiluca miliaris* (bis 2 mm)
8 *Peridinium* (100 μm)
9 *Podosira stelliger* (⌀ bis 125 μm)
10 *Leptocylindrus* (⌀ bis 15 μm)
11 *Phaeocystis pouchetii*, Kolonie (⌀ 2 mm)
12 *Ceratium tripos* (Gesamthöhe ca. 250 μm)
13 *Ceratium furca* (bis 380 μm)
14 *Ceratium fusus* (bis 600 μm)

Bild 10b

15 *Rhizosolenia stolterfothii* (⌀ 50 μm)
16 *Bacteriastrum hyalinum* (⌀ 50 μm)
17 *Thalassiosira* (⌀ 40 μm)
18 *Cerataulina bergonii* (⌀ 50 μm)
19 *Ditylum brightwellii* (Schalenlänge 100 μm)
20 *Coscinodiscus* (⌀ 400 μm)
21 *Guinardia flaccida* (⌀ 90 μm)

22 *Rhizosolenia shrubsolei* (⌀ bis 40 μm)
23 *Rhizosolenia setigera* (⌀ bis 50 μm)
24 *Lauderia borealis* (⌀ 60 μm)
25 *Chaetoceros densus* (⌀ 40 μm)
26 *Rhizosolenia delicatula* (⌀ 50 μm)

Bild 10c

27 *Biddulphia sinensis* (bis 400 μm lang)
28 *Biddulphia aurita* (bis 95 μm lang)
29 *Eucampia zodiacus* (bis 100 μm breit)
30 *Asterionella glacialis* (bis 50 μm)
31 *Biddulphia mobiliensis* (bis 150 μm lang)
32 *Thalassionema nitzschioides* (bis 100 μm)
33 *Plagiogramma brockmanni* (bis 25 μm breit)
34 *Globigerina* (Gehäuse-⌀ ca. 0,2 mm)
35 *Biddulphia regia* (bis 300 μm lang)
36 *Nitzschia longissima* (bis 250 μm)
37 *Zoothamnium*
38 *Ellobiopsis chattoni* (etwa 0,7 mm lang), an einem Copepoden
39 *Tintinnus* (Gehäuselänge 0,1 mm)

Alle Größenangaben sind Näherungswerte.

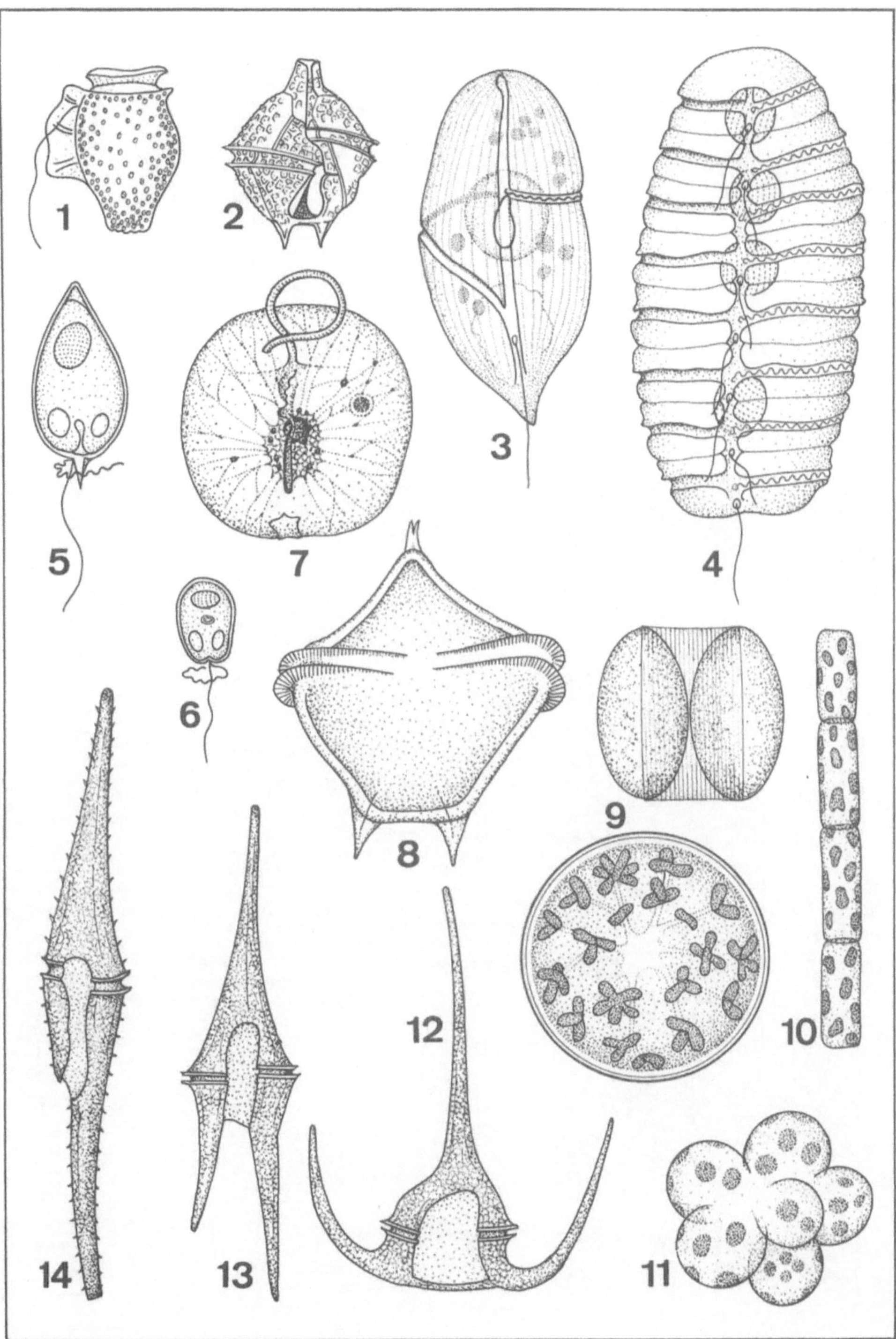

Bild 10a

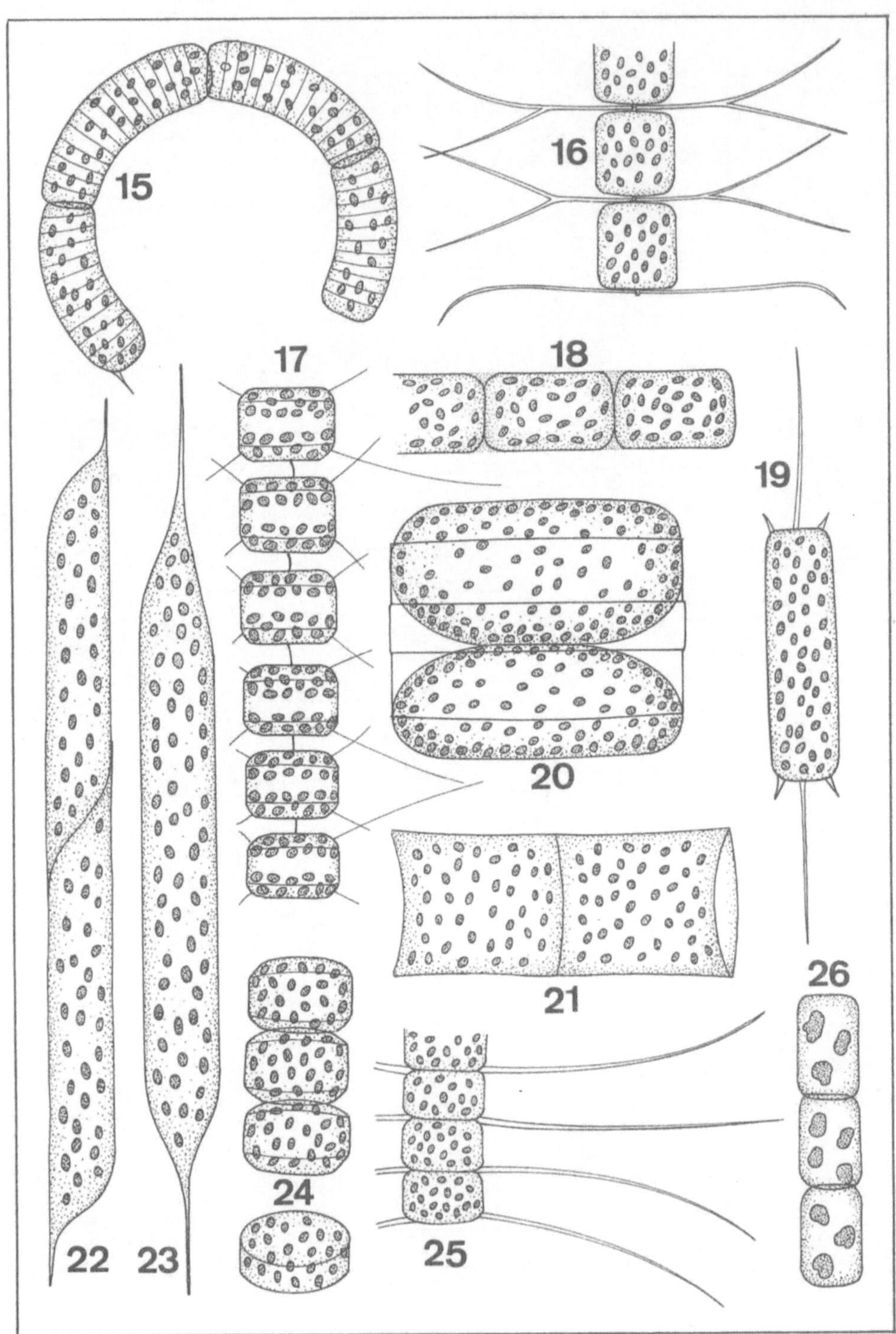

Bild 10b

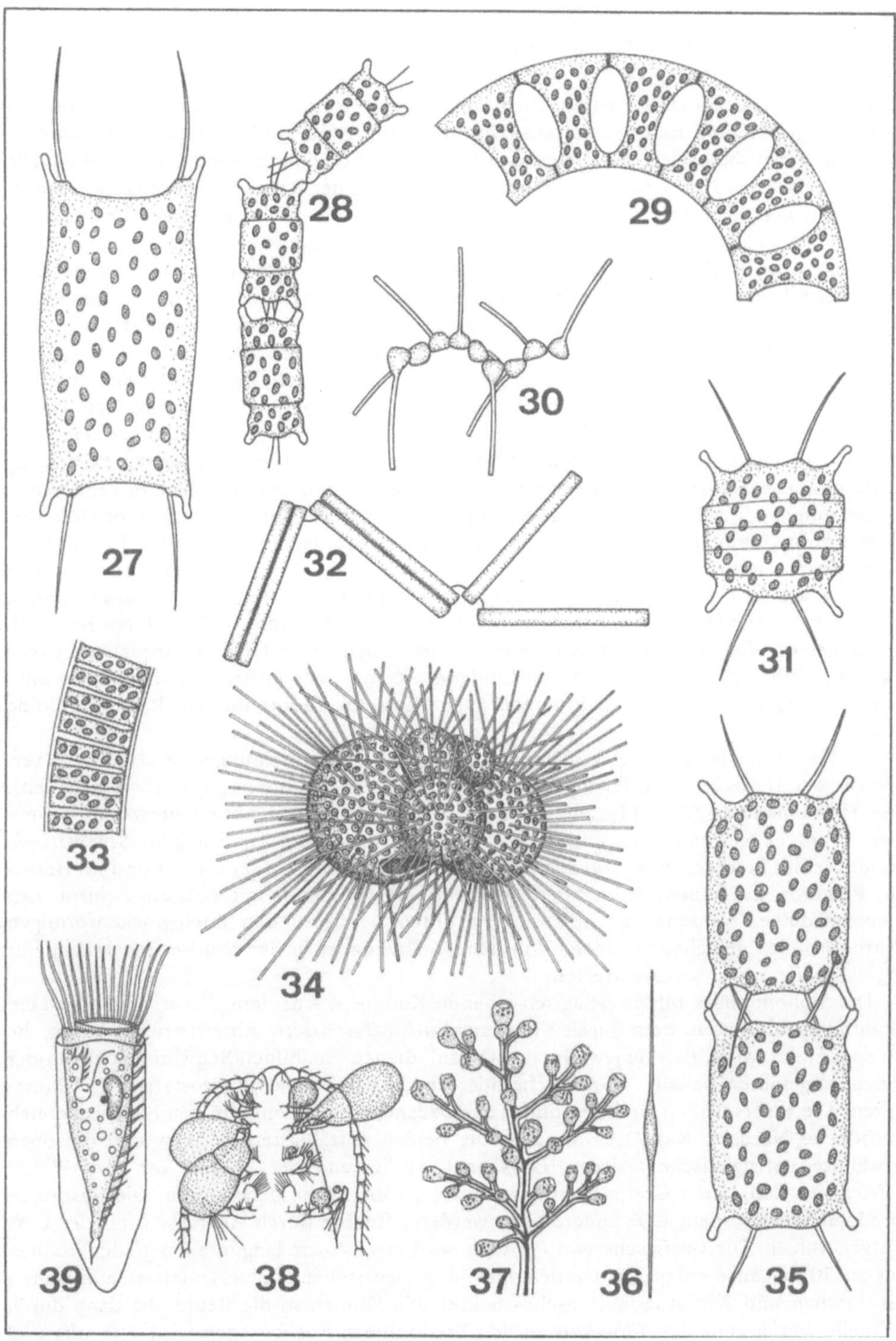

Bild 10c

Unter den Ciliata sind die Tintinnidae kosmopolitisch im Plankton vertreten. Sie bilden glocken- bis röhrenförmige Hülsen (Bild 10:39), in denen befestigt sie mit Hilfe gutentwickelter Wimperplatten umherschwimmen.

Planktische Vielzeller. Die Porifera (Schwämme) sind nur durch Larven im Plankton vertreten, dagegen sind die Coelenterata (Hohltiere) oft arten- und individuenreich vorhanden. Das gilt insbesondere für die zu den Nesseltieren (Cnidaria) zählenden Formen. Die Arten der Klassen Hydrozoa und Scyphozoa machen in der Regel einen Generationswechsel durch, der mit einem Formwechsel verbunden ist: die sich ungeschlechtlich vermehrende Form erscheint als Polyp, die geschlechtliche als Meduse. Regelmäßig gehören die Medusen zum Plankton, während die Polypen festsitzen. Ausnahmen sind die Polypen von *Pelagohydra, Margelopsis* (Hydrozoa) und *Dactylactis* (Anthozoa!), die planktisch leben. Umgekehrt gibt es auch einige benthische Medusen (vgl. *Halammohydra*).

Die Nesselzellen, nach denen der Stamm benannt worden ist, bilden Nesselkapseln (Cniden, Nematocysten), die zum Beuteerwerb und zur Abwehr dienen. Das Sekret ist oft auch für den Menschen unangenehm („nesselnd"), in einigen Fällen sogar tödlich. Die an den Küsten Australiens vorkommende Seewespe *Chironex fleckeri* (Cubomedusae, Scyphozoa) ist wohl das für Menschen gefährlichste wirbellose Tier. Monatelang müssen die Badestrände des Nordens gesperrt werden, da Kontakt mit der Seewespe in zahlreichen Fällen zum Tode geführt hat. Ähnlich giftig ist die ebenfalls dort vorkommende Cubomeduse *Chiropsalmus quadrigatus*. In den gemäßigten Breiten des nördlichen Pazifik wird *Gonionemus vertens* (Trachylina, Hydrozoa) den Badenden gefährlich. Auch andere Cnidaria, wie die Portugiesische Galeere *(Physalia)* und die Nesselquallen *(Cyanea)*, können schmerzhafte Hautreizungen, Schüttelfrost, Lähmungen, Kollaps und Tod durch Herzstillstand hervorrufen. In der südlichen Nordsee ist lediglich die Gelbe Haarqualle (*Cyanea capillata*, Bild 12) zu meiden. In den Cnidaria-Giften wurde bisher 5-Hydroxytryptamin sicher nachgewiesen, daneben kommen auch Histamin, Serotonin und Prostaglandoide vor.

Im Plankton der Nordsee sind Repräsentanten aller drei Ordnungen der Hydrozoa vertreten: der Hydroida, der Trachylina und — selten — der Siphonophora (Staatsquallen). Die Hydromedusen (Bild 11) sind in ihrem Auftreten an bestimmte Jahreszeiten gebunden: *Rathkea octopunctata* und *Tiaropsis multicirrata* sind im Frühjahr, *Steenstrupia nutans* ist im Sommer, *Bougainvillia ramosa* und *Melicertum octocostatum* sind im Herbst im Plankton zu finden. *Melicertum* gehört zu den Medusen mit flachem Schirm, den Leptomedusae, während die anderen genannten Arten zu den hoch-glockenförmigen Anthomedusae gerechnet werden. Von den Trachylina ist in der Nordsee regelmäßig nur *Aglantha digitalis rosea* anzutreffen.

Die Siphonophora bilden pelagisch lebende Kolonien. Aus dem Ei entwickelt sich ein Stammindividuum, an dem durch Knospung hochdifferenzierte Einzeltiere entstehen, die so spezialisiert sind, daß sie jeweils als „Organ" dienen. Sie bilden Schwimmglocken oder einen gasgefüllten Behälter (Gasflasche oder Pneumatophor) als hydrostatische Stabilisatoren. Die Staatsquallen sind Bewohner der Ozeane, die nur selten in den Nordseebereich (nördliche Nordsee, Kanal) eindringen. Die beiden auffälligsten Formen sind die oben erwähnte Portugiesische Galeere *(Physalia physalis)* und der „Segler vor dem Wind" *(Velella velella)*, deren Gasflaschen aus der Wasseroberfläche herausragen. Die Gasdrüsen produzieren vor allem CO, andere Gase werden offenbar durch Austausch mit der Luft aufgenommen. Die Gasflasche von *Physalia* wird etwa 20 cm lang, die Fangfäden können bis zu 50 m Länge entspannt werden. Mit ihren dichtstehenden Nesselbatterien injizieren sie Fischen und Krebstieren toxisches Sekret und lähmen so die Beute, die dann durch schnelle Verkürzung des Tentakels zu den Freßpolypen hochgezogen wird. *Physalia* und

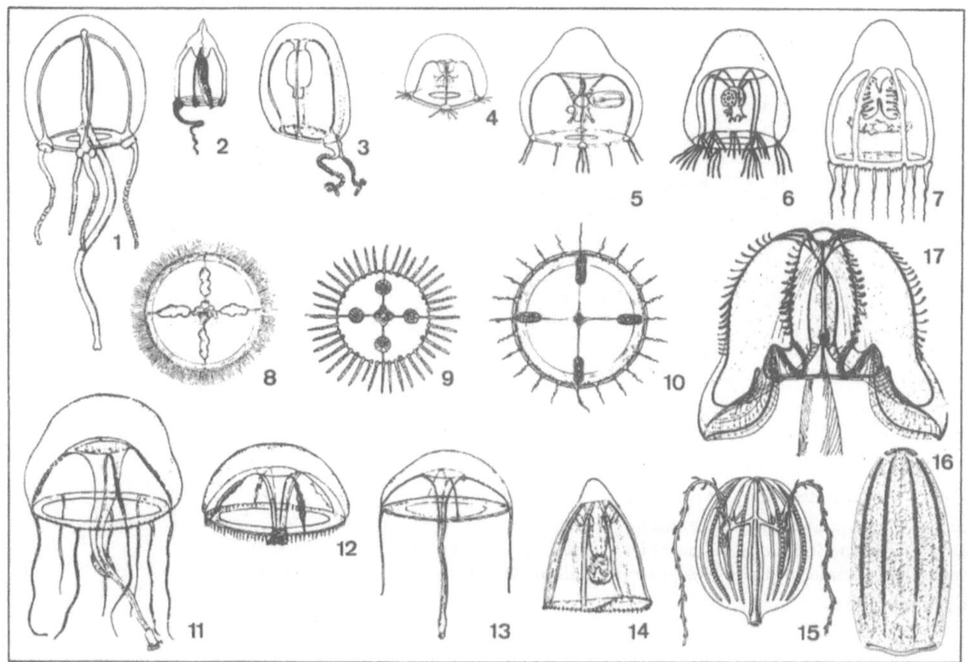

Bild 11 Planktische Medusen (Hydrozoa) und Ctenophora der südlichen Nordsee

1 *Sarsia tubulosa* (Glocke 18 mm hoch)
2 *Steenstrupia nutans* (6 mm)
3 *Hybocodon prolifer* (4 mm)
4 *Bougainvillia ramosa* (2,5 mm)
5 *Lizzia blondina* (4 mm)
6 *Rathkea octopunctata* (3 mm)
7 *Leuckartiara octona* (20 mm)
8 *Tiaropsis multicirrata* (20 mm ∅)
9 *Obelia spec.* (6 mm ∅)
10 *Phialidium hemisphericum* (25 mm ∅)
11 *Octorchis gegenbauri* (30 mm ∅)
12 *Eutonina indicans* (30 mm ∅)
13 *Eutima gracilis* (20 mm ∅)
14 *Aglantha digitale rosea* (14 mm hoch)
15 *Pleurobrachia pileus* (20 mm hoch)
16 *Beroe cucumis* (16 cm)
17 *Bolinopsis infundibulum* (15 cm)

(n. *Russell, Füller, Krumbach*)

Velella können in großen Mengen auftreten: im Atlantik wurde ein *Velella*-Schwarm von 260 km Länge beobachtet.

Die Klasse der Scyphozoa (Scheibenquallen) ist mit zwar wenigen, aber auffälligen Arten (Bild 12) vertreten. Die größten Planktonten sind die wegen ihrer Nesselwirkung schon erwähnten Gelben Haarquallen *(Cyanea capillata)*, die in arktischen Regionen Schirmdurchmesser von über 2 m erreichen. Zur selben Ordnung der Semaeostomeae (Fahnenquallen) gehören die in der Nordsee regelmäßig vorkommenden Blauen Quallen *(Cyanea lamarcki)*, die Kompaßquallen *(Chrysaora hysoscella)* und die Ohrenquallen *(Aurelia aurita)*. Kompaß- und Ohrenquallen sind oft sehr häufig. In britischen Gewässern, vor allem aber in den wärmeren Teilen der Ozeane ist die Leuchtqualle *(Pelagia noctiluca)* anzutreffen, die nach Reizung leuchtet.

Aus der Ordnung der Rhizostomeae (Wurzelmundquallen) ist bei uns die Blumenkohlqualle *(Rhizostoma pulmo octopus)* vertreten, gekennzeichnet durch die Schulterkrausen mit zahlreichen Öffnungen an der Basis des Mundrohres.

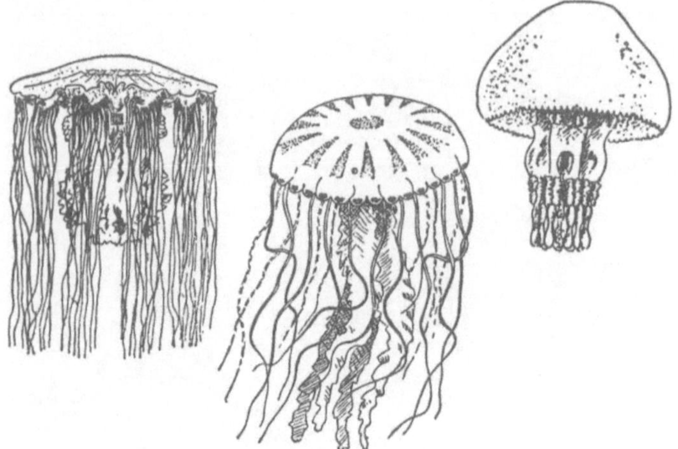

Bild 12 Scyphomedusen der Nordsee
Links: Haarqualle (*Cyanea capillata*, ⌀ 50 cm)
Mitte: Kompaßqualle (*Chrysaora hysoscella*, ⌀ 30 cm)
Rechts: Blumenkohlqualle (*Rhizostoma pulmo*, ⌀ 60 cm)
(n. *Yonge* 1966)

Während die meisten Fahnenquallen von größeren Beutetieren leben, wie Hydromedusen, Rippenquallen, Polychaeten, Amphipoden und kleinen Fischen, ernähren sich die Wurzelmundquallen und — zumindest zeitweise — auch die Ohrenquallen von kleinen Planktonten.

Unter den Schirmglocken einiger Quallen leben oft Flohkrebse (z.B. *Hyperia galba*) und Jungfische *(Gadus, Caranx)*.

Zur Ordnung Coronata gehören Tiefseequallen wie *Nausithoë*, die von der Oberfläche bis in über 8000 m Tiefe gefunden wurde. Die Arten der Ordnung Cubomedusae (Würfelquallen) sind dagegen Bewohner warmer Schelfmeere: *Chiropsalmus* und *Chironex* wurden oben bereits erwähnt. Ein schneller und gewandter Schwimmer ist die Feuerqualle *Charybdea*, die Fische fängt.

Den Rippenquallen (Ctenophora) fehlen Nesselzellen. Sie unterscheiden sich auch in anderen Merkmalen von den Cnidaria. Sie schwimmen mit Hilfe von in 8 Reihen stehenden Wimperplatten, die eine autonome Schlagbewegung ausführen. Bei mechanischer Beschädigung, wie sie beim Planktonfangen oft eintritt, können sich die Wimperplatten vom Tier lösen und schwimmen dann noch stundenlang selbständig im Wasser umher. Während die Hydrozoa und Scyphozoa in der Regel getrenntgeschlechtlich sind, sind die Rippenquallen Zwitter, die schon kurz nach dem Ausschlüpfen aus dem Ei geschlechtsreif werden. Beim weiteren Wachstum werden die Gonaden reduziert und reifen dann ein zweites Mal (Dissogonie). Die bei einigen Arten vorhandenen beiden Fangtentakeln tragen Klebzellen und können in Tentakeltaschen zurückgezogen werden. Mit ihrer Hilfe werden kleinere Planktonten erbeutet. Dagegen packen die tentakellosen Arten *(Beroë)* ihre Beute (meist andere, oft größere Rippenquallen) direkt mit dem Mund. Manche Arten können bei Reizung grünlichblau leuchten. Der Modus der Lichterzeugung, die bis etwa 60 Sekunden anhält, ist unbekannt.

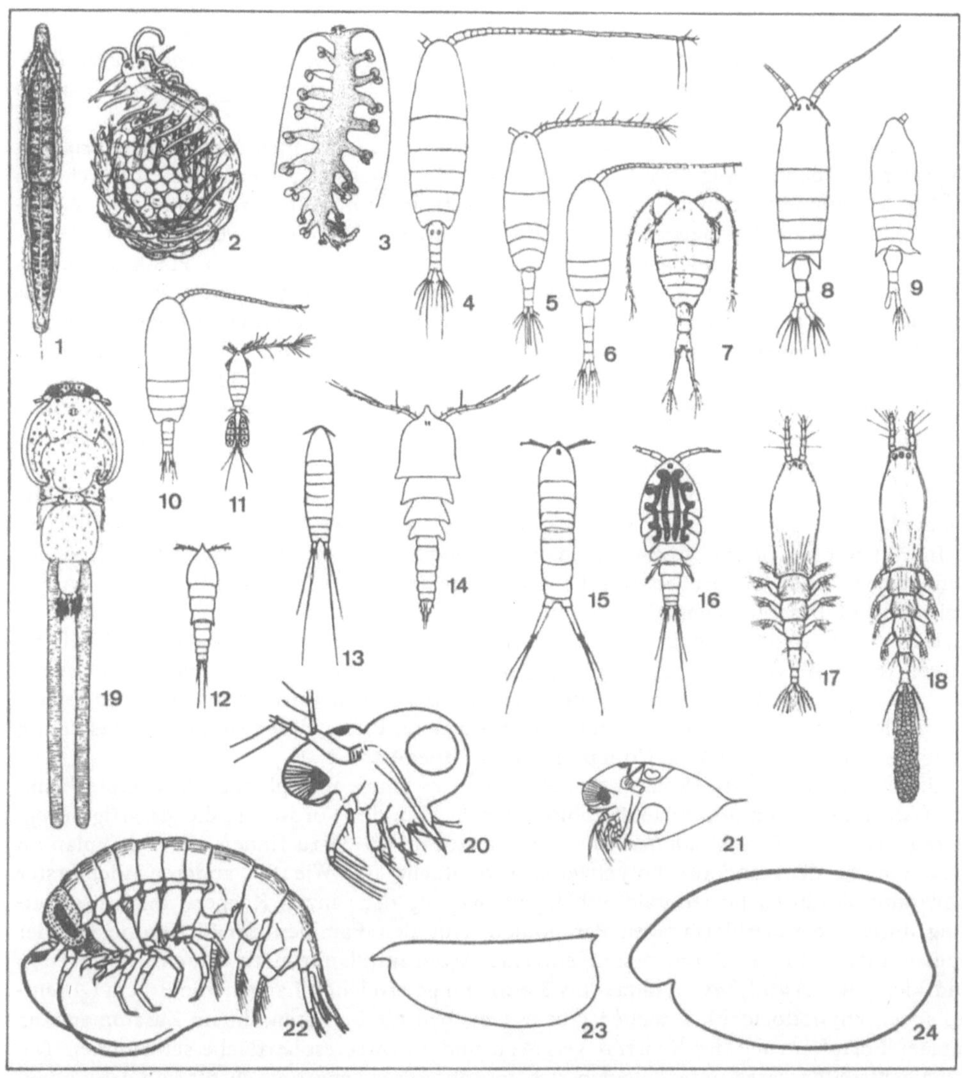

Bild 13 Planktonten der Nordsee (Turbellaria, Polychaeta, Copepoda, Phyllopoda, Ostracoda, Amphipoda)

1 *Alaurina composita*, Kette mit 4 Zooiden (2,6 mm)
2 *Autolytus prolifer* (2,5 mm)
3 *Tomopteris helgolandica* (17 mm)
4 *Calanus finmarchicus* ♀ (5 mm)
5 *Acartia clausi* ♀ (1,2 mm)
6 *Pseudocalanus elongatus* ♀ (1,6 mm)
7 *Temora longicornis* ♀ (1,5 mm)
8 *Anomalocera patersoni* ♀ (3,5 mm)
9 *Centropages hamatus* ♀ (1,5 mm)
10 *Paracalanus parvus* ♀ (1 mm)
11 *Oithona spec.* ♀ (0,8 mm)
12 *Euterpina acutifrons* ♀ (0,65 mm)

13 *Microsetella norvegica* ♀ (0,45 mm)
14 *Clytemnestra spec.* ♀ (0,8 mm)
15 *Halithalestris croni* ♀ (2,3 mm)
16 *Tisbe furcata* ♀ (0,8 mm)
17 *Monstrilla helgolandica* (2,5 mm)
18 *Cymbasoma rigidum* ♀ (2,5 mm)
19 *Caligus rapax* ♀ (5 mm)
20 *Podon spec.* (1 mm)
21 *Evadne spec.* (0,7 mm)
22 *Hyperia galba* ♂ (12 mm)
23 *Conchoecia elegans* ♀, Umriß (2,3 mm)
24 *Philomedes globosa* ♂, Umriß (3,1 mm)

(n. verschiedenen Autoren kombiniert)

In der Nordsee ist die Seestachelbeere *Pleurobrachia pileus* häufig, außerdem treten oft *Bolinopsis infundibulum* und *Beroe cucumis* auf (Bild 11:16), selten *Beroë gracilis*. *Pleurobrachia* verträgt noch Salzgehalte bis herab zu etwa 7‰ und dringt daher weit in die Ostsee ein.

Ganz anders gebaut sind die Venusgürtel *(Cestus)* der warmen Meere. Ihr Körper ist langgestreckt bandförmig, bis 1,5 m lang. Die durchsichtigen Tiere bleiben durch den Schlag der Wimperblätter im Wasser stehen und fangen mit Hilfe ihrer modifizierten Tentakeln Planktonten. Bei Beunruhigung schwimmen sie schlängelnd davon.

Die Turbellaria (Strudelwürmer; Stamm Plathelminthes) sind im Plankton selten. Neben benthischen Arten, die durch Wasserbewegung vom Substrat gelöst werden, gibt es in den wärmeren Meeren einige planktische Acoela und Polycladida. An den nordatlantischen Küsten Europas ist *Alaurina composita* gelegentlich häufig, die bis 2,6 mm lange Ketten bildet und sich durch Querteilung intensiv vermehrt (Bild 13:1).

Die Nemertini (Schnurwürmer) sind mit etwa 70 bisher beschriebenen Arten aus dem Bathypelagial bekannt. Ihr bis etwa 6 cm langer Körper ist in Anpassung an diesen Lebensraum verbreitert und abgeflacht, oft zu seitlichen Flossensäumen ausgezogen und durch ein gallertiges Mesenchym gestützt. Sie haben einen Rüssel, der mit einem Giftstachel bewehrt ist.

Im Plankton findet man die helmförmigen Pilidiumlarven bodenbewohnender Nemertinen. Auch andere benthische Tiergruppen haben zum Teil planktische Larven (vgl. Bild 15). Besonders charakteristische Formen sind die Trochophora-Larven von Polychaeten (in der Nordsee häufig die Larven der Spionidae und Terebellidae), die Veliger-Larven der Mollusken, die Cyphonautes von Bryozoen, die Actinotrochae von Phoroniden, die Plutei von Echinodermen, die Tornaria-Larven von Enteropneusten, und es gibt eine Fülle verschiedener Larvenformen der Krebstiere. Unter diesen sind besonders häufig Nauplius- und Cypris-Stadien, Copepoditen und Zoëa-Larven.

Unter den Polychaeta (Stamm Annelida) gibt es einige rein planktisch lebende Familien (Alciopidae, Tomopteridae, Typhloscolecidae). In der Nordsee ist die glasartig durchsichtige *Tomopteris helgolandica* (bis 3 cm lang; Bild 13:3) zu finden, deren Bauplan im Vergleich zu dem anderer Polychaeten vereinfacht ist. Wie die anderen Vielborster schwimmt sie durch horizontale Schlängelbewegung des ganzen Körpers, mit Unterstützung durch die ruderblattartigen Parapodien. Aus den Familien der Phyllodocidae, der Aphroditidae und der Syllidae sind einzelne Arten im Plankton zu finden. Die meisten sind klein (wie *Autolytus*, Syllidae, bis 3 cm), einige erreichen Längen von 30 cm (*Anaitides* spec., Phyllodocidae). Daneben gibt es viele benthische Arten, die im Zusammenhang mit der Fortpflanzung das Substrat verlassen und zur Meeresoberfläche schwimmen. Die geschlechtsreifen Tiere unterscheiden sich morphologisch-anatomisch oft von den bodenlebenden Formen. Der die Keimzellen enthaltende (epitoke) Körperabschnitt bekommt größere Parapodien, mehr Borsten und längere Anhänge. In einigen Familien (Glyceridae, Syllidae, Eunicidae) löst er sich ganz ab und schwimmt zur Meeresoberfläche. Die Mondphase synchronisiert diesen Vorgang, so daß sich die epitoken Abschnitte zur gleichen Zeit an der Oberfläche sammeln. Dadurch wird die Befruchtung der Eizellen weitgehend gesichert. Besonders bekanntgeworden ist der Palolowurm der Südsee *(Eunice viridis)*, dessen epitoke Teile sich bei Samoa alle 353 oder 382 Tage (je nach Springflut-Eintritt) im letzten Mondviertel in solchen Mengen sammeln, daß die Einwohner sie mit Körbchen herausschöpfen können. Wegen des Dottergehaltes der Eizellen sind die Palolowürmer sehr nahrhaft.

Die Mollusken sind — abgesehen von ihren oben erwähnten Larven — mit wenigen Arten im Plankton vertreten. Einige Schnecken haben sich dem Leben im freien Wasser durch tiefgreifende Umgestaltung ihrer Organisation angepaßt. Unter den Prosobranchia sind nur die Heteropoda aktive Schwimmer. Ihre Schale ist reduziert, ihre Gewebe enthalten eine Flüssigkeit, die leichter als Seewasser, aber isotonisch ist. Sie schwimmen mit ihrem seitlich abgeflachten Propodium, das meist einen Saugnapf als Rest der Fußsohle trägt. Alle schwimmen mit dem Fuß nach oben. Unter den Opisthobranchia gibt es einige Arten, die sich in Massen entwickeln können und dann eine wichtige Nahrungsquelle

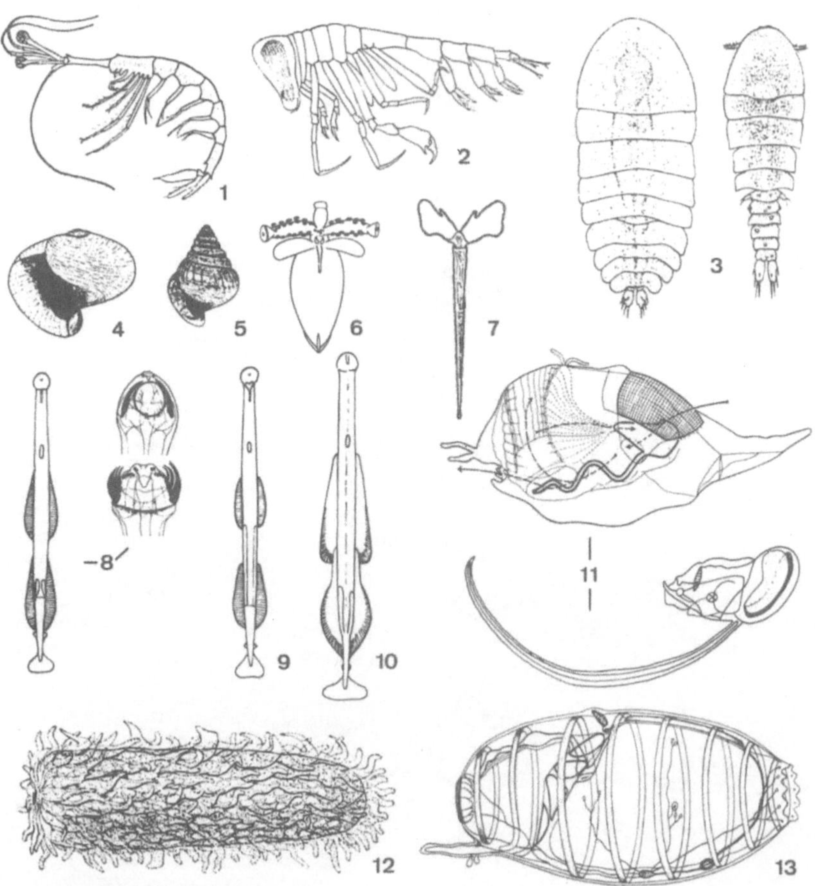

Bild 14 Planktonten der Weltmeere

1 *Lucifer acestra* (1 cm)
2 *Phronima sedentaria*, ♀ (2 cm)
3 *Sapphirina ovantolanceolata*, links ♂, rechts ♀ (♂ 4,5 mm, ♀ 3,5 mm)
4 *Limacina helicoides* (∅ 15 mm)
5 *L. retroversa* (5 mm hoch)
6 *Crucibranchaea macrochira* (7 mm)
7 *Creseis acicula* (12 mm)
8 *Sagitta setosa* (20 mm), rechts Kopf mit Greifhaken
9 *S. elegans* (25 mm)
10 *S. lyra* (38 mm)
11 *Oikopleura dioica*, oben im Gehäuse (Wasserströmungen durch Pfeile angegeben), unten Tier ohne Gehäuse (Rumpf 1,5 mm lang)
12 *Pyrosoma atlanticum* (10 cm)
13 *Doliolum spec.*

(n. *van Gansen* 1963, *Kuhl* 1928, *Morton* 1957, *Riedl* 1963, *Russell* 1939, *Tesch* 1947)

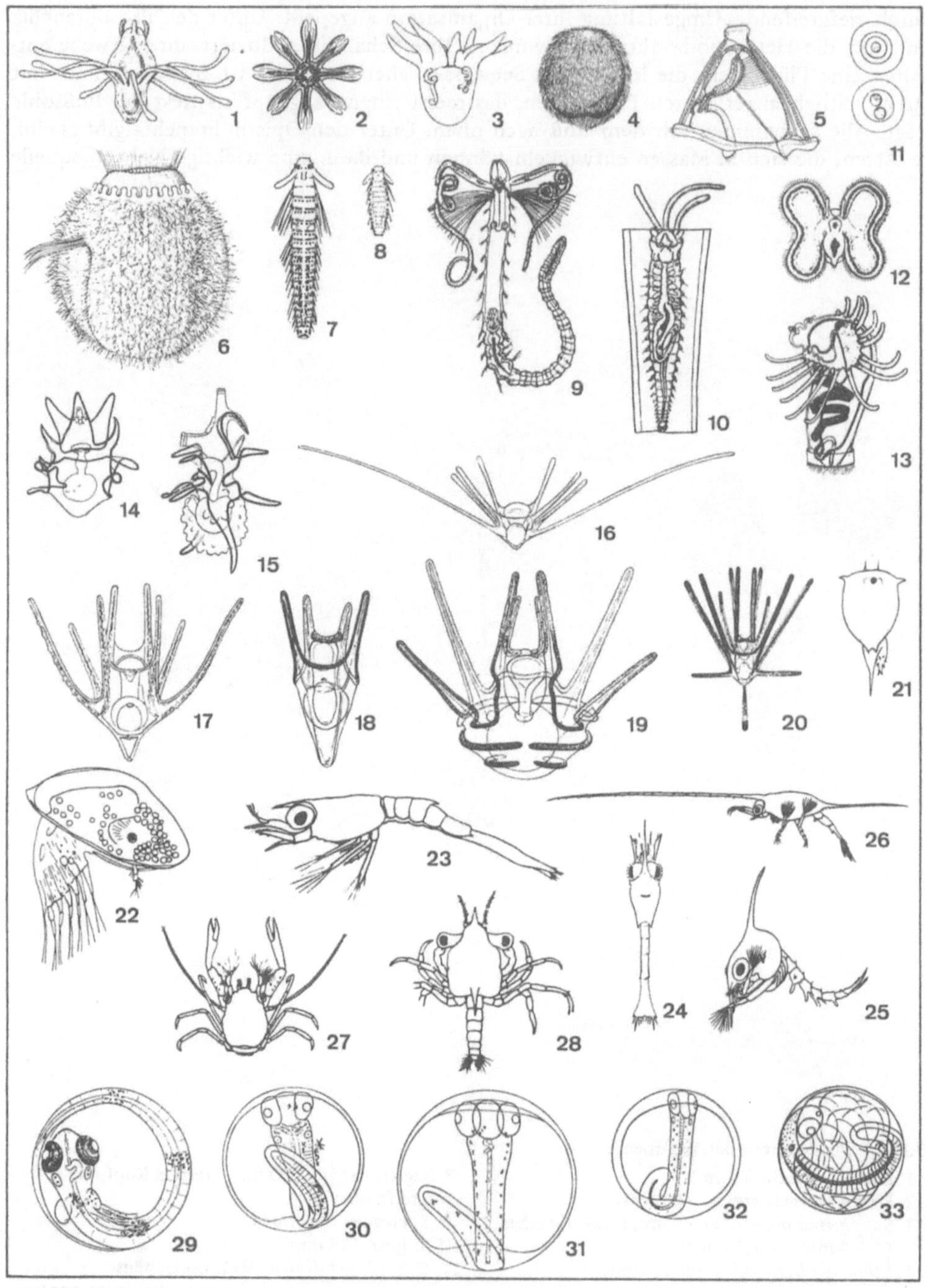

Bild 15

für Fische und planktonseihende Wale darstellen („Whalaat"). Diese Hinterkiemerschnekken gehören in die Ordnungen der Thecosomata und Gymnosomata. Sie bilden flossenartige Fußfortsätze aus, mit denen sie wie mit Flügeln schlagen (daher „Flügelschnecken"). Die Schale der Thecosomata ist linksgewunden, aber meist reduziert und manchmal durch eine unverkalkte Pseudoconcha ersetzt. Die Schale der im Mittelmeer häufigen *Creseis* (Bild 14:7) ist wie die einiger anderer Arten gestreckt-symmetrisch. *Spiratella* und *Clio* sind verbreitete Arten, die in großen Schwärmen auftreten können. Sie machen tägliche Vertikalwanderungen und ernähren sich von Mikroplanktonten. Den Gymnosomata fehlt eine Schale. Sie treten mehr vereinzelt auf und leben räuberisch. Ihr Schlund ist oft rüsselartig vorstreckbar, sie verfügen über Saugarme und Hakensäcke. *Clione* (bis 2 cm lang) ist in allen Weltmeeren anzutreffen. Ebenfalls zu den Hinterkiemerschnecken gehört *Phyllirrhoë*, die sehr stark umgestaltet ist: ihr Körper (bis 3 cm lang) ist seitlich zusammengedrückt, fischähnlich. Sie schwimmt seitlich schlängelnd, umschlingt mit ihren Fühlern Planktonten und verschlingt diese. Bei Beunruhigung scheidet sie ein leuchtendes Sekret ab. Die Jungschnecken parasitieren an der Hydromeduse *Zanclea*.

In das Planktonnetz geraten manchmal auch kleine Arten der Cephalopoda (Tintenschnecken), wie z.B. *Sepiola* (Mantellänge bis 21 mm). Die meisten Arten dieser Weichtierklasse sind jedoch gute Schwimmer und müssen zum Nekton gerechnet werden.

Die Arten der Krebstiere (Crustacea) spielen im marinen Plankton sowohl nach ihrer Anzahl als auch nach ihrer Bedeutung im Nahrungshaushalt des Meeres eine außerordentlich wichtige Rolle. Das gilt insbesondere für die Copepoda (Ruderfußkrebse). Diese niederen Krebse werden im allgemeinen nur 1 bis 3 mm groß, treten aber oft in großen Mengen auf und stellen ein wichtiges Futter für andere Wirbellose, aber auch für Fische und Wale. Sie selbst ernähren sich überwiegend von Nannoplanktonten, Diatomeen und Peridineen, die sie mit Hilfe der Beborstung ihrer Mundgließmaßen heranstrudeln und ausfiltern. Dabei bewegt *Calanus* die gespreizten Borstenfächer der 2. Antennen, der Mandibeln und der 1. Maxillen bis zu 3000 mal pro Minute vor und zurück. So werden — bei einer Filterfläche von 0,3 bis 0,4 mm^2 — pro Tag etwa 100 ml Wasser durchgeseiht. Dia-

Bild 15 Planktische Larven und Fischeier der Nordsee

 1 *Tubularia larynx*, Actinula (3 mm hoch)
 2 *Aurelia aurita*, Ephyra (ϕ 1 mm)
 3 *Cerianthus lloydii*, Arachnactis (15 mm)
 4 *Crisia eburnea*, Larve (150 µm)
 5 *Electra pilosa*, Larve (150 µm)
 6 *Bugula neritina*, Larve (300 µm)
 7 *Polydora ciliata*, Larve (1,5 mm lang)
 8 *Pygospio elegans*, Larve (0,6 mm)
 9 *Magelona papillicornis*, Larve (5 mm)
10 *Lanice conchilega*, Larve mit Gehäuse (Gehäuse 4 mm)
11 *Littorina littorea*, Eier (ϕ des hutförmigen Geleges 0,7 mm)
12 *Hinia reticulata*, Veliger (ϕ der letzten Windung 0,7 mm)
13 *Phoronis mülleri*, Actinotrocha (1 mm hoch)
14 *Asterias rubens*, Bipinnaria (2 mm hoch)
15 *A. rubens*, Brachiolaria (4 mm hoch)
16 *Ophiothrix fragilis*, Ophiopluteus (4 mm breit)
17 *Ophiura texturata*, Ophiopluteus (2 mm breit)
18 *Psammechinus miliaris*, Echinopluteus (1 mm hoch)
19 *Echinus esculentus*, Echinopluteus (1,5 mm)
20 *Echinocardium cordatum*, Echinopluteus (0,6 mm)
21 *Balanus balanoides*, Nauplius (1 mm hoch)
22 *B. balanoides*, Cypris (1,3 mm)
23 *Crangon crangon*, Zoea I (2 mm)
24 *Pagurus bernhardus*, Zoea I (4 mm)
25 Brachyura, Zoea IV
26 *Porcellana spec.*, Zoea II
27 *Porcellana spec.*, Megalopa
28 Brachyura, Megalopa
29 *Gadus morhua*, Ei, ϕ 1,3 mm
30 *Pollachius virens*, Ei, ϕ 1,2 mm
31 *Melanogrammus aeglefinus*, Ei, ϕ 1,5 mm
32 *Ctenolabrus rupestris*, Ei, ϕ 0,9 mm
33 *Sprattus sprattus*, Ei, ϕ 1 mm

(n. verschiedenen Autoren kombiniert)

tomeen werden zu 60 bis 70%, Flagellaten zu 95% aufgeschlossen. Entsprechend dem Abstand der Filterborsten werden Objekte zwischen 2 und 20 µm Größe zurückgehalten. Die kleinere *Acartia clausi* siebt Planktonten von 4 bis 700 µm aus. Bei guter Ernährungslage werden Speicherstoffe gebildet, u.a. in Form von Öltropfen, die gleichzeitig hydrostatische Funktion haben. Oft sind in ihnen Carotinoide gelöst, so daß viele Arten von Ruderfüßern gelb, orange oder rot gefärbt sind. Besonders auffällig ist die blaue *Anomalocera patersoni*, deren ♂♂ gut entwickelte Augen haben. Diese Art ist gelegentlich (auch in der Nordsee) in größeren Mengen dicht unter der Wasseroberfläche anzutreffen. Die Tiere springen aus dem Wasser, so daß es aussieht, als ginge ein feiner Regen auf die Oberfläche des Meeres nieder.

Die Bewegung der pelagischen Copepoda setzt sich im wesentlichen aus zwei Komponenten zusammen. Der Schlag der Thoracalextremitäten, aber auch der Mundwerkzeuge, führt zu einem kontinuierlichen, spiralig verlaufenden, meist schräg nach oben gerichteten Schwimmen. Von Zeit zu Zeit werden die 1. Antennen kräftig abwärts geschlagen, so daß eine ruckartige Bewegung ausgeführt wird („Hüpferlinge"). Oft sind besondere Schwebeeinrichtungen ausgebildet, wie sehr lange, beborstete 1. Antennen oder eine tiefgegabelte Furca am Hinterleib, ebenfalls mit langen Borsten. Solche Schwebeeinrichtungen verhindern ein zu schnelles Absinken des Ruderfüßers in inaktiven Phasen, vor allem auch während der Häutungen. Die in warmen Meeren lebenden Arten der Gattung *Sapphirina* (Bild 14:3) besetzen die Tönnchen von Salpen und schwimmen mit diesen umher.

Die Copepoda sind getrenntgeschlechtliche Tiere, oft mit ausgeprägtem Sexualdimorphismus. In der Ordnung Calanoida, der die weitaus meisten planktischen Copepoda angehören, ist das 5. Paar der Thoraxbeine bei ♂♂ und ♀♀ verschieden gestaltet. Es dient beim ♂ der Übertragung der Spermatophore. Oft sind auch die 1. Antennen der ♂♂ anders geformt als die der ♀♀, bei manchen Arten ist eine der 1. Antennen zu einem Greiforgan ausgebildet. Bei der Kopulation umfaßt das ♂ mit seinen Antennen das ♀ im Abdominal- oder Furcalbereich, dreht sich mit der Ventralseite an die des ♀ und heftet die mit Klebsekret versehene Spermatophore an die ♀ Genitalöffnung. Durch Quellung bestimmter Teile der Spermatophore wird das Sperma in das Receptaculum seminis gepreßt. Aus den befruchteten Eiern, die entweder einzeln abgelegt oder in einem oder zwei Säckchen vom ♀ getragen werden, entwickeln sich meist je 6 Nauplius- und Copepoditstadien, die durch Häutungen voneinander getrennt sind (Bild 16). Die Geschwindigkeit der Entwicklung ist von der Wassertemperatur abhängig. Bei *Calanus helgolandicus*, dessen Eier etwa 164 µm Durchmesser haben, dauert die Embryonalentwicklung bei 0,7 °C 6,9 Tage, bei 7,4 °C 2,4 Tage und bei 14,2 °C nur 1,4 Tage. Während die Entwicklung bis zum geschlechtsreifen Adultus für die meisten Arten in der Nordsee etwa 5 Monate betragen dürfte, dauert sie für *Calanus glacialis* im Weißen Meer etwa 2 Jahre: im Mai findet man die Eier im Plankton, von Mai bis Juni die Nauplien, von Mai/Juli die Copepoditen I und II, Ende Juni Copepoditen III, im August Copepoditen IV. Der Copepodit IV überwintert in tieferen Wasserschichten, kommt im April wieder in Oberflächennähe und entwickelt sich bis Oktober zum Adultus.

Weltweit gibt es etwa 800 marine Copepoda (Calanoida und Cyclopoida), in der Nordsee treten rund 35 Arten regelmäßig auf (vgl. S. 8). Von diesen ist *Pareuchaeta norvegica* mit 4,5 mm Rumpflänge die größte. Sie bevorzugt Tiefen zwischen 200 und 1200 m. Häufiger ist *Calanus finmarchicus*, der (insgesamt) 5,4 mm Länge erreicht. Er ist in vielen meeresbiologischen Laboratorien zum Versuchstier geworden. Ähnlich, aber kleiner (bis 1,6 mm) ist *Pseudocalanus elongatus*, eine der häufigsten Arten in unserem Gebiet. Einige der in der Nordsee verbreiteten Arten sind in Bild 13 dargestellt.

Arten der Ordnung Harpacticoidea sind im Plankton seltener. Sie unterscheiden sich von den Calanoida und Cyclopoida unter anderem durch den gleichmäßig gestreckten

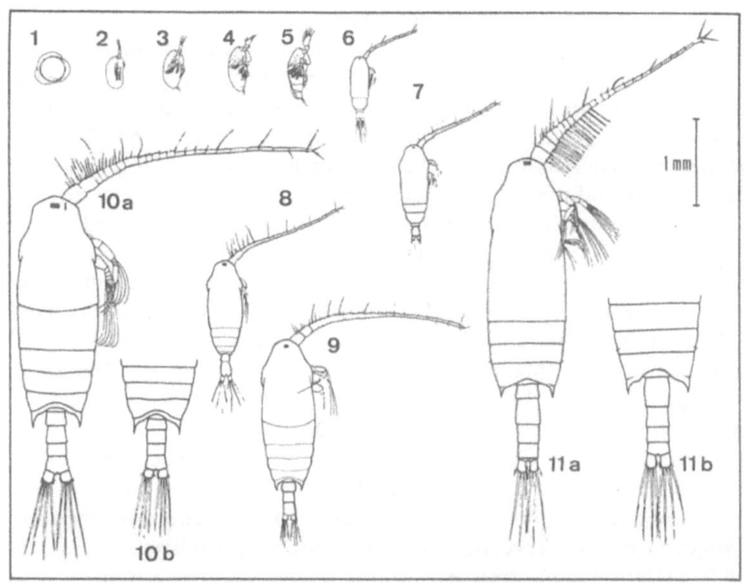

Bild 16 Die Entwicklung eines Copepoden (*Chiridius armatus*) vom Ei zum Adultus
1 Ei, 2—5 Nauplius-Stadien I—IV, 6 Copepodit I, 7 Copepodit II,
8 Copepodit III, 9 Copepodit IV, 10 Copepodit V, 11 Adultus (a ♂, b ♀)
(n. *Matthews* 1964)

Körper mit sich allmählich verschmälernden Segmenten (*Euterpina acutifrons, Microsetella norvegica, Clytemnestra rostrata, Halithalestris croni*; Bild 13:12 bis 15).

Neben diesen freilebenden Copepoden gibt es zahlreiche parasitische Arten (in der Nordsee etwa 215). Zur Wirtssuche schwimmen einige von ihnen umher und geraten dann in den Planktonfang („Fischläuse": *Lepeophtheirus pectoralis, Caligus rapax*). Bei anderen sind die Larven stark umgestaltet — sie leben vor allem in Anneliden und Schnecken —, während die langen, schlanken Adulten frei umherschwimmen (*Monstrilla, Cymbasoma*).

Die Phyllopoda (Blattfußkrebse) spielen quantitativ im Meer eine geringere Rolle als im Süßwasser. Die Gattung *Bosmina* vertritt den Normaltyp des Wasserflohs, der Algen und Diatomeen aus dem Wasser ausfiltert. Daneben gibt es räuberische Wasserflöhe (*Evadne, Podon*), bei denen die Schale zurückgebildet ist. Bei den ♀♀ dient ein Rest als Brutraum. Die vier Paar Beine sind schlanke Raubbeine. Bei windstillem Wetter sammeln sich die Blattfußkrebse oft in Mengen an der Wasseroberfläche. Von *Evadne nordmanni* wurden bis zu 4500 Individuen in einem m^3 Wasser nachgewiesen. Sie bewegen sich vor allem durch schlagende Bewegungen ihrer zweiästigen 2. Antennen. Diese sind auch die Hauptbewegungsorgane der in eine zweiklappige Schale eingeschlossenen Muschelkrebse (Ostracoda). Die Schale ist bei den (wenigen) pelagischen Arten nur schwach verkalkt. Längere Zeit freischwimmend sind nur die Arten der Gattung *Conchoecia*, zeitweilig im Plankton ist *Philomedes globosus*. Die Muschelkrebse ernähren sich vorwiegend von Copepoden.

Von den höheren Krebsen (Malacostraca) sind im Plankton Vertreter der Ordnung Peracarida, vor allem aus der Unterordnung Mysidacea, seltener aus den Unterordnungen

Amphipoda, Cumacea und Isopoda zu finden. Die Glaskrebse (Mysidae) sehen garnelenartig aus, sind jedoch an den bläschenförmigen Statocysten in der Basis der inneren Uropoden-Äste leicht zu erkennen. Weltweit verbreitet ist *Lophogaster*, in der Nordsee häufig sind *Gastrosaccus spinifer* und *Praunus flexuosus*. Sie halten sich von Zeit zu Zeit auf dem Substrat auf wie auch andere Arten, die seltener im Plankton zu finden sind. *Praunus* (Bild 42:7) steht im Wasser normalerweise still, in fast senkrechter Körperhaltung. Durch schlagende Bewegungen der Exopoditen hält er sich in dieser Position und bewegt sich nur langsam vorwärts. Eine schnelle Fluchtbewegung ist durch Einschlagen des Hinterleibes bei gespreiztem Schwanzfächer möglich. In der Normalhaltung wird die aus Planktonten und Detritus bestehende Nahrung aufgenommen: die beborsteten Extremitäten bilden eine Reuse, die den selbsterzeugten Wasserstrom durchseiht. Aber auch auf dem Substrat liegende tote Tiere werden gefressen. Wie andere Peracarida haben die ♀♀ der Mysidacea einen ventralen Brutraum (Marsupium), in dem die Eier und die Jungtiere gehältert werden. Die Tragzeit beträgt bei *Praunus flexuosus* im Sommer etwa 3, im Herbst 4 Wochen. Die Glaskrebse bilden eine wichtige Fischnahrung.

Die Cumacea sind Substratbewohner. Viele Arten schwimmen aber auch oft umher und werden im Plankton gefunden, bei uns vor allem *Pseudocuma*-Arten. Sie sind am blasig aufgetrieben erscheinenden Vorderkörper (Cephalothorax + 5 Thoraxsegmente), dem dagegen schmal abgesetzten Hinterkörper und den langen, griffeligen Uropoden leicht zu erkennen (Bild 31:4). Insgesamt erreichen sie eine Länge von etwa 5 mm.

Die Amphipoda (Flohkrebse) haben einen nur aus dem Kopf und 1 bis 2 Thoracalsegmenten gebildeten Cephalothorax. Im Plankton findet man einige ganz charakteristische Arten. *Phronima* (Bild 14:2), eine glasartig durchsichtige Gattung aus dem Mittelmeer und dem subtropischen Atlantik, frißt tonnenförmige Salpen soweit aus, daß sie im Inneren Platz hat und das „Gehäuse" als Brutraum für die Jungen nutzen kann. Die verwandte *Hyperia galba* (Bild 13:22) hält sich oft unter dem Schirm von Scyphomedusen auf, wo sie vermutlich kommensalistisch lebt.

In der Ordnung Eucarida ist ein wohlentwickelter Carapax ausgebildet, mit dem alle Thoracalsegmente verschmolzen sind. Zu dieser Ordnung gehören die Garnelen (Decapoda, Natantia) und die Leuchtkrebse (Euphausiacea). Mehrere Familien der Garnelen stellen Bewohner der Hochsee in warmen Zonen *(Amalopenaeus, Sergestes)*. Besonders auffallend ist der auch im Mittelmeer anzutreffende *Lucifer* (Bild 14:1) durch seinen langgestreckten Kopf und die langgestielten Augen. Die meisten Garnelen, insbesondere die wirtschaftlich wichtigen, leben am Boden und in der Vegetation (vgl. unter Benthos).

Die Leuchtkrebse sind den Garnelen sehr ähnlich. Sie sind von diesen leicht daran zu unterscheiden, daß sie an den Basisteilen der Extremitäten frei vorragende Kiemen tragen, die gefiedert und oft spiralig eingerollt sind. Ihr Panzer ist schwach inkrustiert und daher weich. Die etwa 80 bekannten Arten sind Hochseetiere, die in allen Ozeanen vorkommen. Ihre Entwicklung verläuft über mehrere Nauplius-Stadien, den Metanauplius, einige Calyptopis-, viele Furcilia- und Cyrtopia-Stadien. Einige Arten der Euphausiacea ernähren sich durch Ausfiltern von Phytoplanktonten, wobei sie das rostrale Körperende etwas höher halten als das abdominale, so daß die Fangleistung durch die entstehenden Wasserwirbel erhöht wird. Andere Arten leben vermutlich vorwiegend von Copepoden und anderen, kleinen Krebsen. Häufig sind Leuchtorgane, die durch Muskeln in ihrer Lage verändert werden können.

In der Nordsee sind Leuchtkrebse selten. Im Skagerrak ist *Meganyctiphanes norvegica* anzutreffen, in der nordwestlichen Nordsee und im Ärmelkanal auch Arten von *Thysanoëssa, Nyctiphanes* und *Nematoscelis*. In den letzten Jahren sind einige Euphausiacea für den Menschen interessant geworden, die in der Antarktis große Schwärme bilden. Sie sind als Fisch- und Walnahrung seit langem bekannt, jetzt wird ihre Eignung als Nahrung

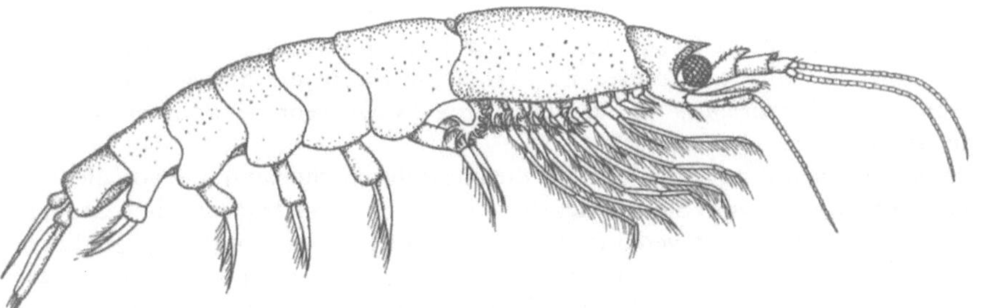

Bild 17 Krillkrebs (*Euphausia superba*) (n. *Mann*, 1948, verändert)

für Mensch und Haustier geprüft. Am bekanntesten ist *Euphausia superba* (Bild 17), der Walkrebs oder Krill. Diese Krebse werden 4—6 cm lang und sind vor Südgeorgien, bei den Süd-Shetland- und Süd-Sandwich-Inseln, in der Scotia- und Weddell-See in großen Schwärmen beobachtet worden. Die Individuendichte ist von den veränderlichen Strömungen abhängig. Unter einem Quadratmeter Oberfläche wurden bis 10 000 Tiere ermittelt. Larvenstadien und Adulte machen tägliche Vertikalwanderungen über ca. 100 m Tiefenunterschied. Die Larven sind zwischen 20 und 400 m, die Erwachsenen zwischen 0 und 200 m Tiefe am häufigsten anzutreffen, nachts sammeln sich die Adulten bei etwa 15 m Tiefe. Die Schwärme sind nicht nur mit Hilfe des Echolots festzustellen, sie verraten sich nachts durch ihre Biolumineszenz und können dann gezielt abgefischt werden. In den untersuchten antarktischen Gewässern wird die Jahresproduktion an Krill auf ca. 200×10^6 t geschätzt, von denen etwa 50×10^6 t entnommen werden könnten (diese Menge entspräche dem Weltfischereiertrag!). Der eßbare Anteil des Krill enthält ca. 20% Eiweiß, 3% Fett, dazu Vitamine, vor allem Provitamine A und D, wäre also eine wertvolle Nahrungsquelle. Bisher sind allerdings die verfahrenstechnischen Schwierigkeiten der Verarbeitung und Vermarktung noch nicht gelöst.

Andere Arten der Leuchtkrebse, vor allem bathypelagische *(Nematoscelis spec.)*, machen keine täglichen Vertikalwanderungen und zeigen entsprechend keinen Rhythmus der Nahrungsaufnahme.

Eine Gruppe überwiegend planktischer Arten sind die Chaetognatha (Pfeilwürmer) (Bild 14:8). Der durchscheinende Körper dieser Tiere ist in Kopf, Rumpf und Schwanz gegliedert und trägt Seiten- und Schwanzflossen, die ihm pfeilartiges Aussehen geben. Der Kopf ist jederseits mit einer Gruppe von Greifhaken bewehrt, mit deren Hilfe Copepoda, Decapoda-Larven und Fischlarven erbeutet werden. In einigen Meeren machen die Pfeilwürmer saisonbedingte Wanderungen. Arten, die ihren Verbreitungsschwerpunkt in den oberen 150 m haben, führen auch Vertikalwanderungen durch. In der Nordsee sind *Sagitta setosa* und *elegans* häufig, deren Rolle als Indikatoren auf S. 8 besprochen worden ist. Im Ärmelkanal und den nördlichen Teilen der Nordsee treten einige weitere, aus dem Atlantik stammende Arten auf *(S. serratodentata, maxima, Eukrohnia hamata)*.

Von den Chordatieren sind im Plankton die geschwänzten Manteltiere (Copelata oder Appendicularia), die Salpen und Feuerwalzen (Thaliacea) sowie Eier und Larven von Fischen vertreten. Die Copelata erzeugen ein gallertiges Gehäuse (Bild 14:11), das oft wesentlich größer ist als sie selbst und das mit Filtersystemen ausgestattet ist. Der Ruderschwanz setzt ventral am Rumpf an und erzeugt durch seinen Schlag einen Wasserstrom, der die Siebsysteme passiert, an denen die Nahrung (Nannoplanktonten) hängenbleibt.

Bei starker Beunruhigung verläßt *Oikopleura* das Gehäuse und bildet später ein neues. Bei anderen Gattungen bleibt die gallertige Abscheidung klein und wird nur zum Nahrungserwerb entfaltet. In der südlichen Nordsee ist *Oikopleura dioica* die häufigste Copelate, daneben kommen *O. labradoriensis* und *Fritillaria borealis* vor. Sehr viel artenreicher sind die britischen Gewässer (ca. 15 Arten).

Die Salpen sind tonnenförmige Manteltiere, die meist durchscheinend und vor allem in wärmeren Meeren verbreitet sind. Sie entwickeln sich über einen metagenetischen Generationswechsel, der oft kompliziert verläuft. Das „Ammentier" (Oozooid) erzeugt durch Knospung Blastozooide. Aus diesen oder aus einigen von diesen gehen Gonozooide hervor, in denen die Keimzellen heranreifen. Die Gonozooide sind zwittrig, aus den befruchteten Eiern entstehen entweder Larven *(Doliolum)* oder die Entwicklung ist verkürzt, ohne freischwimmende Larve (*Salpa, Thalia* u.a.). Um den tonnenförmigen Salpenkörper verlaufen Muskelreifen, durch deren rhythmische Kontraktion nicht nur ein Wasserstrom im Kiemendarm, sondern zugleich auch der Antrieb erzeugt wird.

Die Feuerwalzen (Pyrosomida, Bild 14:12) sind pelagische, koloniebildende Manteltiere warmer Meere. Der gemeinsame Mantel bildet einen langgestreckten Hohlzylinder, in dessen Wand die Einzeltiere (Gonozooide) so angeordnet sind, daß ihre Einfuhröffnung außen, die Ausfuhröffnung zum Hohlraum hin liegt. Bei ihnen wird der Wasserstrom durch Wimpern erzeugt, die an den Kiemenspalten sitzen. Auch die Entwicklung der Feuerwalzen verläuft über einen metagenetischen Generationswechsel. Ihren Namen verdanken sie Leuchtorganen, die photogene Bakterien enthalten. Die Bakterien werden über die Follikelzellen der Eier aufgenommen und von diesen an die Embryonen und damit an die nächste Generation weitergegeben. Das blaugrüne Licht wird bei Reizung ausgestrahlt und kann bei großen (über 1 m langen) tropischen Feuerwalzen sehr hell sein.

Eier und Larven von Fischen können einen hohen Anteil im Plankton ausmachen. In unseren Breiten wechselt der Anteil einzelner Arten im Plankton je nach der Laichzeit. Viele Eier enthalten Reservestoffe in Form von Öltropfen. Auftreten, Größe und Anzahl der Öltropfen sind wichtige Bestimmungsmerkmale. Die meisten Eier sind kugelig, in der Nordsee sind nur die der Sardelle ovoid und daher leicht zu identifizieren (Juni/Juli). Gut zu erkennen sind auch die Eier des Leierfisches (*Callionymus lyra*, April/August), die auf der Eihülle wabenartige Leisten tragen. Die aus den Eiern schlüpfenden Jugendstadien werden herkömmlich als „Fischlarven" bezeichnet, obwohl es sich im allgemeinen nicht um echte Larven handelt. Sie zehren von ihrem Dottervorrat, nehmen zunehmende Mengen Nahrung von außen auf, bis der Dotter verbraucht und die „Larve" zum Jungfisch geworden ist.

1.2 Das Nekton

Der Übergang vom Plankton zum Nekton läßt sich nicht eindeutig definieren. Aktives und gerichtetes Schwimmen hängt in seiner Effizienz nicht nur von der selbsterbrachten Leistung eines pelagischen Tieres ab, sondern verständlicherweise auch von der am jeweiligen Ort herrschenden Intensität der Wasserströmung. Dazu kommt das spezifische Verhalten mit dem Wechsel aktiver und passiver Phasen, das dazu führt, daß auch Nektonten zeitweise treiben. Form- und Reibungswiderstand der Nektonten unterscheiden sich aus hydrodynamischen Gründen von den entsprechenden Werten der Planktonten, und im Durchschnitt sind Nektonten größer als Planktonten, was aus der zu erbringenden aktiven Schwimmleistung zu verstehen ist.

Fast alle Nektonten sind aufgrund ihrer Umweltansprüche in ihrer horizontalen Verbreitung auf bestimmte Meeresregionen beschränkt (vgl. Kap. III, „Biogeographie"). Echte Kosmopoliten sind wohl nur wenige Hai-Arten. Viele Nektonten führen aber im Zusammenhang mit Nahrungserwerb und Fortpflanzung Wanderungen durch, die über große Entfernungen führen können. Auch ontogenetisch bedingte und diurnale Vertikalwanderungen sind für zahlreiche Arten bekanntgeworden.

Die das Nekton bildenden Arten gehören zu wenigen Tiergruppen: zu den Kopffüßern (Cephalopoda), den Fischen, den Schildkröten und Schlangen, den Vögeln und den Säugetieren. Die kleinsten Arten sind einige Kopffüßer von wenigen Zentimetern Länge, die größten sind unter den Wirbellosen die Riesenkalmare *(Architeuthis princeps)* von bis zu 18 m Länge und etwa 1 t Gewicht und unter den Wirbeltieren die Blauwale *(Balaenoptera musculus)* von bis zu 38 m Länge und 135 t Gewicht (das entspricht dem Gewicht von 25 bis 30 Elefanten oder 1600 Menschen).

Die Cephalopoda (Kopffüßer, Tintenschnecken, Tintenfische; Bild 18) sind ausgesprochen polystenohaline Tiere und stellen zahlreiche Arten im Nekton. Die meisten gehören zur Ordnung der Teuthoidea (Kalmare), während die Tintenschnecken im engeren Sinne (Ordnung Sepioidea) nur durch das Posthörnchen *(Spirula spirula,* Mantellänge bis 4 cm) im Pelagial vertreten sind. *Spirula* lebt in tropischen und subtropischen Meeren, in einem weiten Tiefenbereich, der von der Oberfläche bis zu etwa 1750 m reicht. Die gerollte Schale dieser Art ist gekammert und fast ganz vom Weichkörper überwachsen. Durch Veränderung der Kammerfüllung mit Gas und Flüssigkeit können die Posthörnchen den Auftrieb regulieren. Nachts steigen sie in größerer Anzahl auf etwa 100 m Tiefe auf. Ein Leuchtorgan am Körperende sendet ein blasses, gelb-grünes Licht aus. Da die jüngsten Larvenstadien unter 1000 m gefunden wurden, nimmt man an, daß *Spirula* am Meeresboden laicht.

Die Kalmare sind dem Leben im Pelagial in besonderer Weise angepaßt. Sie sind schlank, die Schale ist auf einen innen liegenden Rest reduziert, und ein kräftiger Muskelmantel umschließt den Körper. Kontraktion des Muskelmantels preßt das Wasser aus der Mantelhöhle durch den Trichter kopfwärts nach außen, so daß die Kalmare nach dem Rückstoßprinzip mit dem Hinterende voran schwimmen. Da der Trichter sehr beweglich ist, können die Kalmare auch in andere Richtungen steuern. Dabei und auch bei der langsamen Normalbewegung (Vorderende voran) helfen die seitlichen Flossen aktiv mit. Bei der Kontraktion des Muskelmantels wird gleichzeitig der Querschnitt und damit der Wasserwiderstand verringert, die Geschwindigkeit erhöht. *Loligo*-Arten erreichen Geschwindigkeiten von 8 m/s, ausreichend, um Fische zu fangen. Die Bewegung ist eng gekoppelt mit der Respiration: schnelles Schwimmen bedingt intensiven Wasseraustausch in der Mantelhöhle, in der die Kiemen liegen, und damit erhöhten Gasaustausch. Das Zirkulationssystem ist leistungsfähiger als das anderer Mollusken, zusätzliche kontraktile Gefäßabschnitte unterstützen das Herz. Nervensystem und Sinnesorgane sind entsprechend hochentwickelt und schaffen die Voraussetzungen für die große Reaktionsgeschwindigkeit, wie sie beim Erwerb schneller Beute notwendig ist. Das Verhaltensinventar ist umfangreicher als das anderer Mollusken. Kalmare treten oft in Schwärmen („Schulen") auf, die gemeinsam hinter Fischen und anderen Cephalopoden herjagen. Sie selbst werden von großen Fischen, von Seevögeln, von Walen und Robben gefressen. Auf der Flucht vor Haien erreichen Onychoteuthidae Geschwindigkeiten, die ihnen ermöglichen, durch die Wasseroberfläche zu stoßen und bis 2 m hoch etwa 6 m weit zu „fliegen". Die Augen sind relativ groß, und ein in einem Walmagen gefundenes Auge von knapp 40 cm Durchmesser ist das größte Sehorgan, das im Tierreich bisher bekanntgeworden ist. Bei einigen Arten, wie *Calliteuthis spec.,* ist das linke Auge größer als das rechte. Viele Arten haben Leuchtorgane, deren Licht entweder von Bakterien oder von körpereigenen Stoffen erzeugt wird. Vom einfachen Bakterienbehälter bis zum komplexen Leuchtorgan mit Pigmentschirm, Reflektoren und Linse sind die unterschiedlichsten Bautypen realisiert. Viele Arten bringen Töne hervor. In Kalmarschulen wurden Frequenzen von 40 bis 6 000 Hz gemessen.

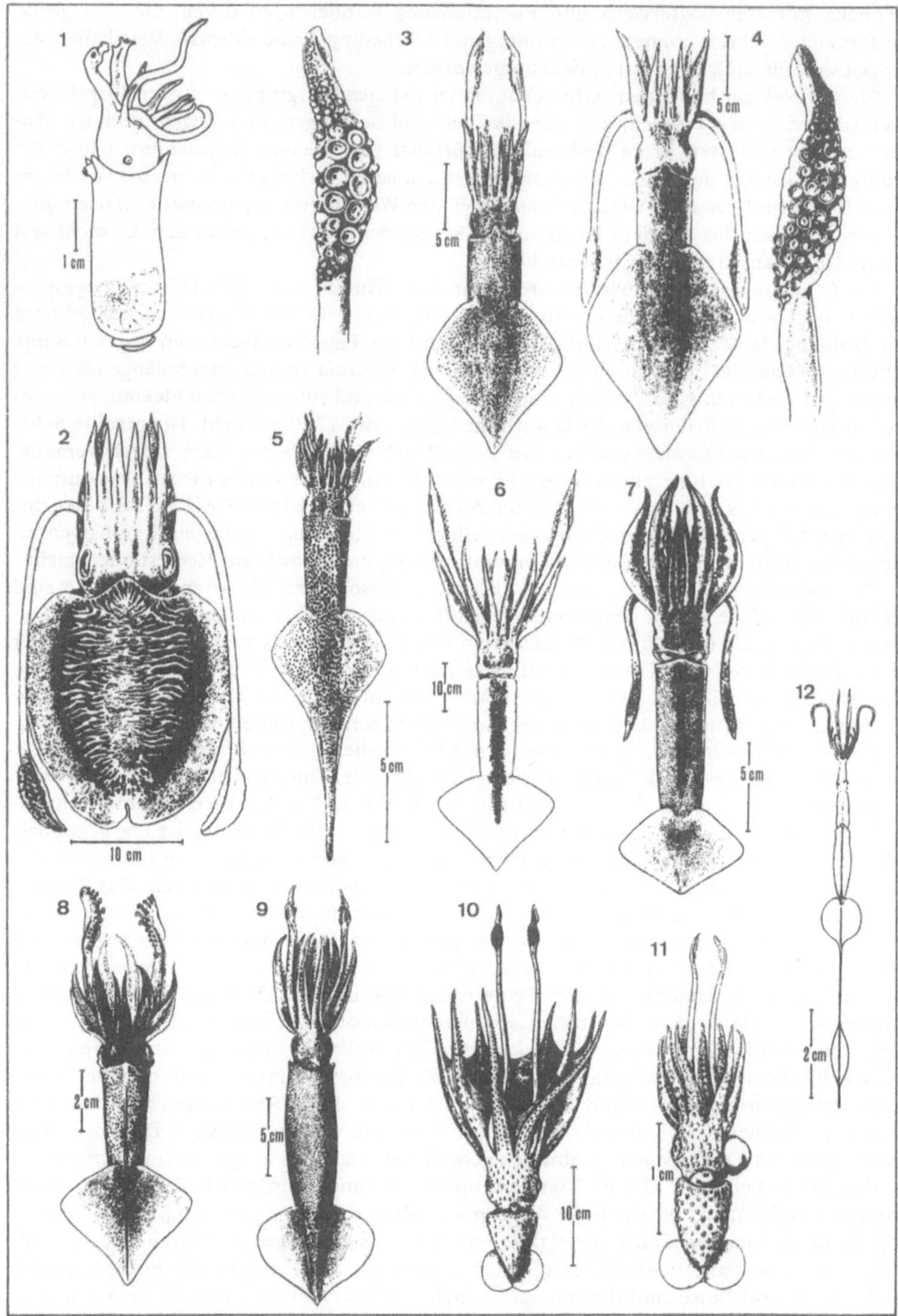

Bild 18

Wahrscheinlich werden die Töne durch Vibration der Trichtermündung erzeugt. Bisher ist weder etwas über die biologische Bedeutung der Lauterzeugung bekannt, noch darüber, ob und womit Töne wahrgenommen werden können.

Die Cephalopoden sind getrenntgeschlechtlich und zeigen häufig Sexualdimorphismus. Bei den ♂♂ der meisten Arten sind ein oder zwei Arme als Hectocotylus ausgebildet und übertragen bei der Kopula die Spermatophore in die Mantelhöhle oder in den Mund des ♀. Die Eier (bei *Illex coindeti* 5000 bis 12 000) werden, eingeschlossen in das gallertig aufquellende Sekret der Nidamentaldrüsen, in länglichen Ballen meist am Boden abgelegt. Ein ♀ von *Todarodes pacificus* erzeugt in rund 2 Stunden ca. 25 l Gelegemasse mit 300 bis 4000 Eiern. Etwa 112 Stunden später (bei 15 bis 18 °C) schlüpfen die Jungen. Die erste Nahrung, die nach Verbrauch des Dottervorrates aufgenommen wird, besteht aus kleinen Crustaceen. Nur bei wenigen Gattungen (*Histioteuthis, Calliteuthis*) verläuft das Wachstum isometrisch. Bei den meisten Arten verschieben sich die Proportionen des Körpers beim Heranwachsen, bei einigen so stark, daß die Jungtiere früher für eigene Arten gehalten wurden („Rhynchoteuthis"- und „Doratopsis"-Formen). Die Lebenserwartung ist nur von wenigen Spezies bekannt und wird im allgemeinen 3 Jahre nicht übersteigen. Die Mantellänge liegt für über 90 % der Arten unter 0,5 m und nur *Moroteuthis robusta* und *Architeuthis spec.* erreichen mehr als 2 m, letztere Gattung sogar über 6 m. Es muß zu diesen Angaben einschränkend gesagt werden, daß die Fangtechniken bisher unzureichend sind. Deshalb geraten meist kleine Cephalopoden unter 30 cm Mantellänge in die Netze, größere sind so gewandt, daß sie dem Fanggerät meistens entkommen. Daher sind Größenzusammensetzung und horizontale wie vertikale Verbreitung bisher ungenügend bekannt. Einige Arten wurden zuerst in Mägen von Fischen und Walen gefunden. Sicher ist, daß die Angehörigen einiger Arten in weiten Tiefenbereichen vorkommen: *Ommatostrephes pteropus* wurde gleichzeitig von der Meeresoberfläche bis in 1000 m Tiefe gefangen. Die Riesenkalmare (*Architeuthis*) wandern in den kalten nördlichen Gewässern in 200 bis 400 m Tiefe, wo sie u.a. eine Beute des Pottwals werden. Aus den runden, für Spuren der Saugnäpfe gehaltenen Narben auf der Haut mancher Wale kann man schließen, daß es manchmal zu heftigen Kämpfen zwischen den beiden Meeresriesen kommt.

Einige mittelgroße Arten sind von direkter wirtschaftlicher Bedeutung. Zwar werden nicht alle Fänge pelagischer Cephalopoden voll in den Fischereistatistiken erfaßt, doch kann man abschätzen, daß der Jahresweltertrag bei etwa 800 000 t liegt. Die mit Abstand umfangreichsten Anlandungen bringt Japan ein (1963: 652 000 t), es folgen Korea (1963: 117 000 t) und Spanien (1963: 14 000 t). Die in Japan meistgefangene Art ist *Todarodes pacificus*. Die mittlere Körperlänge beträgt etwa 23 cm, das mittlere Gewicht ungefähr 250 g. 1952 wurden 600 870 t gefangen, was etwa 24×10^8 Tintenfischen entspricht. Die Tiere wandern tagsüber in 100 bis 200 m Tiefe und legen pro Tag etwa 2,5 bis 31,5 km zurück. Als maximale Geschwindigkeit wurde 7,5 km/h ermittelt. Der im Atlantik beheimatete *Todarodes sagittatus* wird zwar (bei den Lofoten) auch gefangen, aber als

Bild 18 Cephalopoda der Weltmeere

1 *Spirula spirula*	7 *Illex illecebrosus*
2 *Sepia officinalis*	8 *Onychoteuthis banksi*
3 *Loligo vulgaris*	9 *Gonatus fabricii*
4 *L. forbesi*	10 *Histioteuthis bonelliana*
5 *Alloteuthis subulata*	11 *Calliteuthis reversa*
6 *Todarodes sagittatus*	12 „Doratopsis"-Larve von *Chiroteuthis veranyi*
	(n. *Muus* 1963)

Fischköder verwendet. *Nototodarus sloani* wird in Victoria, Australien, industriell verarbeitet. Als Nahrung für Entenwal, Narwal, Thun, Dorsch, Rotbarsch, aber auch für Eskimos dient *Gonatus fabricii* in den nördlichen kalten Meeren. Der etwa 20 cm lange *Onychoteuthis banksi* ist der bisher einzige bekannte pelagische Kopffüßer, dessen Biß für den Menschen giftig ist. *Watasenia scintillans* und *Symplectoteuthis*-Arten werden in einigen Gegenden Japans gegessen sowie als Köder verwandt. Als Nahrung für den Menschen dienen auch atlantische *Ommastrephes*-Arten und der ostpazifische *Dosidicus gigas*, der nachts in Mengen an die Oberfläche kommt. *D. gigas* erreicht 1,5 m, vor Chile sogar 3,6 m Gesamtlänge. Schnelle Dauerschwimmer der europäischen Küstengewässer sind die *Loligo*-Arten, die in Schwärmen ihren Beutefischen auch in die Nordsee hinein folgen.

Zahlreiche Fischarten spielen eine wichtige Rolle im Nekton, und viele von ihnen sind für den Menschen von beträchtlicher Bedeutung. Gerade bei den Fischen ist es oft schwierig, die Zugehörigkeit zum Nekton eindeutig zu definieren, da viele Arten zwar nicht auf dem Boden leben, sich aber in Bodennähe aufhalten. Hier werden im folgenden nur solche Arten erwähnt, die ihre Nahrung überwiegend aus dem Pelagial entnehmen. Dem Leben im dreidimensionalen Raum des freien Wassers sind die nektonischen Fische schon durch die Form ihres Körpers gut angepaßt: spindel- oder torpedoförmiger Habitus verrät den schnellen Schwimmer (Haie erreichen eine Geschwindigkeit von etwa 36, Schwertfische sogar bis zu 90 km/h). Die kräftige Muskulatur des Rumpfes und des Schwanzflossenstiels ermöglicht seitliches Einkrümmen des Körpers und liefert den kraftvollen Vortrieb beim Schwimmen. Die Schwanzflosse ist bei schnellen Schwimmern (Thune, Makrelen) tief ausgeschnitten. Die übrigen Flossen stabilisieren die Körperlage und helfen beim Steuern. Haie machen sich auch das Rückstoßprinzip zunutze, indem sie das Wasser heftig aus den Kiemenspalten auspressen. Nur relativ wenige Arten schwimmen allein durch Flossenantrieb. Bei ihnen ist — wie bei den Kofferfischen (Ostraciontidae) — der Rumpf gepanzert und starr, die Flossen treiben in schnell kreiselnder Bewegung den Körper voran.

Die zu den Fischen im weiteren Sinne gerechneten Klassen der Knorpelfische (Chondrichthyes) und der Knochenfische (Osteichthyes) unterscheiden sich in einer ganzen Reihe von Merkmalen, die auch die Anpassungsweise an den Lebensraum betreffen. So hat das Blut der Knorpelfische denselben osmotischen Wert, allerdings nicht dieselbe Zusammensetzung wie das Meerwasser. Das Blut der Knochenfische ist dagegen hypotonisch, woraus man auf die Entstehung der Klasse im Süßwasser schließen kann und was komplizierte osmoregulatorische Mechanismen notwendig macht. Das charakteristische Schuppenkleid der Fische und der Überzug mit Schleim setzen die Permeabilität der Körperoberfläche herab. Bei Fischen mit reduzierten Schuppen (Aal) sind Haut- und Schleimschichten verdickt. Die Schuppen bieten dem Fischbiologen die Möglichkeit der Altersbestimmung, weil sie periodisch wachsen. Konzentrische Streifen auf der Schuppe geben den Zuwachs an. In Klimazonen mit ausgeprägten jahreszeitlichen Unterschieden werden die Zuwachsstreifen während der Zeit geringer Nahrungsaufnahme (Winter) mit kleinen Abständen, bei intensiver Ernährung mit weiten Abständen angelegt. Ähnliche Wachstumsringe wurden bei einigen Fischen in den Wirbelkörpern und den Otolithen („Gehörsteinchen") festgestellt, die daher ebenfalls zur Feststellung des Alters herangezogen werden können. Schwierig ist die Altersbestimmung bei Fischen tropischer Regionen, doch gibt es auch da saisonabhängige Aktivitätsunterschiede, deren Auswirkungen auf die Schuppenbildung im einzelnen zu erforschen sind. Beim Aal beginnt die Schuppenbildung erst, wenn die Jungtiere nach langer (auf ca. 3 Jahre geschätzter) Wanderung in die Flüsse Europas gekommen sind und dort etwa 7 Jahre gelebt haben, so daß diese Tiere rund 10 Jahre älter sind als ihre (sehr kleinen) Schuppen anzeigen.

Atmung und Schwimmleistung sind miteinander gekoppelt. Durch die den Fischen eigene Konstruktion der Respirationsorgane strömt um so mehr Wasser durch die Mundöffnung und über die Kiemen, je schneller sie schwimmen. Durch diese Kopplung wird die O_2-Versorgung des schnellen Schwimmers gewährleistet. Spezielle Sinnesorgane vermitteln den Kontakt zur Umwelt: die Seitenlinienorgane sind auf die Wahrnehmung von Druckveränderungen spezialisiert, mit ihnen können Richtung und Stärke der Strömung erfaßt werden. Auffällig sind, vor allem bei Fischen größerer Tiefen, Leuchtorgane. Besonders hoch entwickelt ist die Leistungsfähigkeit der Geruchs- und Geschmackssinne, die den Fischen ermöglicht, bestimmte Substanzen noch in extremen Verdünnungen wahrzunehmen. Der Geruchssinn ist für wandernde Arten (wie viele Lachse) eine wichtige Hilfe beim Wiederfinden des Heimatgewässers.

Im Zusammenhang mit der Nutzung der Fischbestände ist die Fruchtbarkeit der Fische von großem Interesse. Seit alters her gelten Fische als besonders fruchtbar. In den Ovarien vieler Arten sind Millionen von Oocyten zu finden. Von diesem Gesamtbestand reift in jeder Fortpflanzungsperiode allerdings nur ein Bruchteil heran, die übrigen bleiben als Reservebestand für die folgenden Jahre erhalten. Die Anzahl reifender Eier hängt vor allem vom Alter und von der Größe der Fisch-♀♀ ab, aber auch äußere Faktoren nehmen Einfluß. Einige Eizahlen sind in Tabelle 2 zusammengestellt (Tabelle 2). Bei der Festlegung der Fangquoten ist die unterschiedliche Fruchtbarkeit der Arten zu berücksichtigen.

Neben der überwiegenden Anzahl eierlegender (oviparer) Fische gibt es viele Arten, bei denen eine innere Befruchtung stattfindet und bei denen die Embryonalentwicklung im Mutterleib abläuft (ovovivipare und vivipare Arten).

Die Jungtiere einiger pelagischer Fischarten halten sich gern unter treibenden Pflanzen und Gegenständen auf, einige leben im Einflußbereich von Scyphomedusen und Siphonophoren, ohne daß deren Nesselkapseln abgeschossen werden. Vielleicht verhindert der Schleim des Fischkörpers, daß die Nematocysten gereizt werden. Das Zusammenleben von Fisch und Qualle ist wohl meist ein Kommensalismus, nur selten parasitiert der Fisch. In der Regel ist das Zusammenleben fakultativ und zeitlich begrenzt, nur bei einigen Nomeidae ist die Symbiose obligatorisch. In der Nordsee findet man junge Wittlinge unter Haarquallen *(Cyanea capillata)*, Stöcker *(Caranx trachurus)* unter Wurzelmundquallen *(Rhizostoma spec.)*, aber auch unter Haar- und Ohrenquallen *(Aurelia aurita)*.

Charakteristisch für das Verhalten vieler Fische ist die Schwarmbildung, die eine wirtschaftliche Nutzung der kleineren Arten überhaupt erst ermöglicht. Der Schwarm bietet dem Individuum Schutz vor Verfolgern, er erleichtert den in Gemeinschaft jagenden Fischen das Beutemachen, und er führt die Fortpflanzungspartner zusammen. Besonders große Schwärme bilden Heringsartige, wenn auch die „Heringsberge" früherer Zeiten heute schon Legende sind.

Im Zusammenhang mit der Fortpflanzung, aber auch mit dem Aufsuchen von Nahrungsgründen unternehmen viele Fischarten weite Wanderungen. Unter den wandernden Fischen sind auch viele wirtschaftlich genutzte Arten (Heringsartige, Dorschartige, Aale, Lachse), so daß das Phänomen früh Aufmerksamkeit gefunden hat. Durch Markierung von Fischen mit Hilfe äußerer und innerer Marken, mit radioaktiven Isotopen und in jüngster Zeit durch Einpflanzen kleiner Sender, deren Bewegung von einem Begleitschiff aus verfolgt wird, konnte der Verlauf der Wanderungen für einige Fischarten aufgeklärt werden. Es hat sich dabei auch gezeigt, daß verschiedene Populationen einer Art sich im Ziel und Termin ihrer Wanderungen unterscheiden können. So weiden die atlanto-skandischen Heringe bei Island und laichen vor Norwegen. Die Bankheringe weiden (im März) in der nördlichen Nordsee (Fladengrund), kommen im August zum Laichen zur Doggerbank und überwintern im Gebiet des Skagerrak und der nordöstlichen Nordsee. Der Pazifische Hering macht weniger weite Wanderungen. Die Kabeljaue sind in der Regel Frühjahrs-

Tabelle 2: Übersicht über die Eizahlen einiger Fischarten aus verschiedenen Familien. Da die Fruchtbarkeit vor allem von der Größe des Mutterfisches abhängt, wurde jeweils dessen Körperlänge angegeben. Nur für einige bei uns besonders wichtige Nutzfische wurden die Eizahlen für mehrere Größen aufgeführt. Sehr große Fische mit hohen Fruchtbarkeitszahlen sind weniger häufig als Tiere mittlerer Länge, daher wurden letztere bevorzugt ausgewählt. Auch der Einfluß des Lebensraumes ist ein wichtiger, hier nicht berücksichtigter Faktor. So soll zum Beispiel nach JOAKIMSSON (1969) die mittlere Eizahl des Herings in isländischen Gewässern etwa 76 500 betragen (aus GÖTTING 1971).

Fischart		Länge des Weibchens (cm)	Eizahl pro Jahr
Deutscher Name	Wissenschaftlicher Name		
Hering	*Clupea harengus*	25	22 000
Sprott	*Sprattus sprattus*	13,5	14 300
Ostpazifische Sardine	*Sardinops caerulea*	?	35 000
Sardelle	*Engraulis encrasicholus*	16,9	17 200
Milchfisch	*Chanos chanos*	?	5 000 000
Gewöhnlicher Pelamide	*Sarda sarda*	60	900 000
Pelamide	*Cybium tritor*	95	1 000 000
Seeskorpion	*Myoxocephalus scorpius*	18	17 300
Steinpicker	*Agonus cataphractus*	16	2 375
Seehase	*Cyclopterus lumpus*	Laichballen	77 000
Kleiner Scheibenbauch	*Liparis montagui*	11	1 200
Gelbflossen-Thunfisch	*Thunnus albacares*	128	4 000 000
Gefleckter Thunfisch	*Euthynnus alleteratus*	75	1 750 000
Scholle	*Pleuronectes platessa*	37	137 840
		38	124 700
		59	520 000
Flunder	*Platichthys flesus*	30	777 600
Kliesche	*Limanda limanda*	26	701 600
		30,3	938 000
Rauhe Scholle	*Hippoglossoides platessoides*	30	250 000
Rotzunge	*Glyptocephalus cynoglossus*	42	599 000
Seeteufel	*Lophius piscatorius*	56	324 800
Wittling	*Merlangius merlangus*	32	612 000
Dorsch	*Gadus morrhua*	65	1 975 000
		75	3 586 000
		83	4 851 000
		96	5 880 000

laicher, die ebenfalls regelmäßige Laich- und Nahrungswanderungen ausführen. Unter den Fischen, die zur Fortpflanzung das Milieu völlig wechseln, also vom Meer ins Süßwasser oder umgekehrt wandern, sind Lachse und Aale die bekanntesten. Die Lachse wachsen im Meer heran und unternehmen weite Wanderungen. Zum Laichen steigen sie jeweils in den Fluß auf, in dem sie aus dem Ei geschlüpft sind. Wie sie den Heimatfluß wiederfinden, ist bis heute weitgehend ungeklärt. Zur Zeit wird vermutet, daß zwei Mechanismen dabei zusammenwirken: Navigation mit Hilfe einer „inneren Uhr" und Auswertung des Sonnenstandes, sowie, in einer 2. Phase, Auffinden des Heimatgewässers durch den Geruchssinn.

Auch im Leben des Europäischen Aals gibt es viele ungeklärte Punkte. Im Süßwasser wachsen die Tiere zu „Blankaalen" heran, die die Nahrungsaufnahme einstellen und flußabwärts wandern, wobei sie auch Landstrecken überwinden können. Haben sie das Meer erreicht, so schwimmen sie in Richtung Sargassosee. Da sie jenseits des Kontinentalschelfs in der Tiefe verschwinden, bleibt ein großer Teil ihres Weges unbeobachtet. Offenbar laichen sie in der Sargassosee, dort wurden jedenfalls die kleinsten Aallarven gefangen. Diese „Weidenblatt"-Larven („Leptocephalus brevirostris") treiben mit der Wasserströmung ostwärts und ernähren sich von Planktern. Dabei werden sie länger und hochrückiger. Nach etwa 3 Jahren erreichen sie mit durchschnittlich 7 cm Länge die westeuropäischen Küsten. Sie wandeln sich in die kleineren Glasaale um, die dann in die Flüsse aufsteigen („Steigaale") und zu „Gelbaalen" heranwachsen.

Seit alters her werden Fische vom Menschen gefangen und waren zunächst wichtiger Bestandteil der Ernährung der Küstenbewohner. Konservenindustrie und moderne Kühlketten ermöglichen auch den Transport ins Binnenland. Gestiegene Nachfrage und effektivere Fangmethoden haben zu einer erhöhten Abfischung geführt. Pro Jahr werden etwa 45 Millionen t Fisch angelandet, wobei der deutsche Anteil mit rund 600 000 t relativ gering ist. Die ergiebigsten Gebiete sind die Meere zwischen Japan und den Philippinen, zwischen Grönland und Island, vor Neufundland und vor Peru. Die Fischbestände sind also keineswegs gleichmäßig verteilt, sondern vor allem abhängig vom Nahrungsangebot und damit auf bestimmte Meeresbereiche konzentriert. Diese Konzentration birgt die Gefahr in sich, daß zu stark abgefischt und der Bestand damit gefährdet wird. Es ist schwierig zu beurteilen, ob im Einzelfall schon eine Überfischung eingetreten ist, da man auch mit natürlichen Schwankungen der Populationsdichte zu rechnen hat. Zuverlässige Bestandsschätzungen sind eine der wichtigsten, aber auch schwierigsten Aufgaben der Fischbiologen. Die Festlegung von Fangquoten muß die Bestandsdichte und die Eigenheiten der Fortpflanzungsbiologie berücksichtigen, wie auch die Rolle, die die jeweilige Art im ökologischen Gesamtgefüge spielt. Anzustreben ist nicht nur die Begrenzung des Gesamtfanges, sondern die internationale Einhaltung von Mindestgrößen, damit jede genutzte Fischart einen optimalen Zuwachs erbringt, der bei einem mittleren Alter liegt.

Zur Klasse der Knorpelfische (Chondrichthyes) gehören etwa 630 Arten, von denen die meisten Bodentiere sind. Insbesondere die Rochen zeigen durch ihre Form schon, daß sie in der Regel benthisch leben. Zu den Ausnahmen gehören die Adlerrochen (Myliobatidae, Bild 20:1), die ihre Nahrung am Boden suchen, und die Teufelsrochen (Mobulidae), die sich vorwiegend von Plankton ernähren, das sie mit ihrem umgestalteten Kiemenkorb abseihen. Im Atlantik und im Mittelmeer kommt der Meerteufel *(Mobula mobular)* vor. Zu den auffälligsten Tiergestalten gehört der Riesenrochen *(Manta birostris)*, der bis 7 m breit und 2 t schwer wird, mit auf und ab schwingenden Flossen durch das Wasser tropischer und subtropischer Meere schwimmt und mit seinem dabei geöffneten Mund Plankton aufnimmt. Die Haie (Selachii) stellen eine Reihe pelagischer Arten, von denen einige sehr groß werden (Walhai, *Rhincodon typus,* 18 m). Die Haut mancher Haie wird als Schleifmittel benutzt, wenige Arten werden gegessen. So kommt der Dornhai *(Squalus acanthias,* Bild 19:5), der häufigste Hai im Nord-Atlantik, als Seeaal und in Form von „Schillerlocken" in den Handel. Pelagische Haie sind als Menschenfresser berüchtigt. Die Meinungen, welche Arten dem Menschen gefährlich werden, gehen auseinander. Als potentielle Angreifer kommen einige Makrelenhaie in Betracht, die auch in Küstennähe vordringen, wie der kosmopolitische Weiß- oder Menschenhai *(Carcharodon carcharias,* 9 bis 12 m lang, bis 3 t schwer), der im nördlichen Atlantik und den europäischen Meeren lebende Heringshai *(Lamna nasus)* und der Mako *(Isurus oxyrhynchus)* des tropischen und subtropischen Atlantik und des Mittelmeeres. Ferner werden dem Menschen Arten der Grauhaie gefährlich, die in tropischen und subtropischen Meeren vorkommen, wie der Blauhai *(Prionace glauca,* über 6 m, im Mittelmeer etwa 3 m lang), der Tigerhai *(Galeocerdo cuvieri,* 6 m) und die Riffhaie *(Carcharhinus spec.).* Gefürchtet sind auch die Ham-

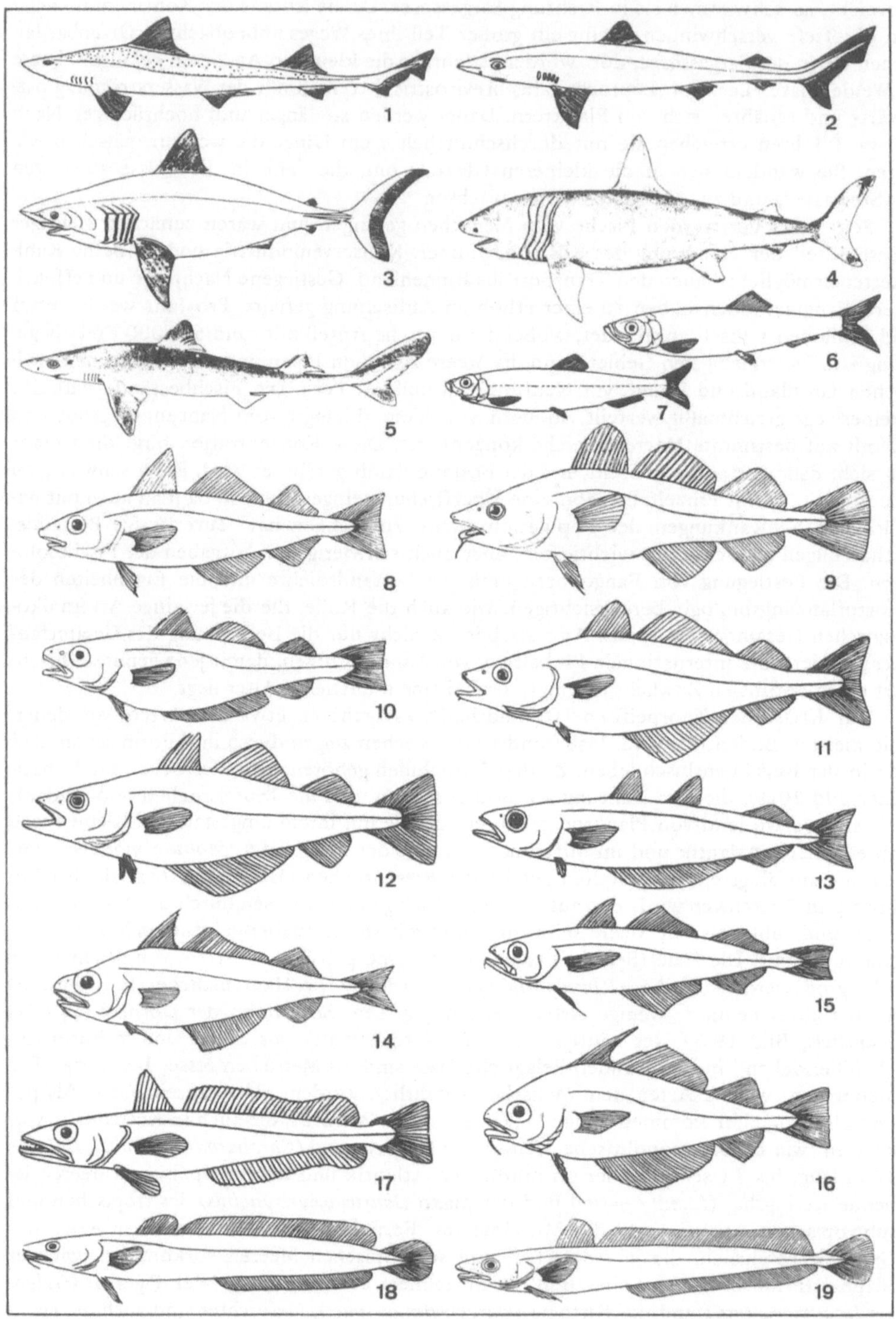

Bild 19a

merhaie (Sphyrnidae), bei denen Augen und Nasenöffnungen an den Seiten des charakteristisch verbreiterten Kopfes liegen (Bild 20:2). In arktischen Breiten lebt der 4 bis 8 m lange Grönlandhai *(Somniosus microcephalus)*, der überwiegend von Fischen lebt, aber auch Säuger angreift. Die größten Haie sind harmlose Planktonfänger: der schon erwähnte Walhai und der Riesenhai *(Cetorhinus maximus, 14 m, 4 t)*.

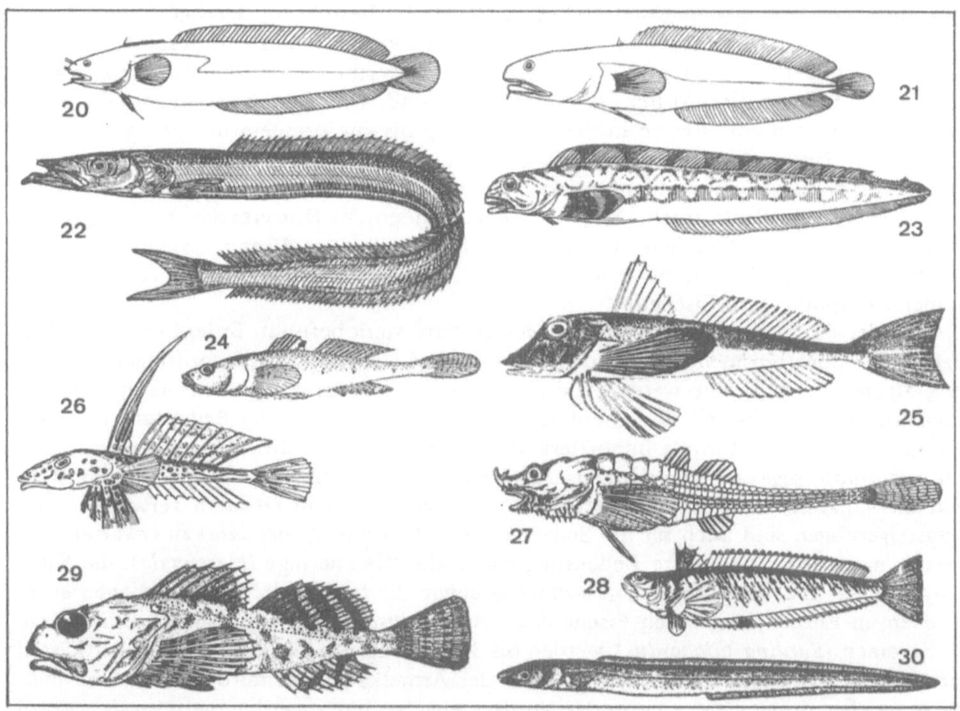

Bild 19b

Bild 19 Fische (Chondrichthyes und Osteichthyes) der Nordsee

 1 Glatthai *(Mustelus vulgaris,* ♂, 1,5 m)
 2 Hundshai *(Galeorhinus galeus,* ♂, 2 m)
 3 Heringshai *(Lamna cornubica,* 3 m)
 4 Riesenhai *(Cetorhinus maximus,* 9 m)
 5 Dornhai *(Squalus acanthias,* 1 m)
 6 Hering *(Clupea harengus,* 0,35 m)
 7 Sprotte *(Sprattus sprattus,* 0,17 m)
 8 Schellfisch *(Melanogrammus aeglefinus,* 0,9 m)
 9 Kabeljau, Dorsch *(Gadus morhua,* 1,5 m)
10 Wittling *(Merlangius merlangus,* 0,5 m)
11 Köhler *(Pollachius virens,* 1 m)
12 Steinköhler *(Pollachius pollachius,* 1 m)
13 Blauer Wittling *(Micromesistius poutassou,* 0,5 m)
14 Zwergdorsch *(Trisopterus minutus,* 0,25 m)
15 Stintdorsch *(Trisopterus esmarkii,* 0,2 m)
16 Franzosendorsch *(T. luscus,* 0,3 m)
17 Seehecht *(Merluccius merluccius,* 1,5 m)
18 Leng *(Molva molva,* 1,5 m)
19 Blauleng *(M. byrkelange,* 1,5 m)
20 Fünfbärtelige Seequappe *(Onos mustela,* 0,2 m)
21 Froschquappe *(Raniceps raninus,* 0,3 m)
22 Sandaal, Großer Tobiasfisch *(Ammodytes lanceolatus,* 0,3 m)
23 Aalmutter *(Zoarces viviparus,* 0,6 m)
24 Sandküling *(Gobius minutus,* 0,1 m)
25 Roter Knurrhahn *(Trigla lucerna,* 0,6 m)
26 Leierfisch *(Callionymus lyra,* ♂, 0,25 m)
27 Steinpicker *(Agonus cataphractus,* 0,2 m)
28 Petermännchen *(Trachinus draco,* 0,3 m)
29 Seeskorpion *(Myoxocephalus scorpius,* 0,3 m)
30 Meeraal *(Conger conger,* 3 m)

(n. *Briggs 1974, Duncker 1928, Ehrenbaum 1927, Kyle & Ehrenbaum 1927, Luther & Fiedler 1961, Stresemann 1955, Yonge 1966*)

Zu den Echten Knochenfischen (Klasse Osteichthyes, Überordnung Teleostei) gehören zahlreiche wichtige Nutzfische. Wegen der großen Artenzahl kann hier nur eine kleine Auswahl aufgeführt werden. Der Tarpun *(Megalops atlanticus)* ist ein bis 2,5 m langer und 130 kg schwerer Fisch des Atlantik, dessen Larven den Leptocephalus-Stadien der Aale ähnlich sind. Die Heringsfische (Clupeiformes) wandern in großen Schwärmen und ernähren sich meist von Plankton, die großen Arten auch von Fischen. Es gibt im Meer etwa 100 Arten Heringsfische, von denen zahlreiche andere Tiere leben. Rund die Hälfte der vom Menschen gefangenen Fische (über 22 Mill. t/a) besteht aus Heringsartigen. Unter diesen kommt dem Atlantischen Hering *(Clupea harengus,* Bild 19:6) besondere Bedeutung zu. Er bildet Unterarten, die sich nicht nur unterschiedlich verhalten, sondern auch anatomisch (z.B. in der Wirbelzahl) verschieden sind. Die Nordsee-Heringe halten sich tagsüber am Boden auf, steigen in der Dämmerung bis zur Temperatur-Sprungschicht (in 30 bis 50 m Tiefe) auf, zerstreuen sich dort und sammeln sich in der Morgendämmerung erneut. Die Heringe können Planktonten gezielt auswählen, wobei der Gesichtssinn wohl die entscheidende Rolle spielt. Bis zum Verschwinden des Dottersackes bevorzugen die Jungtiere Grünalgen, Nauplien und Molluskenlarven, ab etwa 12 mm Länge nehmen sie zunehmend Copepoden auf, als Erwachsene ernähren sie sich außerdem von Amphipoden, kleinen Decapoden und Fischen.

Auch der Pazifische Hering *(Clupea pallasii)* wird stark befischt. Er lebt im nördlichen Pazifik. Die Sprotten *(Sprattus)* bilden Schwärme, die in Küstennähe vordringen. Die nur etwa 20 cm langen Fische werden fast ausschließlich zu Konserven verarbeitet. Die Falschen Sardinen *(Sardinops)* sind ebenfalls von großer wirtschaftlicher Bedeutung und werden zunehmend nach Europa importiert. Das gilt vor allem für die Südamerikanische Sardine *(Sardinops sagax),* deren Fangerträge sich wohl in Zukunft noch steigern lassen, während die Japanische Sardine *(S. melanosticta)* überwiegend in Ostasien verwertet wird. Fangsteigerungen sind auch für die Südafrikanische Sardine *(S. ocellata)* zu erwarten. Geringere, meist lokal begrenzte Bedeutung haben die Kleinheringe *(Harengula),* die Kilka *(Clupeonella),* die Kleinsardinen *(Sardinella)* sowie die heute seltener gewordenen europäischen, in Flüssen laichenden Fische Alse *(Alosa alosa)* und Finte *(A. fallax).* Die Echten Sardinen *(Sardina pilchardus)* werden bis 30 cm lang. Sie kommen an den Westküsten Europas und Nordafrikas vor. Bis 1930 war der Ärmelkanal eine nördliche Verbreitungsgrenze, seither dringen sie auch in die Nordsee ein. Sardinen werden meist zu Konserven („Ölsardinen") verarbeitet, aber auch gesalzen, getrocknet und geräuchert. Im Schwarzen Meer sind die Arten der Gattung *Caspialosa* Objekt einer intensiven Fischerei. Die Sardellen *(Engraulis encrasicholus,* bis 20 cm, Bild 75:12) kommen in großen Schwärmen vor der europäischen und nordafrikanischen Westküste vor. Im Frühjahr wandern sie in die Nordsee ein und laichen dort auch im südöstlichen Teil. Noch größer sind die Schwärme der Anchoveta *(Engraulis ringens)* vor der peruanisch-chilenischen Küste. Die bis 14 cm langen Fische sind die Basis der größten Fischmehlindustrie der Welt. Auch die zahlreichen Guanovögel leben vorwiegend von Anchovetas.

In der wirtschaftlichen Bedeutung folgen nach den Clupeiformes an zweiter Stelle die Gadiformes (Dorschartige). So ist der Kabeljau (Dorsch, *Gadus morhua,* bis 1,5 m lang) ein beliebter Speisefisch, von dem (1967) über 3 Mill. t gefangen wurden. Er lebt auf beiden Seiten des N-Atlantik, nimmt seine Nahrung im freien Wasser wie auch auf dem Grund auf und unternimmt weite Laich- und Nahrungswanderungen. Weniger stark befischt werden der Pazifische Kabeljau *(Gadus macrocephalus),* der Polardorsch *(Boreogadus saida)* und der Grönlanddorsch *(Arctogadus glacialis).* Im N-Pazifik bringt der Mintai *(Theragra chalcogramma)* bedeutende Fischerei-Erträge, im nördlichen Atlantik und in der Nordsee werden Schellfisch *(Melanogrammus aeglefinus),* Köhler *(Pollachius virens,* „Seelachs"), Wittling *(Merlangius merlangus)* und Seehecht *(Merluccius merluccius)* gefangen. Einige kleinere Arten von Dorschverwandten werden vorwiegend zu Fischmehl verarbeitet, erst in den letzten Jahren auch zunehmend als Speisefische gehandelt: der Blaue Wittling *(Micromesistius poutassou)*, der Zwergdorsch *(Trisopterus minutus)*, der Stintdorsch *(T. esmarkii)* und der Franzosendorsch *(T. luscus)*.

Neben den genannten gibt es eine Reihe weiterer Arten, die als Speise- oder Futterfische genutzt werden, allerdings von mehr lokaler Bedeutung sind. Dazu gehören die Ährenfische (Atherinidae), die sehr klein sind, jedoch in großen Schwärmen auftreten und von der Küstenbevölkerung südlicher Meere ganz gebraten und verzehrt werden. Die Stachelmakrelen (Carangidae) sind schnelle Raubfische, die u.a. Sardinen jagen, wie der Stöcker *(Caranx trachurus)*, ein 35 bis 50 cm langer Schwarmfisch des Atlantik und der Nordsee, und die Chilenische Bastardmakrele *(Trachurus symmetricus)*. Die Goldmakrelen (Coryphaenidae) erreichen Geschwindigkeiten von 60 km/h und verfolgen auch Fliegende Fische. Die Schnapper (Lutianidae), Grunzer (Pomadasyidae) und die Meerbrassen (Sparidae) sind schwarmbildende, mittelgroße Raubfische warmer Meere, die über Korallenriffen oder küstennah leben und als Speisefische verwertet werden. In der Fischerei Südafrikas spielen die Atune *(Thyrsites atun)* des Südatlantik und des Südpazifik eine wichtige Rolle. Das Fleisch der weltweit verbreiteten Echten Makrelen (Scombridae), insbesondere der Europäischen Makrele *(Scomber scombrus)*, der Mittelmeer-Makrele *(Pneumatophorus colias)* und der Japanischen Makrele *(P. japonicus)* ist hochgeschätzt. Die Familie umfaßt etwa 33 Gattungen, die alle die Hochsee bewohnen und weite Wanderungen durchführen.

Die Thune zeichnen sich als schnelle Schwimmer aus. Anatomische und physiologische Anpassungen an das Leben im Pelagial ermöglichen eine Erhöhung der Körpertemperatur ($6-12°$ höher als Wassertemperatur) und damit auch des Stoffwechsels. Der bis 5 m lange und 820 kg schwere Rote Thun *(Thunnus thynnus*, Bild 20:7) dringt auf seinen ausgedehnten Wanderungen auch in die Nordsee ein. Wenn er im Juni zum Laichen an die Küsten des Mittelmeeres kommt, so wird er dort an einigen Orten in Stellnetze getrieben und in großen Mengen geschlachtet. Ähnliche Wanderungen unternimmt der kleinere Weiße Thun *(T. alalunga*, bis 1,10 m, 30 kg). In wärmeren Meeren ist der Gelbflossen-Thun *(T. albacares)* beheimatet, der bis 2,5 m lang und 225 kg schwer wird. Diese großen Fische, wie auch der Pelamide *(Sarda spec.)* und der Echte Bonito *(Katsuwonus pelamis)*, sind beliebte Objekte der Sportfischerei. Weniger geschätzt ist der weitverbreitete Unechte Bonito *(Auxis thazard)*. Während die Thune meist in Schulen auftreten, sind die Schwertfische *(Xiphias gladius)* Einzelgänger in tropischen und gemäßigten Meeren. Sie werden gern geangelt, haben aber nur in Japan wirtschaftliche Bedeutung. Die Rolle des schwertförmigen Kopffortsatzes, mit dem sie auch kleinen Booten gefährlich werden können, ist ungeklärt. Nach einigen Beobachtungen sollen sie durch schnelles Hin- und Herschlagen des Schwertes in einem Schwarm von Beutefischen ihre Opfer betäuben und sogar zerstückeln. Der Blaue Marlin *(Makaira ampla)* ist einer der schnellsten Schwimmer und besten Springer: er erreicht 60 bis 80 km/h und springt bis 40 m weit aus dem Wasser. Schließlich seien als Speisefische auch einige Erntefische *(Pampus spec.)* erwähnt, die in tropischen und gemäßigten Meeren vorkommen.

Unter der großen Anzahl weiterer, hier bisher nicht genannter Fische sind die Fliegenden Fische *(Exocoetus:* Bild 20:9, *Cypselurus)* auffällig. Bei diesen, in wärmeren Meeren verbreiteten Tieren, sind die Brustflossen tragflächenartig vergrößert. Auf der Flucht vor ihren Verfolgern durchstoßen sie die Wasseroberfläche und segeln 45 bis 50 m weit, bevor sie wieder eintauchen. Die Makrelenhechte (Scomberesocidae), bis etwa 40 cm lang, sind weltweit verbreitete Jäger. Gefürchtet auch vom Menschen sind die Barrakudas (Sphyraenidae), die an tropischen Küsten teils in Schwärmen, teils als Einzelgänger auftreten und kleinere Schwarmfische jagen. Die Lotsenfische *(Naucrates ductor)* begleiten Haie

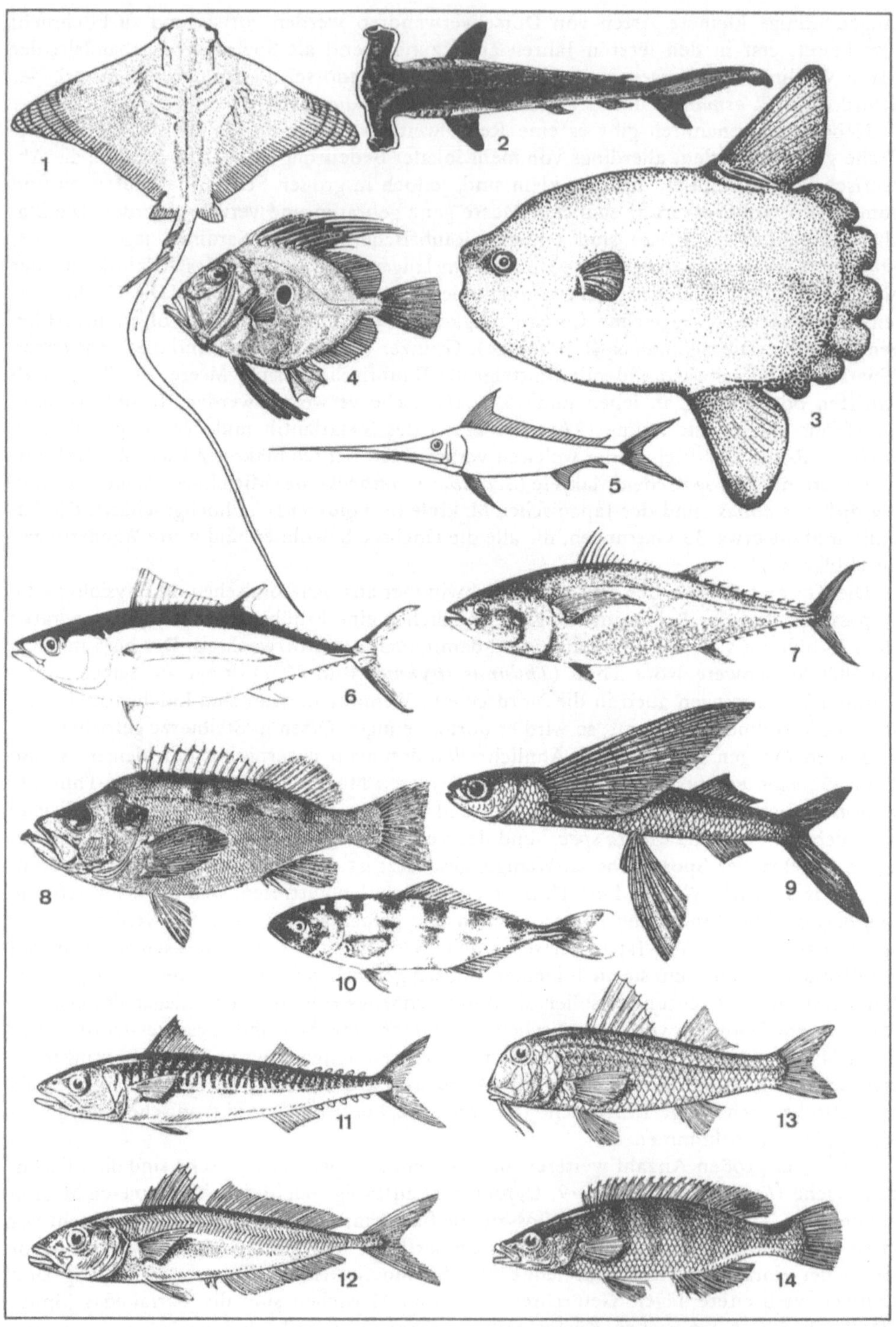

Bild 20

(und Schiffe) und ernähren sich von den bei diesen abfallenden Brocken. Abschließend seien noch drei originelle Fischgestalten erwähnt: der Heringskönig *(Zeus faber)*, der Glanzfisch *(Lampris regius)* und der Mondfisch *(Mola mola)*. Der Heringskönig ist ein pelagischer, bis 70 cm langer Fisch des O-Atlantik, der Heringsverwandte jagt. Die erste Rückenflosse wird durch kräftige Stachelstrahlen gestützt, die zu dünnen Fortsätzen ausgezogen sind. Der Glanzfisch, bis 2 m lang, ist prächtig gefärbt und ausgeprägt kompreß (seitlich zusammengedrückt). Noch extremer seitlich abgeflacht und daher hochscheibenförmig ist der Mondfisch (Bild 20:3, bis 3 m lang), bei dem eine Rückenflosse und die Afterflosse weit hinten ansitzen und wesentlich höher als lang sind. Die Mondfische ruhen offenbar gern auf der Seite an der Wasseroberfläche. Ihre Nahrung besteht überwiegend aus Makroplankton.

Unter den Reptilia stellen insbesondere die Schildkröten (Bilder 21,22) eine Reihe von Arten, die dem Leben im Meer hervorragend angepaßt sind. Die Meeresschildkröten (Cheloniidae) sind Bewohner der tropischen und subtropischen Meere, einige sind auch im Mittelmeer anzutreffen. Sie leben vereinzelt und unternehmen zur Fortpflanzungszeit zum Teil weite Wanderungen, wobei sie sich zu Massenzügen vereinigen können. Nur zur Eiablage suchen sie (Sand-) Strände auf, wo die ♀♀ — oberhalb der Hochwasserlinie — Löcher für ihr Gelege graben. Sie halten sich zur Eiablage etwa 1 Stunde an Land auf, im übrigen verbringen sie ihr ganzes Leben im Meer. Sobald die Jungen geschlüpft sind, streben sie eiligst zum Meer, wobei sie sich offenbar überwiegend nach der größeren Helligkeit über der Wasseroberfläche orientieren. Die Zahl der natürlichen Feinde ist groß, die den jungen Schildkröten dabei auflauern. Heute sind die Bestände aller Meeresschildkröten gefährdet, durch die Vernichtung vieler Laichplätze, durch übermäßiges Abschlachten der ♀♀ und durch Absammeln der Eier. An einigen Stellen wird versucht, die Bestände dadurch zu retten, daß Eier eingesammelt und künstlich erbrütet und die Jungtiere dann später ausgesetzt werden.

Die größte Meeresschildkröte ist die Suppenschildkröte *(Chelonia mydas)*, deren Panzer bis 1,4 m lang wird. Sie ernährt sich nur von Pflanzen. Sie liefert die Grundsubstanz für die Schildkrötensuppe. Dagegen wird die Echte Karettschildkröte *(Eretmochelys imbricata*, bis 90 cm) wegen ihres Rückenpanzers verfolgt, aus dem Schildpatt gewonnen wird. Das Fleisch dieser Arten, wie auch das der Unechten Karette *(Caretta caretta*, bis 1 m) und der Bastardschildkröte *(Lepidochelys olivacea*, bis 1 m) wird von der Küstenbevölkerung verzehrt. Den Meeresschildkröten eng verwandt ist die bis 2 m lange Lederschildkröte *(Dermochelys coriacea)*, die in allen wärmeren Meeren vorkommt. Die Biologie aller genannten Arten ist unzureichend bekannt.

Zwei Arten von Krokodilen schwimmen regelmäßig aus Flüssen auf das Meer: das Spitzkrokodil *(Crocodylus acutus)* im karibischen Bereich und das Leistenkrokodil *(C.*

Bild 20 Einige bemerkenswerte Fischarten der Weltmeere

1 Adlerrochen *(Myliobatis aquila*, 1,5 m)	9 Fliegender Fisch *(Exocoetus volitans*, 0,5 m)
2 Glatter Hammerhai *(Sphyrna zygaena*, 4 m)	10 Lotsenfisch *(Naucrates ductor*, 0,3 m)
3 Heringskönig *(Zeus faber*, 0,5 m)	11 Makrele *(Scomber scombrus*, 0,5 m)
4 Mondfisch *(Mola mola*, 2,5 m)	12 Stöcker *(Caranx trachurus*, 0,4 m)
5 Schwertfisch *(Xiphias gladius*, juvenil;	13 Rote Meerbarbe *(Mullus surmuletus*, 0,4 m)
Adulte über 3,5 m)	14 Klippenbarsch *(Ctenolabrus rupestris*, 0,15 m)
6 Weißer Thun *(Thunnus alalunga*, 1,1 m)	(n. *Briggs* 1974, *Duncker* 1927, *Ehrenbaum* 1927,
7 Thun *(Thunnus thynnus*, 5 m)	*Kenyon* 1958, *Luther & Fiedler* 1961, *Mohr* 1928)
8 Rotbarsch *(Sebastes marinus*, 1 m)	

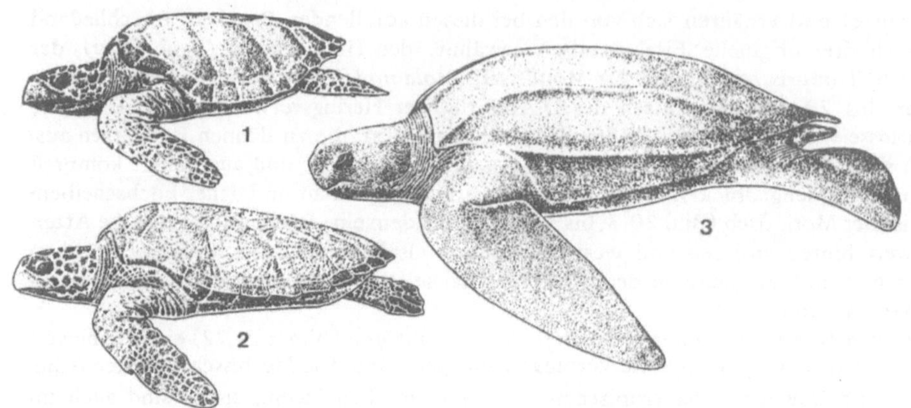

Bild 21 Schildkröten des Meeres
1 Unechte Karette (*Caretta caretta*, 1 m)
2 Suppenschildkröte (*Chelonia mydas*, 1,4 m)
3 Lederschildkröte (*Dermochelys coriacea*, 2 m)
(aus *Riedl* 1963)

Bild 22

Jungtiere der Suppenschildkröte (*Chelonia mydas*,
links) und der Echten Karette (*Eretmochelys
imbricata*, rechts)
(aus *Pax* 1962)

porosus) im südostasiatisch-nordaustralischen Gebiet. Wenn sie dabei unter Umständen auch Tausende von Kilometern offenes Meer überwinden können, so sind sie in der Regel doch küstennahe Tiere. Das gilt ebenso für die Seeschlangen (Hydrophiidae), die mit rund 50 Arten im indopazifischen Gebiet vertreten sind. Der Schwanz, bei einigen auch der Rumpf, ist seitlich abgeflacht, die äußeren Nasenöffnungen sind auf die Oberseite des Kopfes verlagert und durch Klappen verschließbar. Sie gebären wenige (2 bis 6), aber voll-entwickelte Jungtiere. So sind sie dem Leben im Meer hervorragend angepaßt. Als Gift-nattern produzieren sie Toxine, durch die sie auch dem Menschen gefährlich werden kön-nen. Das Gift blockiert die Nervenendplatten an den Muskelfasern und zerstört die Ery-throcyten. Während die meisten Arten in Bodennähe leben, ist auf hoher See einigerma-ßen regelmäßig nur die Gelblippen- oder Plättchen-Seeschlange (*Pelamis platurus*, bis 1 m lang) anzutreffen. Offenbar läßt sie sich gern an der Oberfläche treiben, wobei Kopf und Schwanz herabhängen. In dieser Haltung lauert sie auf kleine Fische. Ihre Tauchzeit be-trägt wahrscheinlich etwa 1 Stunde.

Groß ist die Anzahl der Seevögel, die ihre Nahrung von der Meeresoberfläche oder aus einigen Metern Tiefe holen (vgl. auch Pteropleuston). Hier sind vor allem die großen Scharen von „Guano-Vögeln" der südamerikanischen Pazifikküste zu nennen. Einige Vögel sind so weitgehend angepaßt, daß sie flugunfähig geworden sind, dafür aber besonders gut schwimmen können. Das gilt für den Stummelkormoran und insbesondere für die Pinguine der kalten südlichen Meere. Der Stummelkormoran *(Phalacrocorax harrisi)* kommt auf den Galápagos-Inseln vor. Seine, zum Fliegen untauglichen, Flügel sind nur etwa halb so lang wie die verwandter Arten. Die Pinguine (Spheniscidae) sind durch die Spindelform des Körpers, die weit hinten ansetzenden Beine, die zu Flossen umgestalteten Flügel und dicke Unterhaut-Fettpolster auf das Leben im Wasser hervorragend eingestellt. Sie müssen das Wasser nur zur Mauser und zum Brüten verlassen. Ihr Problem ist die Regulierung der Körpertemperatur. Gegen die höhere Wärmeleitfähigkeit des Wassers schützen sie die Fettpolster und das Gefieder. Das Isoliervermögen des Gefieders wird erhöht durch kleine Luftbläschen, die beim Schwimmen an der Oberfläche zwischen die Federn geraten und die gleichzeitig den Reibungswiderstand des Körpers herabsetzen. Durch schnelle Bewegung wird im Wasser gleichzeitig der Grundumsatz erhöht und damit die Wärmeerzeugung. Andererseits müssen Wärmeüberschüsse an Land abgeführt werden, wozu es besonders gut durchblutete Oberflächenstellen am Körper gibt: die Flügelinnenseite, die Fußoberfläche und einen eventuell vorhandenen Brutfleck. Die Pinguine erbeuten ihre Nahrung — kleine Krebstiere, Tintenschnecken und Fische — meist in 10 bis 20 m Tiefe. Sie können bis etwa 100 Minuten lang tauchen.

Die Regulierung der Körpertemperatur ist auch für die marinen Säuger eines der Hauptprobleme. Starke Temperaturveränderungen können sich horizontal ergeben, beim Wechsel von einem Wasserkörper in einen anderen. Vor allem aber beim Tauchen treten bedeutende Temperaturunterschiede auf. Die Isolierung des Körpers wird wesentlich durch Fett bewirkt, das in das Unterhautbindegewebe eingelagert wird, bei einigen Seebären *(Arctocephalus, Callorhinus)* auch durch das dichte Fell. Schwierig ist immer die Temperaturregulation in exponierten Körperteilen, wie den Flossen. Bei einigen Walen ist der Wärmehaushalt durch ein Austauschsystem zwischen Arterien und Venen ökonomisiert.

Im einzelnen sind die Anpassungen an das Leben im Meer bei den Waltieren (Cetacea), den Robben (Pinnipedia), einigen Bären (Ursidae), Seekühen (Sirenia) und den Seeottern *(Enhydra lutis)* sehr unterschiedlich, wie diese Aufzählung von Säugern aus verschiedenen Verwandtschaftsgruppen zeigt. Am besten angepaßt sind die Waltiere, die auf der Suche nach Nahrung bis in große Tiefen vorstoßen. Der auf den Körper dieser Tiere von außen wirkende Druck wächst pro 10 m Tiefenzunahme um etwa 1 bar. Die sich nach den Gasgesetzen ergebenden negativen Auswirkungen werden durch anatomische und physiologische Anpassungen vermieden. So ist das Mittelohrvolumen durch einen Sinus veränderlich und auf den jeweiligen Druck einstellbar. Die Anzahl der echten Rippen ist geringer als bei Landsäugern und der Brustraum dadurch flexibler. Tieftauchende Wale haben nur ein geringes Lungenvolumen, so daß beim Auftauchen nicht die Gefahr besteht, daß wesentliche Mengen Gas im Blut ausperlen (was beim Menschen zur Caisson-Krankheit führt). Der notwendige Sauerstoffvorrat wird bei den Walen zum großen Teil im Gewebe gespeichert. Außerdem spielen bei ihnen während des Tauchens anaerobe Stoffwechselprozesse eine größere Rolle als bei terrestrischen Säugern. Über die erzielten Tauchtiefen gibt es einzelne, meist zufällige Beobachtungen. Den Rekord hält der Pottwal mit 1134 m, Finnwale erreichten nachweislich 500 m. Tauchzeiten von 90 Minuten wurden gemessen (zum Vergleich: Rekord eines menschlichen Freitauchers [Jacques Mayol]: 60 m, 2 min 1 s). Delphine tauchen mit einer Geschwindigkeit von etwa 100 m/min.

Wale verständigen sich durch zahlreiche, verschiedene Laute. Synchron können zwei Töne erzeugt werden, so daß zwei Schallquellen anzunehmen sind. An der Lauterzeugung sind zumindest die Blaslochlippen, die Kiefer und die Flossen beteiligt.

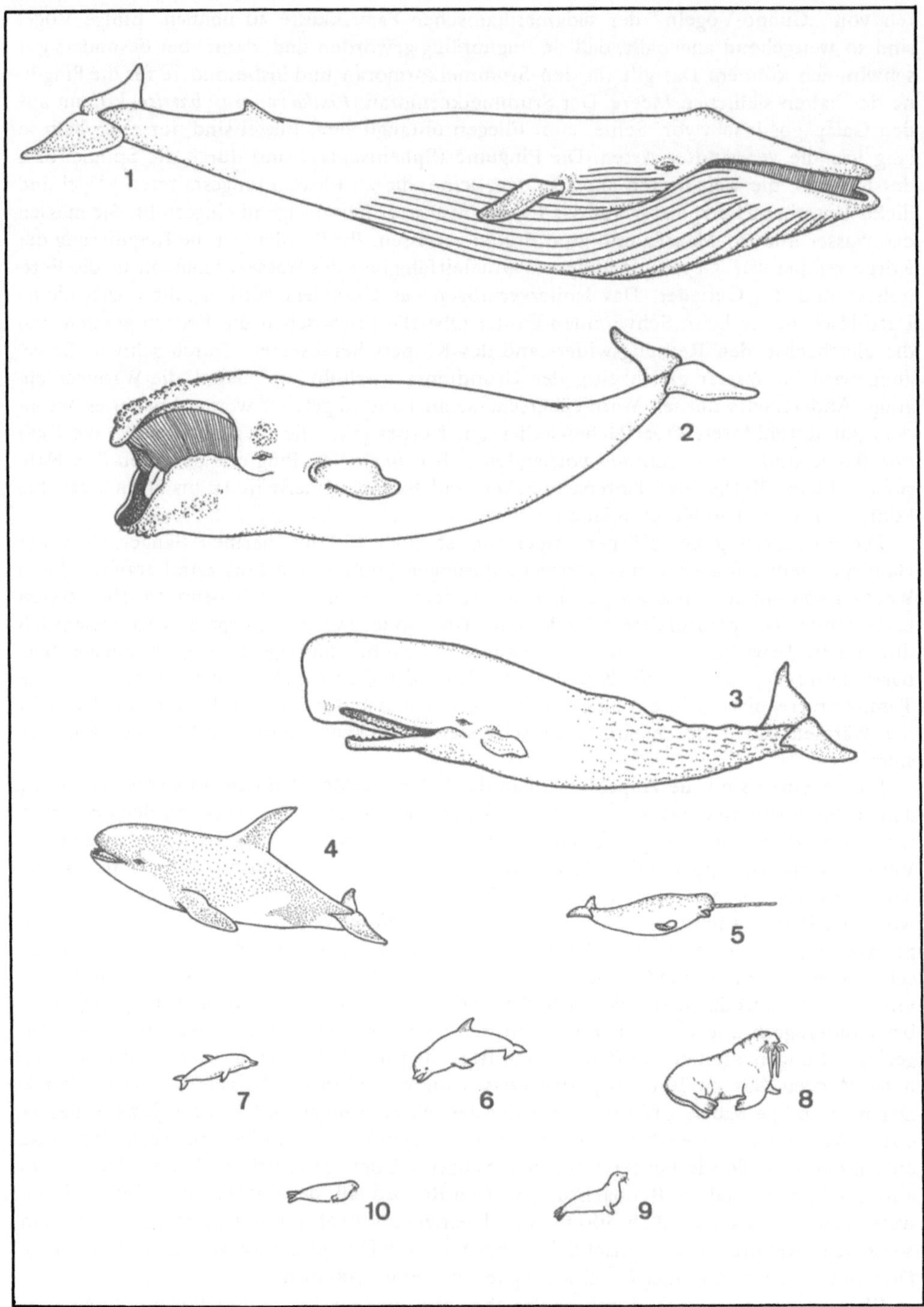

Bild 23

Die 12 Arten der Bartenwale (Mystacoceti) ernähren sich überwiegend von planktischen Crustacea. Eine Ausnahme macht der Bryde-Wal *(Balaenoptera edeni)*, der von Fischen lebt. Die Bartenwale verdanken ihren Namen einer besonderen Vorrichtung, die sie zum Nahrungserwerb brauchen: den Barten, hornigen, vom Gaumen herabhängenden Platten mit fransenartigem Besatz. Der Grönlandwal *(Balaena mysticetus)* hat z.B. auf jeder Mundseite 300 bis 400 Hornplatten, die etwa 3,25 m lang werden. Die Barten dienen als Planktonfilter. Im Südsommer halten sich viele Bartenwale in den antarktischen Meeren auf, wo es viel Krill gibt, von dem sie überwiegend leben. Im Winter wandern sie nordwärts und sind dann vor allem im Arabischen Meer, in der Karibik, vor Neufundland und vor Dakar anzutreffen.

Die größten Bartenwale gehören zu den Furchenwalen: der Blauwal *(Balaenoptera musculus,* Bild 23:1) wird über 30 m lang und wiegt dann etwa 130 t. Alle Bartenwale werden seit Jahrhunderten vom Menschen gejagt. Das Fett aus dem Unterhautbindegewebe wird als Rohstoff zur Margarine-Herstellung verwendet. Das Fleisch wird zum Teil gegessen, zum Teil zu Futtermitteln verarbeitet. Infolge der intensiven Jagd ist die Anzahl der Wale so dezimiert worden, daß die Erhaltung der Arten kritisch geworden ist. Internationale Abkommen sollen den Bestand sichern. Fangverbote gibt es für den Grönlandwal, den Nordkaper *(Eubalaena glacialis)*, die zwei Glattwalarten *(Eubalaena)*, den Buckelwal *(Megaptera novaeangliae)* und den Blauwal. Für die anderen Wale wird durch eine internationale Kommission die jährliche Abschußrate festgesetzt.

Die Zahnwale (Odontoceti) haben ein Gebiß aus gleichartigen Zähnen, deren Anzahl bei den Cephalopoden jagenden Arten verringert ist. Im übrigen umfaßt diese Gruppe in Gestalt und Lebensweise sehr unterschiedliche Arten: Pottwale, Narwale und Delphine. Der Pottwal *(Physeter catodon)* fällt durch seinen großen, das vordere Körperdrittel einnehmenden Kopf auf. Wie alle Zahnwale hat er einen asymmetrischen Kopf. Die Nasenöffnung liegt links. Die ♂♂ werden 18 bis 20 m lang, die ♀♀ etwa 12 m. Der Pottwal ernährt sich vor allem von Tintenschnecken, die er aus großen Tiefen holen kann. Narben auf der Haut der Pottwale — von den Saugnäpfen der Cephalopoda herrührend — beweisen, daß sich große Tintenschnecken zur Wehr setzen. Von Kopffüßern leben auch Entenwal *(Hyperoodon)*, Grindwal *(Globicephala)* und Kleiner Schwertwal *(Pseudorca crassidens)*, während der Schwertwal *(Orcinus orca)* neben Fischen hauptsächlich Seevögel und Meeressäuger jagt. Die Beluga (Weißwal, *Delphinapterus leucas)* lebt gesellig in Küstennähe nördlicher Meere, dringt relativ oft in die Flüsse ein und ernährt sich vor allem von Krebsen und Plattfischen. Beim ♂ Narwal *(Monodon monoceros)* ist der linke der beiden Oberkieferzähne zu einem bis 2,5 m langen Stoßzahn modifiziert, dessen Funktion unbekannt ist.

Zu den Delphinartigen, von denen oben bereits die Schwertwale erwähnt wurden, gehören die Schweinswale (Phocaenidae), die Langschnabeldelphine (Stenidae) und die eigentlichen Delphine (Delphinidae). Der Braunfisch *(Phocaena phocaena)* ist an den euro-

Bild 23 Säugetiere des Meeres (etwa maßstabsgerecht)

1 Blauwal *(Balaenoptera musculus,* 30 m)	6 Großer Tümmler *(Tursiops truncatus,* 3,5 m)
2 Nordkaper *(Eubalaena glacialis,* 20 m)	7 Delphin *(Phocaena spec.,* 2,5 m)
3 Pottwal *(Physeter catodon,* 18 m)	8 Walroß *(Odobenus rosmarus,* 3,5 m)
4 Schwertwal *(Orcinus orca,* 9 m)	9 Sattelrobbe *(Pagophilus groenlandicus,* 2 m)
5 Narwal *(Monodon monoceros,* 4,5 m, Zahn 2,5 m)	10 Seehund *(Phoca vitulina,* 2 m)

päischen Küsten recht häufig und dringt auch gelegentlich in die Flüsse ein. Die Delphine, eine artenreiche Gruppe, sind besonders volkstümliche Wale, die gern in „Delphinarien" abgerichtet und zur Schau gestellt werden. Ihr Gehirn ist ungewöhnlich hoch entwickelt, was auf ein komplexes Sozialverhalten dieser Tiere schließen läßt. Sie haben ein Arsenal von Lautäußerungen, mit denen sie sich verständigen und mit denen sie Stimmungen ausdrücken können und mit denen sie — im Ultraschallbereich — Echopeilungen vornehmen. Besonders lernfähig sind der Große Tümmler *(Tursiops truncatus)* und die Grindwale *(Globicephala)*.

Die Walartigen verbringen ihr ganzes Leben im Wasser, auch die Fortpflanzung findet hier statt. Viele Einzelheiten der Reproduktionsbiologie sind noch unbekannt. Während Narwale sich jederzeit fortpflanzen sollen, haben die Pottwale einen ausgeprägten Rhythmus: sie paaren sich zwischen August und Dezember, gebären nach einer Tragzeit von etwa 16 Monaten etwa 4 m lange Jungtiere, die ca. 15 Monate gestillt werden. Die ♀♀ werden mit 9, die ♂♂ mit 12 m Körperlänge geschlechtsreif.

Auch die Seekühe (Sirenia) verlassen zeitlebens das Wasser nicht. Im Indischen Ozean kommt der Dugong *(Dugong dugong)* vor, der über 3 m lang wird. Er weidet Algen im Flachwasser ab. Die Robben (Pinnipedia) suchen zum Ruhen und zur Fortpflanzung das Land auf, sind also weniger vollständig an das Wasserleben angepaßt. Im Wasser bewegen sie sich sehr gewandt. Meist leben sie von Fischen und Kopffüßern, auch von Muscheln und Krebsen. Sie tauchen vorzüglich: die Weddellrobbe *(Leptonychotes weddelli)* soll 600 m Tiefe erreichen, Stellers Seelöwe *(Eumetopias jubata)* 183 m, Walroß *(Odobenus rosmarus)* und Seehund *(Phoca vitulina)* immerhin 91 m. Normalerweise wird die Nahrung allerdings aus geringerer Tiefe hochgeholt. So taucht die Weddellrobbe in antarktischen Eislöchern meist weniger als 100 m und kürzer als 5 Minuten. Größere O_2-Kapazität und großes Blutvolumen (Seehund etwa 18% des Körpergewichtes, Mensch etwa 7%) ermöglichen neben den hydrodynamischen Voraussetzungen die hohe Tauchleistung. Während des Tauchens wird außerdem die Herzfrequenz herabgesetzt (beim Seehund von 140 auf 8/min). Die Seebären *(Callorhinus, Arctocephalus)* und andere Arten, insbesondere die Sattelrobbe *(Pagophilus groenlandicus)*, werden wegen des wertvollen Pelzes gejagt, mehrere Arten wurden bis an den Rand des Erlöschens gebracht. Schutzvorschriften sollen die Abschußquoten auf ein erträgliches Maß reduzieren, Überwachung des Robben-„Schlagens" unnötige Grausamkeiten verhüten.

Besondere Anpassungen erfordert das Leben an der Grenzschicht Wasser-Luft. Die wenige Millimeter starke oberste Schicht des Wassers enthält neben Planktonten vor allem Bakterien. Die Gesamtheit dieser Organismen bildet das Neuston. Für andere, größere Organismen werden die räumlichen Verbreitungsgrenzen nicht so eng gefaßt: alle, die im weiten Sinne zur Gemeinschaft der Luft-Wasser-Grenze rechnen, werden als Pleuston zusammengefaßt. Innerhalb des Pleuston läßt sich unterteilen in treibende Organismen der Meeresoberfläche, das Planktopleuston (Staatsquallen: *Physalia* und *Velella*, Veilchenschnecken: *Janthina*, Opisthobranchia: *Glaucus*), aktive Schwimmer im Grenzbereich, das Nektopleuston (Wale, Robben, Pinguine), und in die flugfähigen Tiere, die das Pteropleuston bilden (Seevögel).

Im Pelagial treiben — in einigen Meeresgebieten in erheblichem Umfang — unter anderem auch Pflanzenbestände, die ihre eigene, charakteristische Fauna aufweisen, die von der des freien Wassers verschieden ist. Der Lebensraum zwischen und an den Pflanzen, das Phytal, wird im Anschluß an das Benthal besprochen.

2. Das Benthos

Zum Benthos werden die Organismen des Meeresbodens, des Benthal, gerechnet. Die Besiedlungsdichte des Benthal weist horizontale und vertikale Unterschiede auf. Grundsätzlich gilt auch hier die Regel, daß in den tropischen Gebieten mehr Arten, in den gemäßigten und kalten Zonen weniger Arten, aber diese in größerer Individuenzahl, vertreten sind. Die Biomasse-Werte nehmen daher vom Äquator zu den Polen hin zu. Andererseits sind diese Werte im Küstenbereich besonders hoch und verringern sich mit der Entfernung vom Ufer (Bild 24). Bei der Beurteilung von Biomasse-Verteilungskarten ist zu berücksichtigen, daß die Anzahl der Probennahmen, besonders in den küstenfernen und in den Tiefsee-Gebieten, bis jetzt gering ist, so daß viele Werte extrapoliert worden sind. Außerdem handelt es sich überwiegend um eine Summation von Einzeldaten, die zu verschiedenen Zeiten und unter verschiedenen Bedingungen gewonnen worden sind. Daher können solche Karten vorläufig nur Anhaltspunkte geben. In den meisten Fällen beschränken sich die Messungen der Biomassen auf die großen Formen, das Makrobenthos, während die mittelgroßen, mit bloßem Auge gerade noch sichtbaren (Meiobenthos) und die mikroskopisch kleinen Arten (Mikrobenthos) bisher vernachlässigt wurden.

Die Zusammensetzung der Artengemeinschaften am Meeresgrund hängt von hydrographischen und biotischen Faktoren ab. Von besonderer Bedeutung ist die Beschaffenheit des Substrats, das ganz unterschiedliche Lebensbedingungen bietet, je nachdem, ob es sich um Sand-, Weich- oder Hartböden handelt. Ein Sediment mit Korngrößen zwischen 1 und 0,1 mm Durchmesser bezeichnet man als Sand, von 0,1 bis 0,01 mm als Staub. Schlick ist eine Ablagerung von Stauben verschiedener Korngrößen, Schlamm enthält überwiegend Feinstaub. Mudd ist ein Sediment mit organischen Resten. Schlick, Schlamm und Mudd werden als Weichböden zusammengefaßt.

Benthische Organismen können im Sediment leben, sie bilden dann eine Endobiose, die je nach Substratcharakter ein Endopsammon (im Sand), ein Endopelos (im Weichboden) oder ein Endolithion (im Fels) sein kann. Andere Arten besiedeln Lückensysteme im Substrat, bilden eine Mesobiose (Mesopsammon, Mesolithion; auf Weichböden fehlt dieser Lebensraum verständlicherweise). Auf dem Substrat lebt die Epibiose (Epipsammon, Epipelos, Epilithion). Andere Arten sind auf der Unterseite hohl liegender Steine, Muschelschalen und anderer Körper zu finden: sie bilden die Hypobiose. Auch auf Tieren und Pflanzen setzen sich zahlreiche Organismen fest. Sie werden als Epiflora und -fauna zusammengefaßt.

Da jede Art gewisse Ansprüche an ihren Lebensraum stellt, sind ähnliche Lebensräume übereinstimmend besiedelt: charakteristische Tier- und Pflanzengemeinschaften kennzeichnen bestimmte Biotope. Aus der Kenntnis der Gemeinschaften kann der Biologe direkt auf die Beschaffenheit des Lebensraumes rückschließen, ohne eine langwierige sedimentologische, physikalische und chemische Analyse. Darin liegt die praktische Bedeutung biocoenotischer Untersuchungen.

2.1 Das Phytobenthos

Das Phytobenthos weist seine größte Entfaltung auf Hartböden auf, während Sand und Schlick nur von wenigen Pflanzen besiedelt werden. Für die beiden letztgenannten Substrate sind insbesondere Diatomeen, unter denen hier die Pennales überwiegen, und Blaualgen zu nennen. Diatomeen und Blaualgen können auf Schlick einen hautartigen Überzug bilden und auf diese Weise eine gewisse Stabilisierung der Oberfläche bewirken. Viele Vertreter beider Organismengruppen sind zu Ortsbewegungen befähigt, so daß sie nach

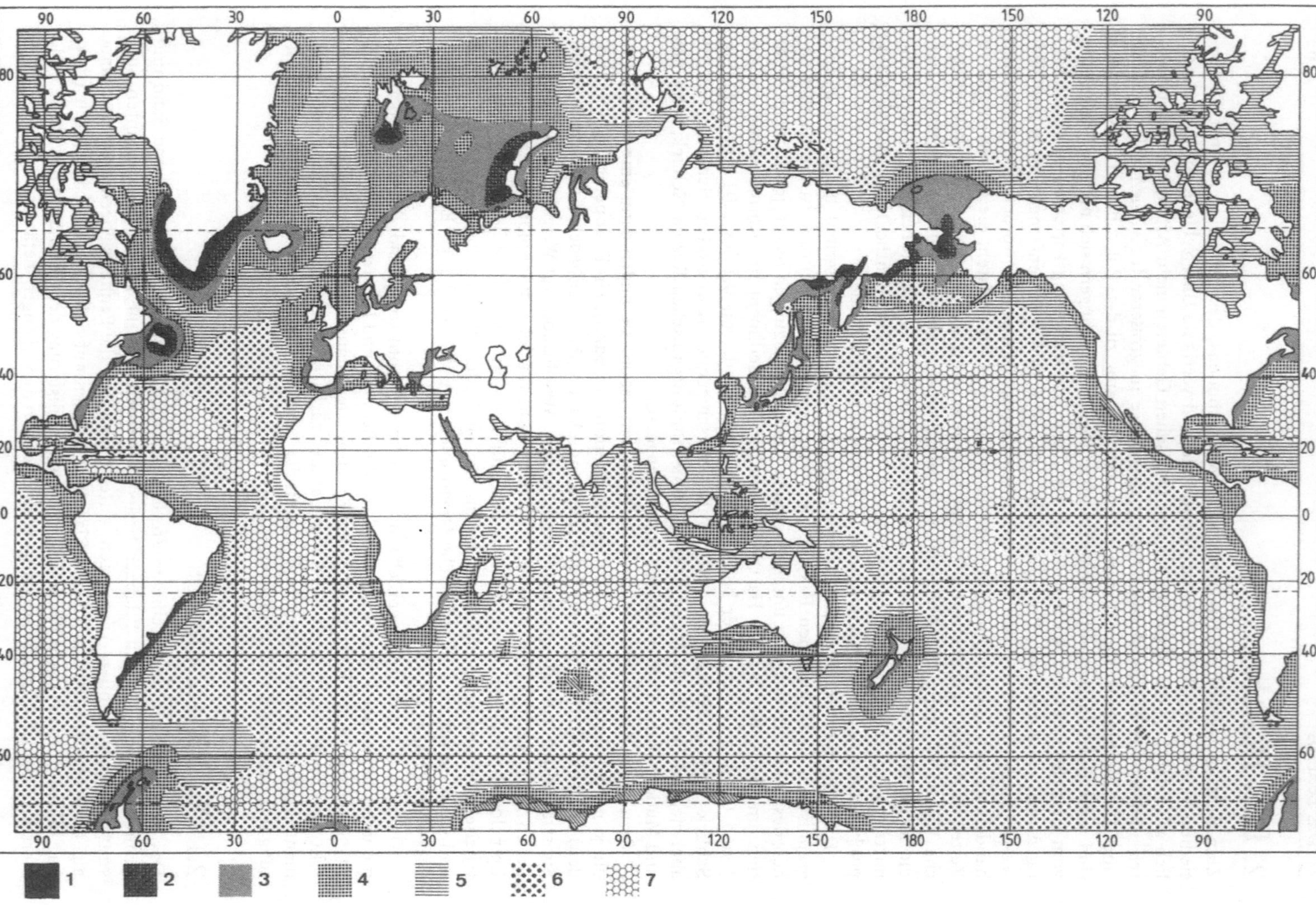

1
2
3
4
5
6
7

Überschichtung durch Sedimentation die Substratoberfläche wieder erreichen können. Insbesondere der Schlick wird auch von Pilzen und Bakterien besiedelt, die hier organische Verbindungen mineralisieren. Durch den damit verbundenen Sauerstoffverbrauch kommt es im Sediment zu schwarzen Reduktionshorizonten und H_2S-Bildung. Größere Algen kommen auf Schlick und Sand nur vereinzelt vor. Man findet sie hier besonders innerhalb von Seegraswiesen und an anderen Stellen, an denen nur geringe Sedimentumlagerungen stattfinden. Gut an das Leben an der Oberfläche lockerer Substrate angepaßt sind die meisten Vertreter der Grünalgenordnung Caulerpales (z.B. *Caulerpa, Halimeda, Rhipocephalus*; Bild 5:13 bis 18), die eine überwiegend tropische Verbreitung haben.

Felsen und größere Steine, die nicht durch Wasserströmungen bewegt werden können, sind Stellen, an denen mit einer üppigen Entwicklung von Makroalgengesellschaften gerechnet werden kann. Die Intensität der Wasserbewegung einerseits und die Festigkeit des Gesteins andererseits, stellen limitierende Parameter für eine maximale Thallusgröße dar. Dies kann sich ebenso auf die Zusammensetzung von Algengesellschaften auswirken wie Raumkonkurrenz zwischen verschiedenen Algenarten und zwischen Algen und Tieren.

Benthische Algengesellschaften können wie Landpflanzenformationen eine horizontale Gliederung in mehrere Stockwerke aufweisen. Unter größeren Algen entwickeln sich kleinere, keine starke Belichtung ertragende Formen, im Eulitoral werden unter größeren Thalli die Extrembedingungen während der Ebbezeit gemildert. *Macrocystis*-Bestände (Bild 6:11,12) werden geradezu als Wälder bezeichnet.

Das marine Phytobenthos auf Hartsubstraten besteht überwiegend aus Chlorophyceae, Rhodophyceae und Phaeophyceae; außerdem spielen häufig Cyanophyceae und Bacillariophyceae (besonders Pennales) eine große Rolle.

Von den Grünalgen (Bild 5) sind an den deutschen Küsten die Ulvales (röhrenförmige Thalli bei *Enteromorpha*, blattförmige aus einer und zwei Zellagen bestehende bei *Monostroma* und *Ulva*, dem Meersalat) und die Cladophorales, von denen die Angehörigen der Gattung *Cladophora* aus verzweigten Fäden aufgebaute, büschelförmige oder watteartige Pflanzen bilden, weit verbreitet. Eine Reihe von Arten dieser Ordnungen erträgt verminderte Salinität und vermag sich daher in der Nähe von Flußmündungen, aber auch an Einlaßstellen von Abwässern durchzusetzen, wo viele andere makroskopische Benthosalgen nicht mehr zu wachsen vermögen. Dies gilt insbesondere für *Enteromorpha*- und *Ulva*-Arten. Die Siphonocladales, Caulerpales und Dasycladales bevorzugen höhere Wassertemperaturen und sind deswegen überwiegend an den Küsten subtropischer und besonders tropischer Meere zu finden. Mehrere Arten der formenreichen Caulerpales vermögen an Stellen mit mäßiger bis geringer Wasserbewegung durch Thalli mit ausläuferartigen Bildungen (*Caulerpa*) und ein weitverzweigtes Rhizoidsystem (*Halimeda, Penicillus, Udotea*) in Lockersubstraten zu wachsen.

Die oft im Bereich von Korallenriffen gedeihenden *Halimeda, Penicillus, Rhipocephalus* und *Udotea* weisen mehr oder weniger stark verkalkte Thalli auf, während *Caulerpa*-Arten, die ebenfalls an solchen Stellen vorkommen, ein Alkaloid (Caulerpicin) enthalten, über dessen Giftigkeit in der Literatur widersprüchliche Angaben zu finden sind. Auf den Philippinen wird eine *Caulerpa*-Art trotz des Alkaloidgehaltes in größerem Maßstab kulti-

Bild 24 Die Benthos-Biomasse in den Weltmeeren

1	mehr als 10 000 g/m²	5	1 bis 10 g/m²
2	300 bis 10 000 g/m²	6	0,1 bis 1 g/m²
3	50 bis 300 g/m²	7	weniger als 0,1 g/m²
4	10 bis 50 g/m²		(n. *Senkewitsch* et al. 1971)

viert und roh als Salat verzehrt. Möglicherweise haben sich sowohl die Verkalkung der Thalli als auch die Bildung von Alkaloiden während der Evolution als vorteilhaft gegenüber dem von den Riffen mit ihren zahlreichen dort Unterschlupf findenden Tieren ausgehenden Beweidungsdruck erwiesen. Zumindest die Thallusverkalkung ist im Riffbereich auch gehäuft bei Vertretern anderer Algenklassen zu beobachten, sogar bei Braunalgen. — Die zu den Dasycladales gehörende Gattung *Acetabularia* ist ein beliebtes Objekt für entwicklungsphysiologische Untersuchungen.

Von den Phaeophyceae (Braunalgen; Bilder 6,7), die fast ausschließlich im Meer vorkommen, sind nur fädige oder noch höher organisierte Formen bekannt. Die Klasse wird in etwa 13 Ordnungen unterteilt, die jedoch hier nicht im einzelnen behandelt werden können. Es seien nur einige Beispiele herausgegriffen. Die weltweit verbreitete Gattung *Ectocarpus* ist auch an den deutschen Meeresküsten häufig. Ihre fädigen, verzweigten Thalli treten in einer diploiden Generation (Sporophyt) und einer haploiden Generation (Gametophyt) auf; beide gleichgestalteten Generationen wechseln im Idealfall miteinander ab (isomorpher Generationswechsel). Auf den Sporophyten entwickeln sich ungekammerte (unilokuläre) Sporangien, in denen nach einer Meiose Zoosporen gebildet werden. Nach ihrer Freisetzung heften sich die haploiden Zoosporen nach einer gewissen Zeit auf einer Unterlage an und keimen zu Gametophyten aus. Letztere tragen später die durch Zellwände gekammerten (plurilokulären) Gametangien von meist walzlicher bis kegelförmiger Gestalt. In jeder Zelle des Gametangiums entwickelt sich ein Gamet. Alle Gameten sind zwar gleichgestaltet (Isogameten), es verschmelzen aber nur physiologisch unterschiedliche Plus- und Minus-Gameten miteinander, die auf verschiedenen Gametophyten entstanden sind. Die Zygote keimt zu einem Sporophyten aus. Von dem skizzierten Entwicklungszyklus gibt es zahlreiche, oft von Umweltfaktoren (z.B. Temperatur) hervorgerufene Abweichungen. Bei vielen Arten kann jede Generation sich auch selbst reproduzieren. Zu den Braunalgenordnungen mit isomorphem Generationswechsel gehören auch die Gewebethalli besitzenden Dictyotales, die in den Tropen ihre größte Formenvielfalt erreichen, während viele andere Braunalgensippen hauptsächlich in kühleren Meeren auftreten. Der Gabeltang (*Dictyota dichotoma;* Bild 6:6) kommt an den Nordseeküsten vor, kann aber hier nur in den Sommermonaten gefunden werden; die Art tritt ganzjährig im Mittelmeer auf, wo weiterhin *Padina pavonia* (Pfauentang) wächst. Im Gegensatz zu den Ectocarpales sind die Gameten der Dictyotales auch morphologisch unterschieden: die weiblichen Gameten sind Eier; sie entstehen in Einzahl in den Oogonien (in der Regel auf weiblichen Gametophyten) und werden nach der Reife ins Wasser entlassen. In den Sporangien des (Tetra-) Sporophyten entstehen jeweils vier unbegeißelte Sporen (Tetrasporen), was unter den Braunalgen nur bei den Dictyotales beobachtet werden kann. Unterbleibt die Reifungsteilung, so kann das Tetrasporangium als Brutkörper fungieren. In Populationen mit diesem Vermehrungsmodus überwiegen die Tetrasporophyten gegenüber den Gametophyten.

Berücksichtigt man nur die Ausbildung der Gameten, so erscheinen die Dictyotales mit ihrer Oogamie in stammesgeschichtlichem Sinn höher entwickelt als die Cutleriales, die sich durch Anisogamie auszeichnen: sie haben jeweils begeißelte kleine männliche und größere weibliche Gameten (Mikro-, Makrogameten), die in plurilokulären Gametangien entstehen. Einige Vertreter dieser Ordnung, so die im Mittelmeer weit verbreitete *Cutleria multifida,* zeigen jedoch ein Phänomen, welches in anderer Weise auf eine Höherentwicklung hinweist: die Gametophyten und Sporophyten sind unterschiedlich gestaltet (heteromorpher Generationswechsel; Bild 6:4,5). Hier deutet sich bereits die bei anderen Phaeophyceae während der Evolution in noch stärkerem Maße erfolgte Höherentwicklung des Sporophyten bei gleichzeitiger Reduktion des Gametophyten an. Zwar ist der Sporophyt infolge seines krustenförmigen Wuchses wesentlich unscheinbarer als der aufrechte Game-.

tophyt, ersterer stellt jedoch bereits einen echten, mit Scheitelkante wachsenden Gewebe-thallus dar, der eine Lebensdauer von mehreren Jahren hat. Im Gegensatz dazu ist der Gametophyt kurzlebig und wächst mit Hilfe eines apikalen Büschels von Trichomen, die eine interkalare Wachstumszone haben, welche nach oben und unten Zellen abgibt. Unterhalb dieser Wachstumszone vereinigen sich die Trichome sekundär zu einem Flechtgewebe (Plectenchym).

Unterschiede zwischen Sporophyt und Gametophyt sind bei den Laminariales und einigen weiteren Ordnungen noch wesentlich stärker ausgeprägt. Die Sporophyten einiger Laminariales (Bild 6) sind die größten rezenten Thallophyten. Die auch an den deutschen Küsten (Helgoland) wachsende Gattung *Laminaria* erreicht Längen von weit über 5 m; auf Helgoland kommen *Laminaria digitata* (Fingertang), *L. hyperborea* (Palmentang) und *L. saccharina* (Zuckertang) vor. Wesentlich größer wird *Nereocystis,* bei der bereits der stammartige Thallusabschnitt bis 30 m Länge erreicht und die tägliche Thalluslängenzunahme 10 cm betragen kann, während *Macrocystis pyrifera* 70 m lang wird. Die Sporophyten zeichnen sich weiterhin durch einen hohen Grad an morphologischer und anatomischer Differenzierung aus. Bei *Laminaria* sind deutlich eine Haftkralle, mit deren Hilfe sich der Thallus am Substrat verankert, ein stammartiger Abschnitt (Cauloid) und ein blattartiger Abschnitt (Phylloid) zu unterscheiden. Das Wachstum erfolgt durch ein interkalares Meristem im Übergangsbereich zwischen Cauloid und Phylloid. Es gibt einjährige (z.B. *Laminaria saccharina, Nereocystis)* und mehrjährige Laminariales. Bei mehrjährigen *Laminaria*-Arten wird jeweils im Frühjahr das Phylloid des Vorjahres durch ein neues ersetzt (Bild 6:7). *Nereocystis* und *Macrocystis*-Sporophyten weisen Schwimmblasen auf. Im Thallusinneren findet man Schleimgänge und an Siebzellen erinnernde sog. Trompetenzellen, mit deren Hilfe Assimilate transportiert werden.

Aus den Zoosporen, die nach Reduktionsteilung in Sporangien auf der Oberfläche der Phylloide entstehen, entwickeln sich die Gametophyten, die weniger als einen Millimeter große, verzweigte und kurzlebige Fadenthalli darstellen. Auf verschiedenen, etwas unterschiedlich gestalteten Individuen entwickeln sich männliche und weibliche Gametangien, die jeweils nur einen Gameten (Spermatozoid oder Eizelle) entlassen. Die Zygote keimt zu einem neuen Sporophyten aus. In der ebenfalls hochdifferenzierten Ordnung der Fucales kann kein Generationswechsel beobachtet werden. Auf diploiden Pflanzen werden an den Thallusenden *(Fucus)* oder an besonderen Ästen *(Ascophyllum, Sargassum)* krugförmige Einsenkungen (Konzeptakeln) gebildet, in denen zwischen unpigmentierten Haaren meist gestielte Oogonien und/oder an einzellreihigen, verzweigten Ästchen Antheridien entstehen. Obwohl in diesen Gametangien jeweils mehrere Gameten gebildet werden (Spermatozoide oder Eizellen; letztere können in den Oogonien auch in Einzahl vorhanden sein), sind sie stets unilokulär. Diese Gametangien könnten Sporangien, wie wir sie bei *Ectocarpus* kennengelernt haben, homolog sein. Statt der Sporen entstünden dann jedoch Zellen, die direkt — ohne Einschaltung eines Gametophyten — als Gameten fungieren. Die Zygote keimt aus zum Sporophyten. Es sei betont, daß der Entwicklungsgang bei den Fucales auch in anderer Weise interpretiert werden kann. Hiernach handelt es sich bei den Thalli um diploide Gametophyten. Zwischen den Gameten einiger Gattungen wurden zarte Septen beobachtet; die Gametangien wären demnach als plurilokulär anzusehen. Diese Septen entsprechen vielleicht jedoch solchen, die auch in unilokulären Ectocarpales-Zoosporangien festgestellt worden sind.

Die Mehrzahl der Fucales besiedelt Hartsubstrate des Litorals. Auf das Vorkommen von schwimmenden Formen *(Sargassum)* wurde bereits bei der Besprechung des Phytoplanktons hingewiesen.

Eine Entwicklungshöhe wie bei den Braunalgen wird bei den Rhodophyceae (Bild 8), die mit wenigen Vertretern auch im Süßwasser vorkommen, nicht erreicht. Es ist bemerkenswert, daß bei den Rotalgen keinerlei begeißelte Stadien auftreten. Der Unterklasse der Bangiophycidae gehören einzellige Vertreter sowie trichale und pseudoparenchymatische Formen an, die sich fast alle durch interkalares Wachstum auszeichnen und denen in der Regel lichtmikroskopisch erkennbare Tüpfelverbindungen fehlen. Entwicklungszyklen mit einem Wechsel zwischen einer haploiden und einer diploiden Generation sind von den Bangiaceae bekannt. Von der wirtschaftlich wichtigen Gattung *Porphyra*, die in Japan in großem Umfang kultiviert wird und die auch an den deutschen Küsten vorkommt, liegen mehrere Untersuchungen über den Generationswechsel vor. Der Sporophyt (*Conchocelis*-Stadium) ist fädig und wächst in Muschel- und Schneckenschalen. Er kann sich durch Monosporen vermehren. Offenbar nach einer Meiose kommt es zur Bildung von Conchosporen, aus denen sich die flächigen, haploiden *Porphyra*-Thalli entwickeln, die ihrerseits Gameten ausbilden: männliche Spermatien und weibliche Eizellen, die ihre Oogonien (Karpogone) aber nicht verlassen. Nach dem Eindringen des Spermatiums in das Karpogon und der Kernverschmelzung entstehen aus der Zygote acht diploide Karposporen, aus denen *Conchocelis*-Pflanzen hervorgehen. Die Florideophycidae weisen nur fädige Thalli auf, wobei die verzweigten Fadensysteme zu Plektenchymen vereinigt sein können. Das Wachstum erfolgt durch Scheitelzellen; die durch Teilung auseinander hervorgehenden Zellen bleiben durch lichtmikroskopisch gut erkennbare Tüpfel besonderen Baues (Florideentüpfel) untereinander verbunden. Es werden etwa 6 bis 8 Ordnungen unterschieden. Der Entwicklungszyklus der Florideophycidae ist sehr vielgestaltig. Für die meisten Verwandtschaftskreise ist ein Wechsel zwischen drei Generationen charakteristisch: einer haploiden Gametophyten-, einer diploiden Karposporophyten- (Gonimoblasten-) und einer diploiden Tetrasporophyten-Generation. Gametophyten und Tetrasporophyten sind meist gleichgestaltet; man spricht dann von einem isomorphen Generationswechsel. Der Karposporophyt entwickelt sich auf dem (weiblichen) Gametophyten.

Daneben sind auch zahlreiche Fälle für heteromorphe Generationswechsel und Abweichungen von dem hier skizzierten Entwicklungsgang bekanntgeworden. Eine Analyse der Entwicklungsgeschichte steht bei zahlreichen Rotalgen noch aus. Das Grundschema des Florideen-Generationswechsels ist folgendes:

Auf den Tetrasporophyten entwickeln sich Tetrasporangien, in denen nach einer Meiose vier haploide Tetrasporen gebildet werden, aus denen sich die Gametophyten entwickeln; auf diesen entstehen monözisch oder diözisch Spermatangien und Karpogone mit einem Empfängnisorgan, der Trichogyne. Die Spermatien werden passiv durch das Wasser transportiert und heften sich beim Berühren einer Trichogyne an diese an, worauf sich der Inhalt des Spermatiums in die Trichogyne entleert; der Spermatiumkern wandert in den Bauch des Karpogons, wo er mit dem Karpogonkern verschmilzt; die Zygote keimt auf dem Gametophyten entweder direkt aus oder es kommt zu einer Übertragung des Kerns zu Zellen des Gametophyten (Auxiliarzellen), und erst von diesen aus entwickelt sich die diploide Generation, der Karposporophyt. Der Karposporophyt erzeugt nach Mitose diploide Karposporen, aus denen die Tetrasporophyten hervorgehen.

Rotalgen gedeihen im Supralitoral, im Eulitoral und besonders im Sublitoral. Sie weisen einen außerordentlichen Formenreichtum auf. Einige Arten bilden verkalkte Thalli. Die Vertreter der Corallinaceae (Bild 8:5) können wesentlichen Anteil an der Kalkbildung in Korallenriffen haben. Die meisten Rhodophyceae wachsen epilithisch; daneben gibt es zahlreiche Epiphyten, von denen einige sogar Ranken ausbilden, und eine verhältnismäßig große Zahl parasitischer Formen, die teilweise ihre Photosynthesepigmente verloren haben und dann als Vollparasiten anzusprechen sind. Manche Parasiten stehen ihren Wirtspflanzen systematisch sehr nahe; man spricht in diesen Fällen von Adelphoparasiten. Alloparasiten sind mit ihren Wirten stammesgeschichtlich nicht nahe verwandt.

Ständig untergetaucht lebend finden sich nur die Vertreter von zwei Blütenpflanzenfamilien im Meer: die weit verbreiteten Seegräser gehören zu den Potamogetonaceae (Gattungen *Amphibolis, Cymodocea, Halodule, Heterozostera, Phyllospadix, Posidonia, Syringodium, Thalassiodendron* und *Zostera*) oder zu den Hydrocharitaceae *(Enhalus, Halophila* und *Thalassia).* Beide Familien sind im Süßwasser weit verbreitet. Die Besiedlung mariner Lebensräume erfolgte sekundär: Nach einer Hypothese erfolgte die Ausbildung der marinen Arten über untergetaucht lebende, salztolerante Süßwasser- und Brackwasserarten, nach einer anderen sind die Vorfahren der heutigen Seegräser in buschartigen, salztoleranten Landpflanzen des oberen Gezeitenbereichs zu suchen, und die Besiedlung des Süß- und Meerwassers durch Blütenpflanzen soll das Ergebnis paralleler, voneinander unabhängiger phylogenetischer Entwicklungen sein.

Die Seegräser wachsen in der Regel auf Lockersubstraten, die von ihren Rhizomen durchzogen werden, wodurch einer Substratumlagerung durch Wasserbewegungen Einhalt geboten wird. Kommt es zur lokalen Zerstörung von geschlossenen Seegrasbeständen, so hat dies in der Regel eine starke örtliche Erosion des Substrats zur Folge. Standorte der Seegräser zeichnen sich meistens durch starke Sedimentationen aus. Der Pollen der Seegräser wird durch Wasser verfrachtet, die Pollenkörner sind bei vielen Arten fadenförmig. Seegrasgesellschaften sind bedeutungsvoll durch hohe Primärproduktionsleistungen.

An den Nordseeküsten kommen *Zostera marina* (Seegras) und *Z. noltii* (Zwergseegras) vor. Die Bestände der ersteren sind durch eine zwischen 1930 und 1940 zunächst in Nordamerika aufgetretene pilzliche Erkrankung, die sich später auch an den europäischen Küsten ausbreitete, fast vollständig vernichtet worden. Eine Erholung erfolgt nur sehr langsam. Im Mittelmeer kommen neben diesen beiden *Zostera*-Arten *Cymodocea nodosa* (Bild 9:2) und vor allem *Posidonia oceanica* vor.

Der marine Lebensraum ist gewöhnlich nicht durch eine scharfe Grenze von dem terrestrischen abgesetzt, sondern zwischen beiden findet sich eine mehr oder weniger breite Übergangszone. Während der größte Teil des durch den Wechsel von Ebbe und Flut periodisch trockenfallenden und vom Meer überspülten Eulitorals (= Watt) von marinen Organismen besiedelt wird, die in besonderer Weise an die mit den wechselnden Umweltverhältnissen auftretenden Extremwerte von Temperatur, Licht, Salinität und manchmal Eisbildung angepaßt sind, dringen Landpflanzen gegen das Meer vor. Das Vordringen von Landpflanzen zum Meer hin und das von Meeresalgen zum Land hin ist um so ausgeprägter, je feuchter ein Gebiet durch Niederschlagsreichtum und hohe Luftfeuchtigkeit ist. Dies gilt sowohl für hohe Breiten, wo man das Eindringen von *Ascophyllum nodosum* (Knotentang), *Fucus*-Arten, *Pelvetia canaliculata* (Fucales) und anderer mariner Algen in die Salzmarschen hinein beobachten kann, als auch für tropische Gebiete. An der kolumbianischen Pazifikküste ist bei jährlichen Niederschlagssummen von fast 10 m im Bereich des oberen Eulitorals auf Fels ein Nebeneinanderwachsen besonders von Rotalgen (z.B. *Bostrychia, Caloglossa*) und Moosen zu beobachten. Voraussetzung für das Entstehen solcher Pflanzengesellschaften sind hohe Resistenz gegenüber erniedrigter Salinität bei den marinen und Salzresistenz bei den terrestrischen Elementen.

Im Gegensatz hierzu sind — sieht man von Blaualgen ab — Trockengebiete in der Regel durch einen praktisch pflanzenfreien Streifen zwischen mariner und Landvegetation ausgezeichnet, der als eine Folge der Entstehung hoher Salzkonzentration anzusehen ist. Nur dort, wo Süßwasser oberirdisch oder in geringer Tiefe unterirdisch ins Meer fließt, sind die Wachstumsbedingungen lokal günstiger.

In Schlickwattgebieten der Nordseeküste ist der Queller, *Salicornia herbacea*, als Pionier der Landvegetation anzusehen. Er erträgt eine zweimalige Überflutung durch Seewasser am Tag, und zwischen seinen Beständen kommt es zu einer verstärkten Sedimentation, wodurch sich einerseits der Wuchsort erhöht und andererseits vom Bestandsrand aus ein weiteres Vordringen zum Meer hin ermöglicht wird. An ähnlichen Stellen wie der Queller wächst das in Deutschland seit 1927 angepflanzte Gras *Spartina townsendii.*

Ist das Niveau durch Sedimentation so stark erhöht, daß nur noch gelegentlich Überflutungen durch Seewasser vorkommen, so gesellen sich zu *Salicornia herbacea Juncus gerardi* (Drückdahl, Salzbinse) und das Gras *Puccinellia maritima* (Andel), die gegen gelegentliche Überflutungen bei Springtidenhochwasser unempfindlich sind und weitere Sedimentationsvorgänge fördern. Sind die genannten Arten zu einem dichten Bestand zusammengewachsen, können sich *Aster tripolium, Halimione pedunculata, Limonium vulgare, Plantago maritima, Suaeda maritima, Triglochin maritima* und weitere Arten der Andelwiese ansiedeln. Landseitig schließt sich eine noch salzigen Boden aufweisende Rotschwingelwiese mit *Festuca rubra* als Charakterart an, die eingedeicht und als Weidefläche genutzt werden kann. Bei völlig fehlender Überflutung kommt es dann zu einem Auswaschen des Salzes aus dem Boden. Die durch Schlickablagerungen entstandenen Grünlandflächen werden als Marschen bezeichnet.

An Nordsee-Küsten mit Sandstrand übernehmen psammophile Arten wie *Agropyron junceum* (Strandquecke), *Carex arenaria* (Sandsegge) und *Honckenya peploides* (Salzmiere) die Rolle der Pionierarten, dringen allerdings nicht so weit meerwärts vor wie *Salicornia,* da der Sand ständigen Umlagerungen ausgesetzt ist. Die Strandquecke tritt primär an nur noch gelegentlich wasserbedeckten Stellen auf. Die Pflanzen bedingen eine Festlegung des Sandes und weitere Sandablagerungen (sog. Primärdünen), die von ihnen durchwachsen und schließlich bei zunehmender Höhe auch nicht mehr überflutet werden. Jetzt kommt es zu einer raschen Entsalzung durch die Niederschläge; Arten, die charakteristisch für die Dünenflora sind, wie *Ammophila arenaria* (Strandhafer) und *Elymus arenarius* (Strandroggen), vermögen sich nun anzusiedeln.

Während in höheren Breiten die Landflora mit krautigen Arten zum Meer hin vordringt, ist in weiten Gebieten der Tropen eine überwiegend aus Gehölzen bestehende Vegetationsformation mit bis 30 m hohen Baumarten, die Mangrove, ausgebildet, die den Salzmarschen entsprechende Standorte besiedelt und mit einigen Vertretern (besonders den *Rhizophora*-Arten) bis in den Wattbereich und sogar in das oberste Sublitoral vordringt. Hinsichtlich der Temperaturverhältnisse sind die Mangroven sehr anspruchsvoll. Mangroveformationen kommen deshalb auch in den Tropen dort nicht vor, wo kalte Meeresströmungen die Küsten berühren. So ist die Mangrove an der amerikanischen Westküste durch den von Süden kommenden Humboldtstrom weit nach Norden zurückgedrängt und erstreckt sich von etwa $5°$ S bis $28°$ N, während auf der Ostseite Mangroven bis $30°$ N und $31°$ S zu finden sind. Durch Fossilienfunde weiß man, daß Mangroveformationen mindestens seit dem Eozän und Palaeozän bestanden haben, wahrscheinlich sind sie noch älter. Mehrere Blütenpflanzenfamilien besitzen Vertreter, die in Mangroven vorkommen; die wichtigsten sind die Rhizophoraceae mit den Gattungen *Rhizophora, Bruguiera, Ceriops* und *Kandelia* (insgesamt etwa 16 Arten), die Avicenniaceae mit 10 (?) *Avicennia*-Arten, die Combretaceae mit den Gattungen *Lumnitzera, Laguncularia* und *Conocarpus* (zusammen 4 Arten), die Plumbaginaceae mit 2 *Aegialites*-Arten und die Sonneratiaceae. Weiterhin kommen Leguminosen und Palmen vor. Typisch für die Mangroven ist ferner die Farngattung *Acrostichum* (Polypodiaceae; 2 Arten). Mangroven entwickeln sich am besten auf Schlick und tragen durch ihre Wurzelsysteme und Stämme zu einer weiteren Sedimentation im Wasser flotierender Partikel oder aber wenigstens zum Schutz vor rascher Erosion bei. Mangroven wachsen aber auch auf Sand, Felsen und Korallen, jedoch sind die Pflanzen in diesen Fällen meist kleiner. Nicht selten ist eine Zonierung zu beobachten, bei der bestimmte Arten tieferes Wasser oder längere Überschwemmung ertragen und dadurch auf der Seeseite vorkommen, während andere landseitig zu finden sind. Eine häufig in der artenarmen karibischen Mangrove anzutreffende Zonierung ist in Bild 9:1 dargestellt.

Die Mangrovepflanzen sind in vielfältiger Weise an die Besonderheiten ihres Standorts angepaßt. Oft eigenartig gestaltete Wurzelsysteme verleihen den Pflanzen, deren obere Teile starkem Wind ausgesetzt sein können, auch in sehr weichen Substraten Halt. Die Angehörigen der Gattung *Rhizophora* haben Stelzwurzeln, die sich am unteren Teil des Stammes entwickeln und auch noch im Kronenraum entstehen können.

An einigen Stellen vermögen *Rhizophora*-Arten auch in ständig vom Seewasser bedeckte Gebiete vorzudringen, wo sie in etwa 1 m Tiefe unter der Niedrigwasserlinie im Substrat verankert sind. Die Besiedlung solcher Standorte kann dadurch zustandekommen, daß von den *Rhizophora*-Pflanzen des Strandbereiches meerseitig ständig neue Stelzwurzeln ausgebildet werden, die dann größere Äste zu tragen vermögen, die sich dann ihrerseits wiederum bevorzugt zum Licht hin (meerseitig) entwickeln und weitere Stelzwurzeln zum Substrat hin entsenden, bis eine maximal mögliche Wassertiefe oder eine Zone zu starker Wasserbewegung erreicht ist. Eine Keimlingsentwicklung ist in solchen Wassertiefen ausgeschlossen. Andere Gattungen weisen sehr weitstreichende Wurzelsysteme, teilweise mit Brettwurzelbildung, auf. Bei *Avicennia* verläuft der größte Teil der Wurzeln in geringer Tiefe (10 bis 20 cm) im Substrat. Sie entsenden über die Substratoberfläche sich erhebende Atemwurzeln nach oben, die einen Gasaustausch ermöglichen. Diese für viele Mangrovepflanzen charakteristischen Pneumatophoren, die innerhalb der einzelnen Verwandtschaftskreise unterschiedliche Formen aufweisen, stellen offenbar eine Anpassung an das Wurzeln in sehr sauerstoffarmem oder sogar sauerstofffreiem Substrat dar, in dem durch die fortgesetzte Ablagerung von viel organischem Material ständig Zersetzungsprozesse stattfinden. Entsprechend ihrem Vorkommen an salzigen Standorten zeichnen sich Mangroven weiterhin durch Einrichtungen aus, die es erlauben, das aufgenommene Salz wieder auszuscheiden. Verbreitet sind Salzdrüsen. Bei trockener Witterung lassen sich z.B. bei *Avicennia* große NaCl-Kristalle auf dem Blatt beobachten. Ein weiteres interessantes Phänomen ist die Viviparie, die bei vielen Mangrovepflanzen mehr oder weniger deutlich ausgeprägt ist: Die Keimlinge werden durch Wasserströmungen verfrachtet und können sich an geeigneten Stellen sehr rasch weiterentwickeln.

2.2 Das Zoobenthos

Pflanzen- und Tiergemeinschaften werden nach der häufigsten Art, der Leitform, benannt. So hat Ford (1923) im Sublitoral der Nordsee zwei Coenosen unterschieden: die Spatangus purpureus-Venus fasciata- und die Bathyporeia-Haustorius-Gemeinschaft. Erstere kommt im groben Sand und Schill vor und ist nach dem Purpurseeigel und einer Venusmuschel benannt, die besonders häufig sind. Daneben treten als charakteristische Arten *Branchiostoma lanceolatum* und bestimmte, mesopsammale Archianneliden auf. Die zweite Gemeinschaft besiedelt die Feinsand-Gründe, in ihr überwiegen Amphipoda und Cumacea.

Von bedeutendem Einfluß auf das Sediment und die dort lebenden Organismen ist die Wasserströmung. In lotischen Lebensräumen, die starker Wellenbewegung ausgesetzt sind wie die brandungsexponierten Sandküsten der Nord- und Ostfriesischen Inseln, bleibt grobkörniges Sediment mit intensiver Durchspülung erhalten. Lenitische Bereiche dagegen, in denen der Einfluß der Wellenbewegung gemindert ist und die besonders auf der festlandseitigen Wattfläche der genannten Inseln zu finden sind, können einen hohen bis dominierenden Anteil an Feinmaterial im Sediment aufweisen.

Gut untersucht sind die sublitoralen Gemeinschaften der Deutschen Bucht:

1. Die Baltica-Gemeinschaft besiedelt Sande und schlickhaltige Sande in 10 bis 15 m Tiefe und bis ins Eulitoral hinein. Leitform: *Macoma baltica.* Weitere Charakterarten: *Arenicola marina, Scoloplos armiger, Mya arenaria, Cerastoderma edule* u.a.m.
2. Die Scrobicularia-alba-Gemeinschaft auf schlickhaltigem Sand, von der Elbmündung bis in die Umgebung von Helgoland, in 10 bis 50 m Tiefe. Leitformen: *Scrobicularia plana* und *Abra alba.* Weitere Charakterarten: *Ophiura texturata, O. albida, Echinocardium cordatum, Aloidis gibba, Mya truncata, Nucula nitida, Buccinum undatum, Echinocyamus pusillus* u.a.m.
3. Die Angulus fabula-Gemeinschaft auf reinen Sanden vor exponierten Küsten. Leitform: *Angulus fabula.* Weitere Charakterarten: *Venus gallina, Bathyporeia spp., Scoloplos armiger, Nephthys spp., Ophelia limacina, Echinocardium cordatum* u.a.m.
4. Die Echinocardium-filiformis-Gemeinschaft auf feinen, schlickhaltigen Sanden (im W und NW von Helgoland in über 30 m Tiefe) und sandigen Weichböden. Leitformen: *Echinocardium cordatum* und *Amphiura filiformis.* Weitere Charakterarten: *Nucula nitida, Montacuta bidentata, Turritella communis, Venus gallina, Corystes cassivelaunus* u.a.m.

Wie das Beispiel des Herzigels *(Echinocardium cordatum)* zeigt, sind die meisten Arten nicht nur in einer Gemeinschaft vertreten. Unter bestimmten Bedingungen dominieren sie jedoch und prägen dann — zusammen mit anderen Arten — das Bild der Coenose.

Außerhalb der Deutschen Bucht sind in der Nordsee und entsprechend in anderen Meeren weitere Gemeinschaften festgestellt worden. Einige Gemeinschaften erstrecken sich aus dem Sub- ins Eulitoral hinein. Das gilt an den Küsten der Deutschen Bucht für die Baltica-Coenose. Genauere Untersuchungen haben gezeigt, daß diese Gemeinschaft im Eulitoral vielfach abgewandelt wird, je nach den lokalen Bedingungen. Eine stark vereinfachte Übersicht gibt Bild 25. Links sind reine Sande, rechts ist Schlick als Substrat angenommen, dazwischen alle möglichen Übergänge. Auf eulitoralen Sandböden dominiert die Bathyporeia-Haustorius-Gemeinschaft. Am Sandufer mit starker Neigung kann sich nahe der Hochwasserlinie ein kiesiger Streifen mit der Otoplanen-Gemeinschaft entwickeln *(Otoplana:* Turbellaria). In geschützten detritusreichen Feinsanden des oberen Eulitoral kann eine Bledius arenarius-Zone auftreten (*B. arenarius:* Staphylinidae; Käfer, die Röhren im Sand anlegen). Auf noch detritusreicheren Sedimenten ist gelegentlich das Farbstreifensandwatt anzutreffen, mit einer obligaten Folge von Schichten mit Diatomeen, Cyanophyceen und Purpurbakterien auf H_2S-haltigem Sand. Unter den genannten Gemeinschaften liegt oft auf diatomeenreichem Grund die Siedlung von *Corophium volutator* (Amphipoda), *Pygospio elegans* (Polychaeta) und *Hydrobia ulvae* (Gastropoda), die gerade hier in Massen auftreten. Weiter zur Niedrigwasserlinie hin schließt das Gebiet von *Arenicola marina* (Polychaeta) an, das unter bestimmten Bedingungen als „Buckelwatt" gestaltet ist. Die eulitoralen Weichböden sind artenarm. Die Pfeffermuschel *Scrobicularia plana* und der Oligochaet *Peloscolex* treten als Charakterarten auf.

Die ausgedehnten Flächen der Sand- und Weichböden bieten im allgemeinen über weite Strecken hin einförmige Lebensbedingungen und gehen meist kontinuierlich ineinander über, so daß entsprechende Übergänge zwischen den Gemeinschaften existieren. Im Vergleich dazu sind die Fülle der den Organismen angebotenen Habitate und damit die Artenvielfalt auf Hartböden größer. Man kann zwischen primären und sekundären Hartböden unterscheiden: zu den primären gehören anstehender Fels (im deutschen Nordseebereich nur Helgoland) sowie größere erratische Blöcke; zu den sekundären gehören Skelette und Schalen von Tieren (Korallen; Krebse, Muscheln) und menschliche Kunstbauten wie Deckwerke, Molen, Pfähle, Tonnen, Schiffsrümpfe und treibende Objekte wie Flaschen,

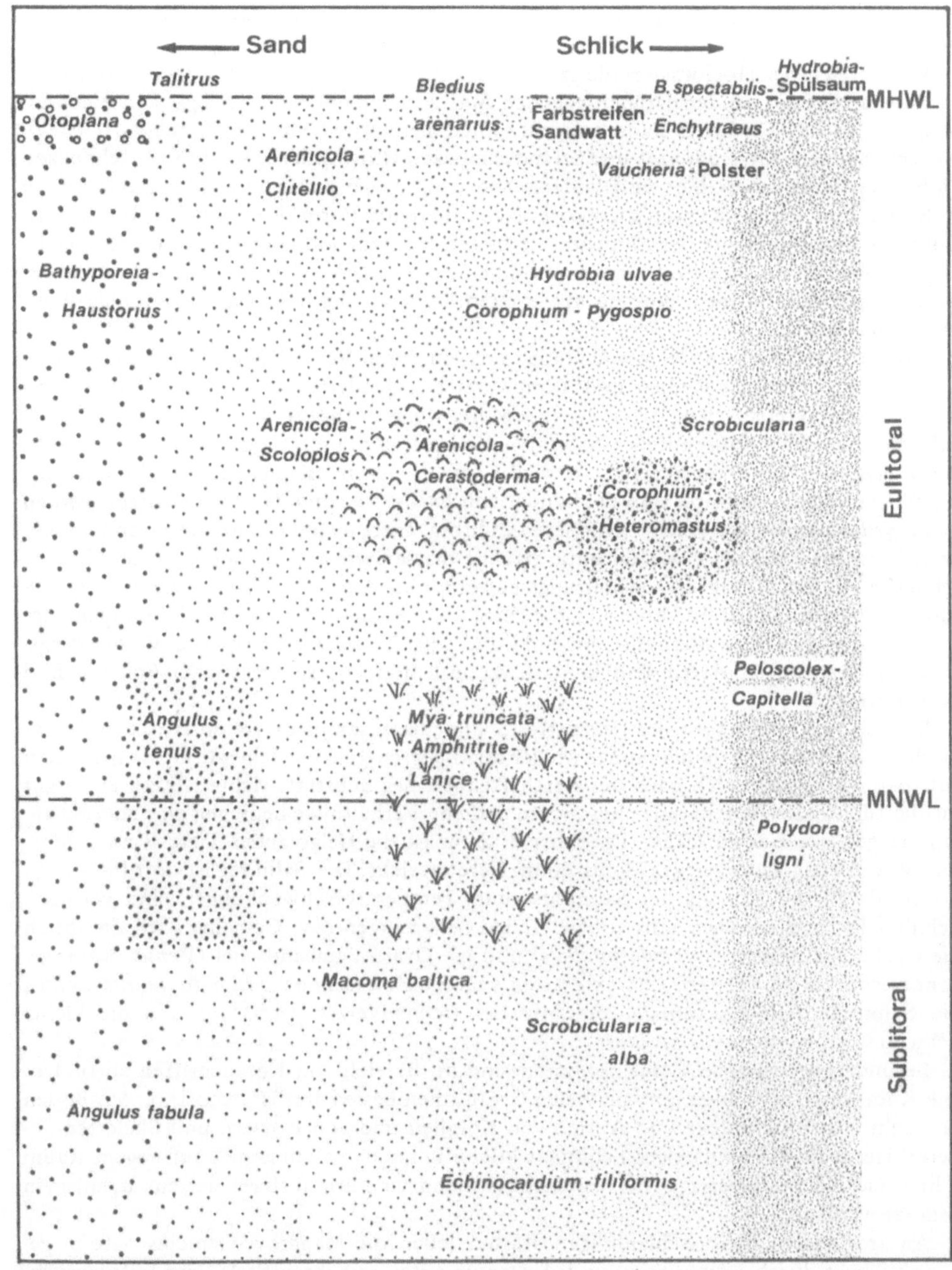

Bild 25 Lebensgemeinschaften der Sand- und Weichböden der deutschen Nordseeküste (im Eu- und oberen Sublitoral). Links Grobsand, rechts feiner Schlick, dazwischen Übergänge. (n. *Linke, Remane, Woblenberg, Ziegelmeier*)

Holz, Netzschwimmer u.ä. Auch sie werden von einer typischen Flora und Fauna besiedelt.

Der Bereich der Hochwasserlinie ist an Felsküsten besonders auffällig gekennzeichnet. In diesem Niveau und der darüberliegenden Spritzwasserzone sitzen Seepocken dicht aneinander, so daß ein helles Band entsteht. Auch viele Napfschnecken *(Patella, Acmaea)*, Kreiselschnecken *(Monodonta)* und Strandschnecken (Littorinidae) sowie Käferschnecken *(Acanthopleura)* leben hier und widerstehen dem Wellenschlag mit Hilfe ihrer breiten Fußsohle und durch die wenig Angriffsfläche bietende Form ihrer Schalen. Im felsigen Eulitoral sind Tange oft bestimmend. Sie bieten zusätzliche Lebensräume für zahlreiche Organismen, die an ihnen oder zwischen ihnen siedeln. Die eulitorale Fauna wird ergänzt durch sublitorale Formen, die sich in Gezeitentümpeln auch dann halten, wenn das Felswatt trockenfällt.

An der Felsküste von Helgoland findet sich ein durch Verwerfungen, Spalten, Platten, Schichtköpfe, Höhlen, Rinnen und Tümpel reich gegliedertes Felswatt. Im Supralitoral leben an charakteristischen Arten die rote Milbe *Molgus litoralis*, der Springschwanz *Anurida maritima*, der Tausendfüßer *Scolioplanes maritimus* und die große Meerstrandassel *Ligia oceanica. Littorina saxatilis* ist selten geworden. Im Bereich der Hochwasserlinie (MHWL) und kurz darunter sind die Bänder von *Balanus balanoides*, die Felsritzen werden von *Mytilus edulis*-Brut gefüllt. Im oberen Eulitoral trifft man die Stumpfe Strandschnecke *(Littorina obtusata)*, etwas darunter hat die massenhaft auftretende Gemeine Strandschnecke *(L. littorea)* ihren Verbreitungsschwerpunkt. Auch die Algen zeigen eine Zonierung, beherrschend ist im Eulitoral der Sägetang *(Fucus serratus)*, in Felstümpeln der Schotentang *(Halidrys siliquosa)*, im Sublitoral die *Laminaria*-Arten. Die Verbreitungsschwerpunkte einiger Arten sind in stark vereinfachter und schematischer Form in Bild 26 eingetragen.

Da sich in Vertiefungen des Felswattes Sedimente ansammeln, treten zwischen der typischen Felsflora und -fauna immer wieder lokal begrenzte, abweichende Gemeinschaften auf, deren Charakter sich nach der Beschaffenheit des Substrats richtet. Das gleiche gilt für die sublitorale Bodenfauna: besondere örtliche Verhältnisse bedingen eine speziell zusammengesetzte Gemeinschaft. Ein Beispiel dafür ist die Helgoländer Tiefe Rinne, die — im SW von Helgoland gelegen — bis 60 m Tiefe erreicht. Die Salinität ist dort bis 3,3 ‰ höher als an der Oberfläche, Salinitäts- und Temperaturschwankungen sind geringer. Schillreiche, teils sandige, teils tonige Böden beherbergen eine Gemeinschaft, die durch die Große Nußmuschel *(Nucula nucleus)* und die Ovale Venusmuschel *(Venus ovata)* gekennzeichnet wird. Weitere Charakterarten sind die Käferschnecke *Lepidopleurus asellus*, die Schnecke *Gibbula tumida*, die Muschel *Cerastoderma fasciatum* und die kleine Schwimmkrabbe *Portunus pusillus*.

Besonders artenreiche Gemeinschaften sind im Bereich von Korallenriffen zu finden. Die Korallen selbst bilden ein von vielen Organismen besiedeltes Hartsubstrat. Am Boden sammeln sich Bruchstücke und Abrieb von Korallen und von Panzern und Skeletten anderer Tiere, die ein sandartiges Sediment bilden können. So entstehen auf engem Raum sehr verschiedene Substrate, die von entsprechend vielfältig differenzierten Organismen genutzt werden.

An tropischen, meist schlammigen Küsten leben die Mangrove-Gemeinschaften, gekennzeichnet durch *Rhizophora*- und *Avicennia*-Arten mit ihren Stelz- und Luftwurzeln. Auf dem Sediment sind bestimmte Krebsarten in oft großer Dichte vertreten. Auffällig durch ihr Verhalten sind die Winkerkrabben *(Uca)*. Die Schlammspringer *(Periophthalmus)*, 10 bis 15 cm lange Fische, verlassen wie die Krabben zeitweise das Wasser, wobei sie sich mit den Brust- und Bauchflossen kriechend und hüpfend fortbewegen. In den Mangrovepflanzen der Karibik bohren *Martesia striata* und *Bankia fimbriatula* (Bivalvia), während an den Stelzwurzeln, Stämmen und Ästen in verschiedenen Höhen *Crassostrea rhizophorae, Isognomon alatus* (Bivalvia), *Neritina virginea, Chicoreus brevifrons, Littorina angulifera* (Prosobranchia) und andere, typische Arten zu finden sind.

Nach der Gebundenheit an das Substrat lassen sich die benthischen Tiere in folgende Gruppen einteilen (Remane 1940):

1. Sessile Arten. Sie bewegen sich als Adulte nicht vom einmal gewählten Wohnplatz, in der Regel auch dann nicht, wenn sie selbst gut beweglich sind. Viele Arten dieser Gruppe sind durch ein Außenskelett mit dem Substrat verbunden (fixosessil: einige Porifera, Hydrozoa, Anthozoa, Bryozoa, Cirripedia; einige Muscheln wie *Ostrea,* die sich festkitten, andere, wie *Mytilus,* die sich mit ihrem Byssus anheften; *Pomatoceros, Spirorbis;* Ascidien). Andere verankern sich im weichen Sediment durch divergierende Nadeln (einige Porifera; Crinoidea) (rhizosessil) und schließlich gibt es zahlreiche Spezies, die auf dem Sediment liegen oder darinstecken (liberosessil: Foraminifera, Bivalvia).

2. Hemisessile Arten. Sie können sich zwar noch frei bewegen, tun das aber nur in Ausnahmefällen, etwa bei Gefahr oder im Zusammenhang mit der Fortpflanzung. Normalerweise leben sie in Röhren (viele Polychaeten) oder Höhlen (einige Echinodermen) oder direkt im Sediment (viele Muscheln), sie heften sich an (*Craterolophus, Lucernaria;* Rotatorien u.a.) oder sie klammern sich fest (*Caprella* u.a. Amphipoden).

3. Vagile Arten. Sie sind freibeweglich und schwimmen, schlängeln, kriechen oder klettern auf und im Substrat.

Für die meisten Arten — und insbesondere die sessilen — ist es schwierig, geeignete Lebensräume zu finden. Die sessilen Arten breiten sich durch planktische Larvenstadien aus.

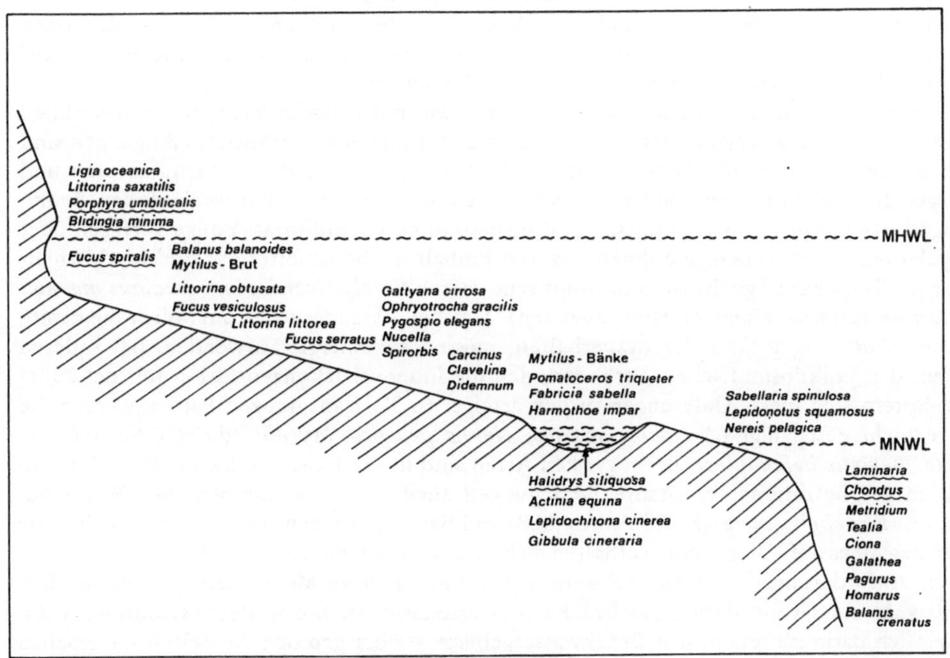

Bild 26 Die Verbreitungsschwerpunkte von Pflanzen (unterschlängelt) und Tierarten im Felslitoral der deutschen Nordseeküste. (n. Ergebnissen von *Gillandt* 1979 an Polychaeta und eigenen Beobachtungen)

Temperatur und Nahrungsangebot bestimmen wesentlich die Dauer des Larvalstadiums. Offenbar kann die Metamorphose aber hinausgezögert werden, wenn die umwandlungsbereite Larve kein geeignetes Substrat findet. Von den zahlreichen Evertebraten des Benthal haben rund 90 000 Arten pelagische Larven. Sie verbringen den empfindlichsten Abschnitt ihres Lebens in den oberen Wasserschichten unter dem Einfluß des Lichtes. Von den bisher untersuchten Arten reagieren die Larven von 82 % positiv phototaktisch, 12 % sind indifferent und nur 6 % negativ. Die ursprüngliche, überwiegend positive Reaktion wird im metamorphosereifen Stadium umgekehrt. Bei der Wahl des Substrates spielt für einige Arten (Balaniden, Polychaeten) weniger dessen Beschaffenheit, als vielmehr der darauf befindliche Bakterienfilm die entscheidende Rolle. Ferner lassen sich viele Larven bevorzugt an Stellen nieder, in deren Nähe bereits Adulte sitzen. Dieses Aggregationsverhalten wird durch organische Stoffe ausgelöst, die von den Erwachsenen abgesondert werden, und es ist biologisch sinnvoll, da es sicherstellt, daß viele Larven sich auf nachweislich geeignetem Substrat ansiedeln. Bei Kontakt mit dem Bodenmaterial können die Larven offenbar einen Schlüsselreiz perzipieren, den sie mit Änderung der Cilienmotorik, mit fester Verankerung und Weiterentwicklung beantworten. Chemorezeption bleibt auch später ein wichtiges Kommunikationsmittel: intraspezifisch wirksame Pheromone führen zumindest in einigen Fällen die Sexualpartner zusammen *(Portunus)* und induzieren die Kopulation oder dienen, wenn sie bei Verletzung freigesetzt werden, als Warnsignale für Artgenossen (Seeanemone *Anthopleura elegantissima)*. Die Allomone sind dagegen interspezifisch wirksam und werden als Verteidigungswaffen gebraucht (Holothurin der Seewalzen, Saponine bei Seesternen). *Phyllidia varicosa* (Nudibranchia) wehrt sich mit einem Sesquiterpen, das hochwirksam ist und wahrscheinlich aus dem Schwamm *Hymeniacidon* stammt, an dem sie frißt. Möglicherweise spielen auch bei den Evertebraten akustische Signale als Kommunikationsmittel zwischen den Mitgliedern einer Biocoenose eine Rolle. Mechano- und Vibrorezeptoren sind für viele Gruppen beschrieben worden, und die Arten erzeugen bei der Bewegung und der Filtration Wasserschwingungen, deren Kurvenverlauf bei Wirbellosen gleicher Stammeszugehörigkeit ähnlich ist.

Neben den stenöken Organismen, die ganz bestimmte Anforderungen an das Milieu stellen, gibt es viele euryöke Arten, die toleranter gegenüber den Umweltbedingungen sind und die daher auf Sand-, Weich- und Hartböden, bei verschiedenen Temperaturen und Salzgehalten leben können. Solche euryöken Arten leben unter den wechselnden Bedingungen der flachen Küstengewässer und insbesondere im Eulitoral. Einige verfügen über Regulationsmechanismen, die ihnen z.B. die Einhaltung bestimmter osmotischer Verhältnisse im Körper ermöglicht (homoiosmotische Tiere: *Nereis diversicolor, Carcinus maenas, Palaemon serratus,* einige *Gammarus*-Arten). Um bei Veränderungen im Milieu die osmotischen Werte (nahezu) aufrechtzuerhalten, müssen sie Energie aufwenden. Bei anderen Arten, den poikilosmotischen, verändert sich die innere Salzkonzentration mit der äußeren. Sofern sich diese Änderungen in den arteigenen Toleranzgrenzen halten, werden die Tiere nicht geschädigt *(Arenicola marina, Nereis pelagica, Mytilus edulis, Cerastoderma edule, Balanus balanoides).* Bei euryöken Arten sind in der Regel die Larval- bzw. Jugendstadien auf bestimmte, konstante Bedingungen angewiesen. So können zwar Wollhandkrabbe *(Eriocheir sinensis)* und Aal im Süß- und Seewasser leben, zum Laichen suchen sie aber das Meer auf. Umgekehrt verhalten sich viele Lachsarten. Die erheblichen physiologischen Anforderungen, die mit abnehmendem Salzgehalt an Meerestiere gestellt werden, sind wohl ein Grund dafür, daß Brackwasser artenarm ist. Ein weiterer Grund ist wahrscheinlich darin zu sehen, daß Brackwassergebiete — über geologische Zeiträume gesehen — kurzlebig sind und die zur Entwicklung adaptierter Arten notwendige Zeit nicht zur Verfügung steht.

Wegen der Fülle der benthischen Organismen ist es nicht möglich, hier eine auch nur bescheidene Übersicht zu geben. Im folgenden sollen — geordnet nach Substrattypus — einige Grundzüge des Lebens im Benthal besprochen und vorwiegend an Beispielen aus der südlichen Nordsee erläutert werden.

2.2.1 Das Psammon

Als Psammon werden die Bewohner des Sandbodens, des Psammal, zusammengefaßt. Nach der oben (S.63) vorgenommenen Einteilung sind Endo-, Meso- und Epipsammon zu unterscheiden. Sand ist oft mit Schill vermischt, den zerkleinerten Hartteilen von Mollusken, Echinodermen, Crustaceen und anderen Tieren, und der Schill kann gelegentlich den Hauptanteil des Substrats ausmachen. Die Korngrößen des Sandes und der Anteil des Schills bestimmen unter anderem den Wasserdurchsatz im Sediment und damit die Lebensbedingungen für die Organismen. Für Grobsand sind daher andere Arten charakteristisch als für Feinsand oder schlickige Sande. Die Lückensysteme des Sandes (das Mesopsammal oder Interstitial) bilden den artenreichsten Lebensraum der Sandböden, wie sich im Verlaufe der letzten Jahrzehnte, ausgehend von den Untersuchungen Remanes, gezeigt hat. Demgegenüber ist das Epipsammon artenarm und über weite Strecken einförmig.

2.2.1.1 Das Mesopsammon (Interstitialfauna)

Für das Leben in den Lückensystemen des Sandes ist — neben der Mineralzusammensetzung — vor allem die Korngröße wichtig. Sie hat wesentlichen Einfluß auf den Wasserdurchsatz und auf die Körpergröße der Arten. So brauchen mesopsammale Ascidien ein Substrat mit Korngrößen von mindestens 4 mm ϕ, sie haben selbst Körpergrößen von durchschnittlich 1 bis 3 mm.

Fast alle Gruppen mariner Evertebrata sind im Mesopsammal vertreten. Solche Gruppen, die durch ihre Körperform und -größe an das Leben im Lückensystem präadaptiert sind, sind hier mit zahlreichen Arten vertreten (Turbellaria, Nematoda, Copepoda, Tardigrada). Die anderen werden durch wenige und dann meist aberrante Formen repräsentiert (*Halammohydra, Monobryozoon*).

Sandlückensysteme werden durch die Wasserbewegung ständig verändert. Um in einem solchen dynamischen Biotop überleben zu können, sind zahlreiche Anpassungen morphologischer, physiologischer und fortpflanzungsbiologischer Art notwendig (Swedmark 1964).

Die morphologischen Anpassungen zeigen sich vor allem darin, daß langgestreckte oder abgeflacht-breite Körperformen im Mesopsammon dominieren (vgl. dazu auch Bild 27).

Die Arten sind im allgemeinen gut beweglich: ciliäres Gleiten (Ciliata, *Halammohydra*, Turbellaria, Gastrotricha, Archiannelida, Polychaeta, Mollusca) und Stemmschlängeln (Nematoda, *Polygordius*) sind die häufigsten Bewegungstypen, andere Arten machen Schreit- und Kletterbewegungen mit Hilfe von Krallen und Borsten (Ostracoda, Milben) oder kriechen tausendfüßerartig (*Hesionides*). Da Bewegungsfähigkeit eine wichtige Voraussetzung für das Überleben in einem dynamischen Biotop ist und die Möglichkeiten des Nahrungserwerbs verbessert, sind sessile Arten im Mesopsammal selten (einige Foraminifera; *Sphenotrochus*: Madreporaria, *Gwynia capsula*: Brachiopoda), in der besonders bewegten Otoplanen-Zone fehlen sie ganz. Demgegenüber sind Tiergruppen, die normalerweise sessil sind, im Mesopsammal durch bewegliche Arten vertreten (*Monobryozoon ambulans*: Bryozoa; diverse Ascidien).

Die mesopsammalen Protozoa sind im Durchschnitt größer als die anderen, freilebenden Arten (*Helicoprorodon maximum*: 4 mm lang). Dagegen sind die Metazoa im Durch-

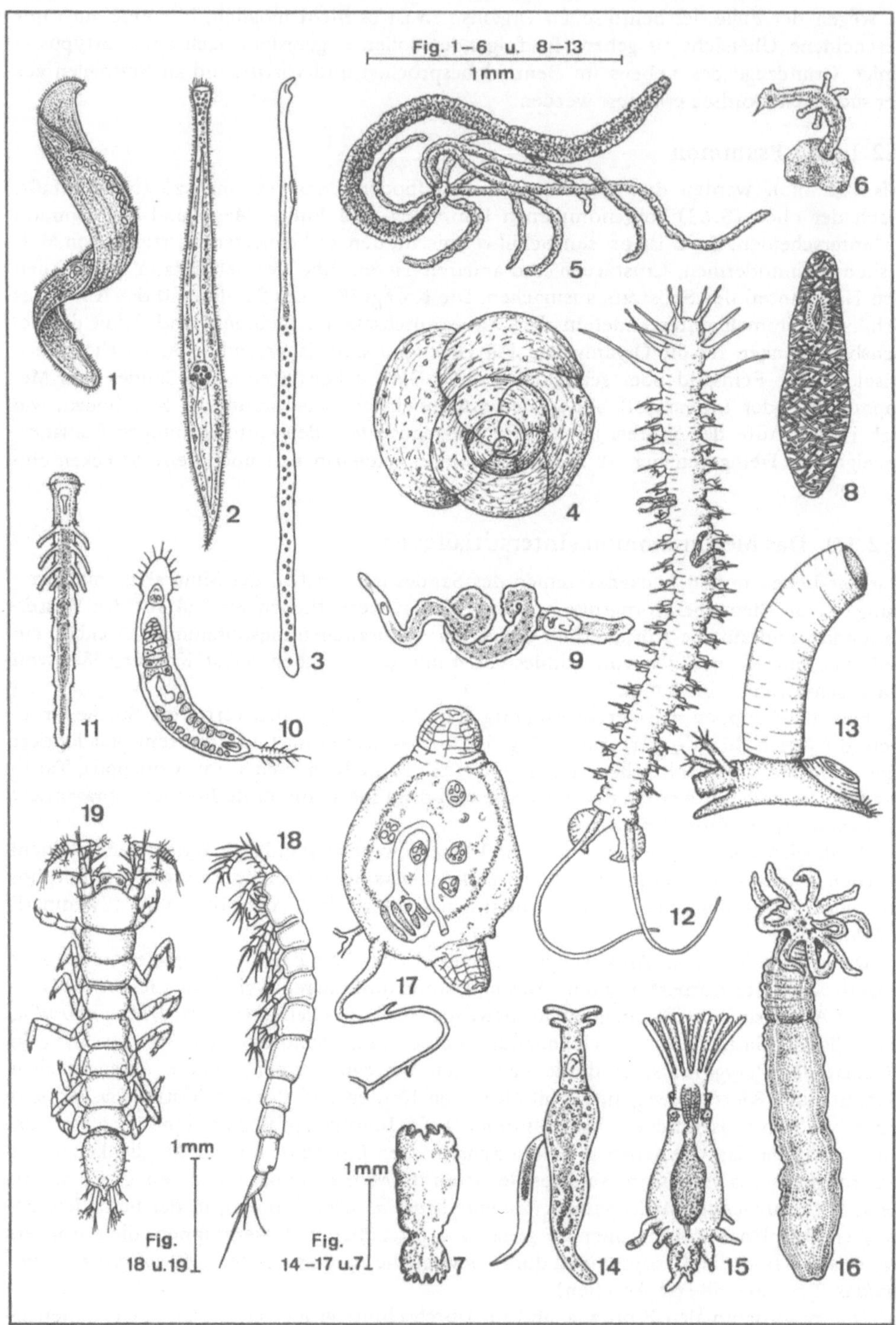

Bild 27a

schnitt kleiner (maximal 2 bis 3 mm). Die regressive Evolution der Körpergröße hat in manchen Fällen zu einer Vereinfachung der Organisation geführt: bei *Halammohydra* ist die Tentakelzahl (von wahrscheinlich 36) auf 7 reduziert, bei den Gastrotricha ist der ♂ Genitalapparat vereinfacht, Dissepimente und Nephridien der kleinen Annelida sind verschwunden und einige Arten erinnern als Adulte in ihrer Organisation so sehr an die Juvenilstadien, daß man annimmt, diese Arten seien durch Neotenie entstanden (Psammodrilidae).

Haftorgane sind für viele Arten charakteristisch, die sich damit an Sandkörnern festhalten. Turbellaria und Gastrotricha haben Drüsen, die ein klebriges Sekret erzeugen, andere

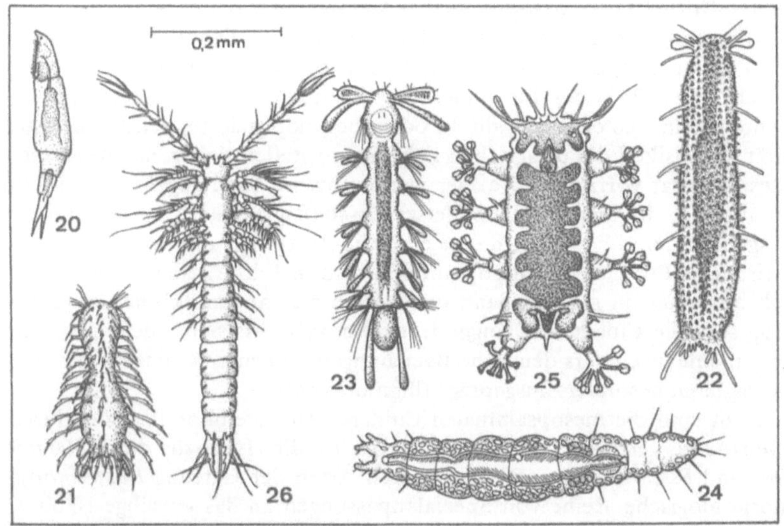

Bild 27b Typische Formen des Mesopsammon II.

20 *Encentrum reibischi* (Rotatoria)
21 *Chaetonotus dispar*
22 *Thaumastoderma heideri* (Gastrotricha)
23 *Nerillidium troglochaetoides*

24 *Diurodrilus ankeli* (Archiannelida)
25 *Batillipes mirus* (Tardigrada),
26 *Derocheilocaris remanei* (Mystacocarida)
(n. *Ax* 1967, *Remane* 1929, *Swedmark* 1964)

Bild 27a Typische Formen des Mesopsammon I.

1 *Loxophyllum vermiforme*, 2 *Tracheloraphis remanei*, 3 *Geleia gigas* (Ciliata), 4 *Trochammina squamata* (Foraminifera), 5 *Halammohydra vermiformis*, 6 *Psammohydra nanna*, 7 *Sphenotrochus spec.* (Coelenterata), 8 *Acanthomacrostomum spiculiferum*, 9 *Coelogynopora biarmata*, 10 *Gnathostomula paradoxa* (Turbellaria), 11 *Psammodriloides fauveli*, 12 *Hesionides arenarius* (Polychaeta), 13 *Caecum glabrum*, 14 *Microhedyle lactea*, mit Spermatophore (Gastropoda), 15 *Monobryozoon ambulans* (Bryozoa), 16 *Rhabdomolgus ruber* (Holothurioidea), 17 *Psammostyela delamarei* (Ascidiacea), 18 *Cylindropsyllis laevis* (Harpacticoida), 19 *Microjaera anisopoda* (Isopoda).

(n. *Ax* 1966, *Cuénot* 1948, *Goetze* 1938, *Remane* 1938, *Rhumbler* 1938, *Swedmark* 1964, *Westheide & Ax* 1964)

Gruppen, wie Crustacea, Tardigrada, Milben, halten sich mit verlängerten Extremitäten oder Borsten fest. Als Schutz gegen die mechanische Einwirkung bewegter Sandkörner kontrahieren sich viele Arten, andere rollen sich ein oder werden durch eine Cuticula abgeschirmt. Weitverbreitet sind statische Organe, während Augen oft fehlen.

Diatomeen und andere Algen, die im und auf dem Substrat verbreitet sind, stellen eine wichtige Nahrungsquelle für zahlreiche Tierarten. Andere sind Detritusverwerter, sie leben also von den organischen Resten abgestorbener, zu Boden gesunkener und durch die ständige Umwälzung in den Sand geratener Organismen. Verbreitet ist auch der Ernährungstyp des Sandleckens: der Aufwuchs auf Sandkörnern wird abgeschabt und diese verworfen (viele Harpacticidae, *Protodrilus, Polygordius, Synapta*). Schließlich gibt es auch Arten, die lebende andere Tiere überwältigen und verschlingen (*Halammohydra*, Otoplanidae).

Die Besonderheiten des Lebensraumes wirken sich auch auf die Fortpflanzungsbiologie aus. Die Kleinheit des Körpers der mesopsammalen Metazoa und die entsprechend verringerte Zellzahl bedingt allgemein eine geringe Gametenzahl. Im Durchschnitt werden nur 1 bis 10 Eizellen produziert, die ♂♂ bilden oft Spermatophoren. Relativ viele Arten sind hermaphroditisch. Etwa 98 % der Bewohner des Mesopsammal haben keine pelagischen Larven. Sie entwickeln sich entweder direkt oder über modifizierte, benthische Larven, vermeiden damit die Risiken des pelagischen Lebens und stellen sicher, daß der Nachwuchs ein geeignetes Substrat vorfindet. Die Eier werden oft im Sand angeheftet oder in Kokons zusammen abgelegt. In verschiedenen Verwandtschaftsgruppen ist eine Tendenz zur Ovoviviparie ausgebildet, und häufig wird eine einfache Brutpflege durchgeführt.

Einige charakteristische Formen des Mesopsammon sind in Bild 27 abgebildet. Foraminifera finden sich bevorzugt in grobem Sand und heften sich an Sandkörner an. Überraschend vielgestaltig sind die Ciliata, mit langgestrecktem, zylindrischem oder abgeflachtem Zelleib. Sie zeigen eine besonders deutliche Beziehung zur Korngröße des Sandes. Arten des Feinsandes reagieren besonders ausgeprägt thigmotaktisch.

Besonders interessant sind die mesopsammalen Cnidaria. Die Steinkorallen sind durch den solitären *Sphenotrochus* vertreten (Mittelmeer, Atlantik), die Hydrozoa durch *Halammohydra, Otohydra* und *Psammohydra*. Die bekannten Arten der Gattung *Halammohydra* bilden eine morphologische Reihe von Spezialanpassungen an das jeweilige Habitat. Sie und *Otohydra* repräsentieren die Organisation der Actinula und werden daher in einer eigenen Ordnung zusammengefaßt. *Psammohydra* ist dagegen eine Polypenform mit verlängertem Mundhügel.

Turbellaria sind im Mesopsammal häufig. In der Form zeigen sie viele Übereinstimmungen mit den Ciliata. Sensorische Cilien und Haare erleichtern ihnen die Orientierung. Unter den Otoplanidae gibt es schnellschwimmende Arten, die von Planktern leben, die stranden.

Die Gnathostomulida erinnern in mancher Hinsicht an Turbellarien, sind jedoch so aberrant gebaut, daß sie sich vorläufig keiner Tiergruppe zuordnen lassen. Die Rädertierchen (Rotatoria) sind mit wenigen Arten im Mesopsammal vertreten, die Bauchhärlinge (Gastrotricha) dagegen mit mehr als 100 Spezies. Sehr häufig sind auch die Nematoda, die in Konzentrationen von $5 \times 10^6/\mathrm{m}^2$ auftreten können (in Cyanophyceen-Sand).

Die Archiannelida haben ihren Verbreitungsschwerpunkt im Mesopsammal. Zur Zeit sind etwa 60 Arten bekannt, von denen die längste (*Polygordius* spec.) 10 cm, die kleinsten (*Diurodrilus minimus, Nerillidium simplex*) 350 μm erreichen. Unter den übrigen Polychaeta sind die Syllidae im Sandboden besonders häufig, die Stygocapitellidae und die Psammodrilidae sind bisher nur aus der Mikrofauna des Sandes bekannt.

Durch Haftscheiben und Haftklauen sind die Bärtierchen (Tardigrada) ausgezeichnet, die mit etwa 20 Arten im Mesopsammal vorkommen. Häufiger sind die Crustaceen, unter ihnen vor allem Ostracoda und Copepoda (Harpacticoidea) und die artenarmen, aber charakteristischen Mystacocarida. Unter den Mollusken ist *Caecum* (Prosobranchia) zu erwähnen, eine Schnecke, die die spiraligen Anfangsteile des Gehäuses abstößt, so daß nur der leichtgekrümmte, gestreckte, röhrenförmige Endabschnitt erhalten bleibt. Mehrere, aberrante Gattungen von Opisthobranchia leben in Sandböden, oft im typischen Amphioxus-Grund. Sie sind wurmförmig gestaltet und erinnern in ihrer Form an Polychaeta. Von den mesopsammalen Solenogastres wurden bisher nur wenige identifiziert *(Lepidomenia hystrix)*.

Überraschend war der Nachweis von Bryozoa im Mesopsammal *(Monobryozoon)*, die dort solitär und freibeweglich leben. Unter den Stachelhäutern sind die wurmförmigen *Leptosynapta*-Arten zu erwähnen, Seegurken, die vivipar sind und jeweils 2 bis 4 Embryonen bilden. Die Seescheiden (Ascidiacea), von denen etwa 10 mesopsammale Arten bekannt sind, sind abgeflacht oder spindelförmig gerundet. Die Larven entwickeln sich im Inneren der Elterntiere.

2.2.1.2 Das Epipsammon

Das Epipsammal wird von einer relativ geringen Anzahl von Tierarten besiedelt. Es dominieren Arten mit abgeflachten oder langgestreckten Körpern. Gerade die auf Sandböden am meisten auffallenden Arten, wie Strandkrabben, Garnelen, Kammsterne und einige Plattfische, sind euryök, also auch auf anderen Substrattypen anzutreffen. Charakteristische Arten finden sich in der Mikrofauna. So sind die Sandwatten des Jade-Busens durch das Foraminifer *Elphidium excavatum* gekennzeichnet, in anderen Gebieten sind andere Foraminifera und Ostracoda typisch. Zur epipsammalen Mikrofauna gehören insbesondere auch zahlreiche Arten der Harpacticoidea (Copepoda), an den deutschen Küsten vor allem *Harpacticus flexus, Pseudobradya minor* und *Thompsonula hyaenae*. Bei einer Verschlechterung der Lebensbedingungen an der Sandoberfläche wühlen sich zahlreiche Arten in das Sediment ein und können dort überleben. Viele Arten sind nachts agil und ruhen tagsüber in der obersten Sedimentschicht. Durch ihre ungewöhnliche, nur von den Phytalbewohnern übertroffene Fähigkeit, die Färbung und Musterung des Körpers dem Substrat anzupassen, sind sie dort gut getarnt. Ihre Nahrung suchen sie jedoch außerhalb der Sedimentschicht. Das Einwühlen geschieht mit Hilfe der Extremitäten *(Carcinus)*, oft unterstützt durch einen Wasserstrom, der von den Mundwerkzeugen und anderen Extremitäten erzeugt wird *(Gastrosaccus)*. In anderen Fällen windet sich der Körper schlängelnd ins Sediment (Nematoda) oder macht rüttelnde Bewegungen (Plattfische, Rochen), so daß der Sand durch den entstehenden Wasserstrom zur Seite und auf den Körper gespült wird. Wegen der Unbeständigkeit des Substrats gibt es auf Sandböden wenige sessile Arten: einige Hydrozoa *(Aglaophenia)* verankern sich durch wurzelartige Stolonen. Auch das für viele mesopsammale Arten typische Haftvermögen fehlt im allgemeinen. Die Entwicklung verläuft meist über planktische Larvenstadien.

Von den auf Sandböden recht häufigen Arten, die aber euryök sind, seien hier die Strandkrabbe *(Carcinus maenas)*, die Schwimmkrabbe *(Macropipus holsatus)*, der Einsiedlerkrebs *Pagurus bernhardus*, die Strandschnecke *Littorina littorea*, die Wattschnecke *Hydrobia ulvae*, die Wellhornschnecke *(Buccinum undatum)* und der Schlangenstern *Ophiura albida* erwähnt. Sie bevorzugen detritusreichere Sande, kommen auch auf Schlick- und zum Teil auf Hartböden vor (s.u.).

Typische epipsammale Arten sind dagegen in unserem Gebiet *Crangon crangon*, einige Mysidacea, *Eurydice pulchra, Astropecten, Gobius minutus, Trachinus-* und *Ammodytes-*Arten, einige Rochen und Plattfische.

Die Nordsee-Garnele (*Crangon crangon*, Bild 42:6) lebt in großen Schwärmen an der Nordseeküste und ist die Grundlage für einen fischereilichen Erwerbszweig („Granatfischerei", „Krabben"-Fischerei). Die ♂♂ werden etwa 4,5 cm, die ♀♀ bis zu 7 cm lang. Sie sitzen tagsüber am Boden oder graben sich soweit ein, daß nur die gestielten Augen und die Fühler aus dem Sand ragen. Durch Pigmentverschiebung innerhalb ihrer Chromatophoren passen sich die Garnelen der Färbung des Substrats an. In der Dämmerung werden sie aktiv und schwimmen — nach Nahrung suchend — über den Grund. Sie ernähren sich von kleinen Polychaeten, Crustaceen, Schnecken, Algen und Detritus. Mit dem Ebbstrom schwimmen sie über die Wattflächen und durch die Priele einige Kilometer seewärts und kehren mit der Flut zurück. Zur Fortpflanzung suchen die Garnelen ruhigeres und tieferes Wasser auf. Das ♀ wird bei der Kopula auf den Rücken gedreht, und das ♂ setzt zwei Spermapakete neben die ♀♀ Genitalöffnungen. Einige Stunden später legt das ♀ (im April—Juni und Oktober—November) 3000 bis 4000 Eier ab, die besamt und durch Schleim an den Pleopoden festgeheftet werden. Bei 16° Wassertemperatur schlüpfen die Larven nach 4 Wochen, bei 6° nach 3 Monaten. Die 5 Larvenstadien sind planktisch. Der Adultus häutet sich im Verlaufe seines etwa 3 Jahre währenden Lebens noch ca. 30 mal. Mit einem Jahr sind die Tiere fortpflanzungsfähig.

Ebenfalls bevorzugt auf Sandboden findet sich die verwandte Garnele *Pontophilus trispinosus*. In der Ostsee wird die fischereiliche Rolle von *Crangon* durch die in der Nordsee weniger häufige Steingarnele *Leander adspersus* übernommen.

Im Habitus den Garnelen ähnlich sind die Mysidacea (Leuchtkrebse). Sie sind durch die Lage der Statocysten an der Basis des Uropoden-Endopoditen leicht von den Garnelen zu unterscheiden. Die 2 bis 3 cm langen, meist glasartig durchsichtigen Tiere halten sich in Schwärmen auf und über dem Grund auf und machen ausgeprägte diurnale Vertikalwanderungen. *Praunus flexuosus*, *Neomysis integer*, *Gastrosaccus spinifer* und *Mesopodopsis slabberi* sind die in der südlichen Nordsee häufigsten Arten. Im Herbst wandern die Mysidae weiter ins Meer hinaus und kehren im Frühjahr ins flachere Wasser zurück. *N. integer* bildet Schwärme, die mehrere Meter breit und einige km lang sein können. Die Pleopoden sind zumindest bei den ♀♀ fast immer zurückgebildet. Die Tiere schwimmen mit den Exopoditen der Pereiopoden, die zur Seite gestreckt werden und dort rotieren. Diese Bewegungsweise ermöglicht einen schnellen Wechsel von Auf- und Ab-, Vor- und Rückwärtsschwimmen. Sie filtrieren dabei Detritus und Plankton aus dem Wasser, ernähren sich aber auch von kleinen Krebsen, Mollusken und von Algen.

Auch die kleine Assel *Eurydice pulchra* ist ein gewandter Schwimmer, der nachts bis zur Wasseroberfläche aufsteigt. Von den 7 Beinpaaren sind bei *Eurydice* (Bild 60:9) die 3 vorderen als normale Laufbeine, die 4 hinteren als verbreiterte Schwimmbeine ausgebildet. Die 4 mm (♂♂) bis 7 mm (♀♀) großen Asseln leben vorwiegend von Aas, fallen aber auch in Netze geratene Fische an. Bis 11 mm lang werden die *Sphaeroma*- Arten, die sich einrollen können.

Der Kammstern (*Astropecten irregularis*) ist mit seinen 5 breiten, abgeplatteten Armen dem Leben auf dem Sand angepaßt. Seine Füßchen enden nicht mit einer Saugscheibe, sondern spitz. Er gräbt sich oft soweit ein, daß nur das Scheibenzentrum und die 5 Armspitzen aus dem Boden ragen. Er ernährt sich von kleineren Echinodermen, von Muscheln, Würmern und Krebsen. Größere Beutetiere werden außerhalb verdaut, indem der Magen ausgestülpt und das Opfer enzymatisch aufgelöst wird. Zusätzlich werden Partikeln vom Boden aufgenommen, so daß der Mageninhalt zu etwa 1/8 aus Substrat mit Diatomeen und Foraminiferen besteht. Von den übrigen Stachelhäutern ist auf Sandboden ziemlich regelmäßig der Schlangenstern *Ophiura albida* (Bild 28:3) anzutreffen, er bevorzugt allerdings schlickhaltige Sande in größeren Tiefen. Er läuft als Weidegänger über den Grund und nimmt Diatomeen, Foraminiferen, Radiolarien und Detritus auf. Auch

Amphipholis squamata, Acrocnida brachiata und *Ophiura texturata* sind auf Sand zu finden. Mit Seegras *(Zostera)* bewachsene Gründe und Austernbänke bevorzugt der Strandigel *(Psammechinus miliaris)*, der sich — wie andere Seeigel — gern mit Algen und Schill „tarnt".

Auf Sandgrund in geringer Tiefe lebt ein Fisch von etwa 11 cm Länge, der zu den Grundeln gehörende Sandküling *(Gobius minutus*, Bild 19:24). Wie bei den anderen Grundeln sind die Bauchflossen zu einem Trichter umgeformt. Die Eier werden im März unter Muschelschalen angeheftet und vom ♂ bewacht. Langgestreckt und fast rund im Querschnitt ist der Körper der Sandaale. Der zahnlose, oberständige Mund kann weit vorgestreckt werden. Mit Hilfe eines hornigen Fortsatzes am Unterkiefer graben sich die Sandaale (vorwiegend nachts) im Sediment ein. Während der Große Tobiasfisch oder Sandspierling *(Ammodytes lanceolatus*, Bild 19:22) sich von kleineren Fischen und auch von Heringsbrut ernährt, leben die kleinen Sandaale *A. tobianus* und *A. marinus* von Plankton. Tagsüber soweit im Sand eingegraben, daß nur die Augen heraussehen, sind die Petermännchen *(Trachinus draco* und *vipera)*. Sie lauern auf ihre Beute, Garnelen und kleine Fische. Die Stacheln der 1. Rückenflosse und Dornen auf den Kiemendeckeln stehen mit Giftdrüsen in Verbindung, deren eiweißhaltiges Sekret auch beim Menschen hämo- und neurotoxisch wirkt und dessen Injektion sehr schmerzhaft ist und durch Atmungslähmung zum Tode führen kann. Einen ausgeprägten Sexualdimorphismus zeigen die Leierfische *(Callionymus lyra)*. Das ♂ ist intensiv gefärbt und seine 1. Rückenflosse ist stark verlängert. Der Mund ist weit vorstülpbar, und mit ihm werden kleinere Bodentiere eingesogen.

An das Leben auf dem Grund hervorragend angepaßt sind die Plattfische (Heterosomata, Bild 29). Die Larven dieser Fische sind normal gestaltet. Bevor die Knochen des Schä-

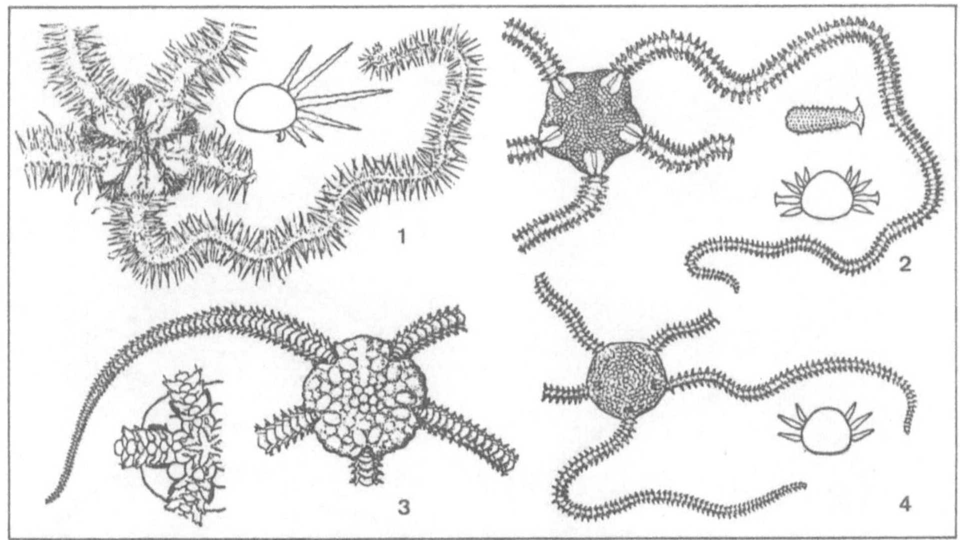

Bild 28 Die häufigsten Gattungen von Schlangensternen (Ophiuroidea) der südlichen Nordsee
1 *Ophiothrix fragilis* (∅ der Zentralscheibe 15 mm)   3 *Ophiura albida* (12 mm)
2 *Amphiura filiformis* (10 mm)   4 *Amphipholis squamata* (3 mm)
(aus *Riedl* 1963)

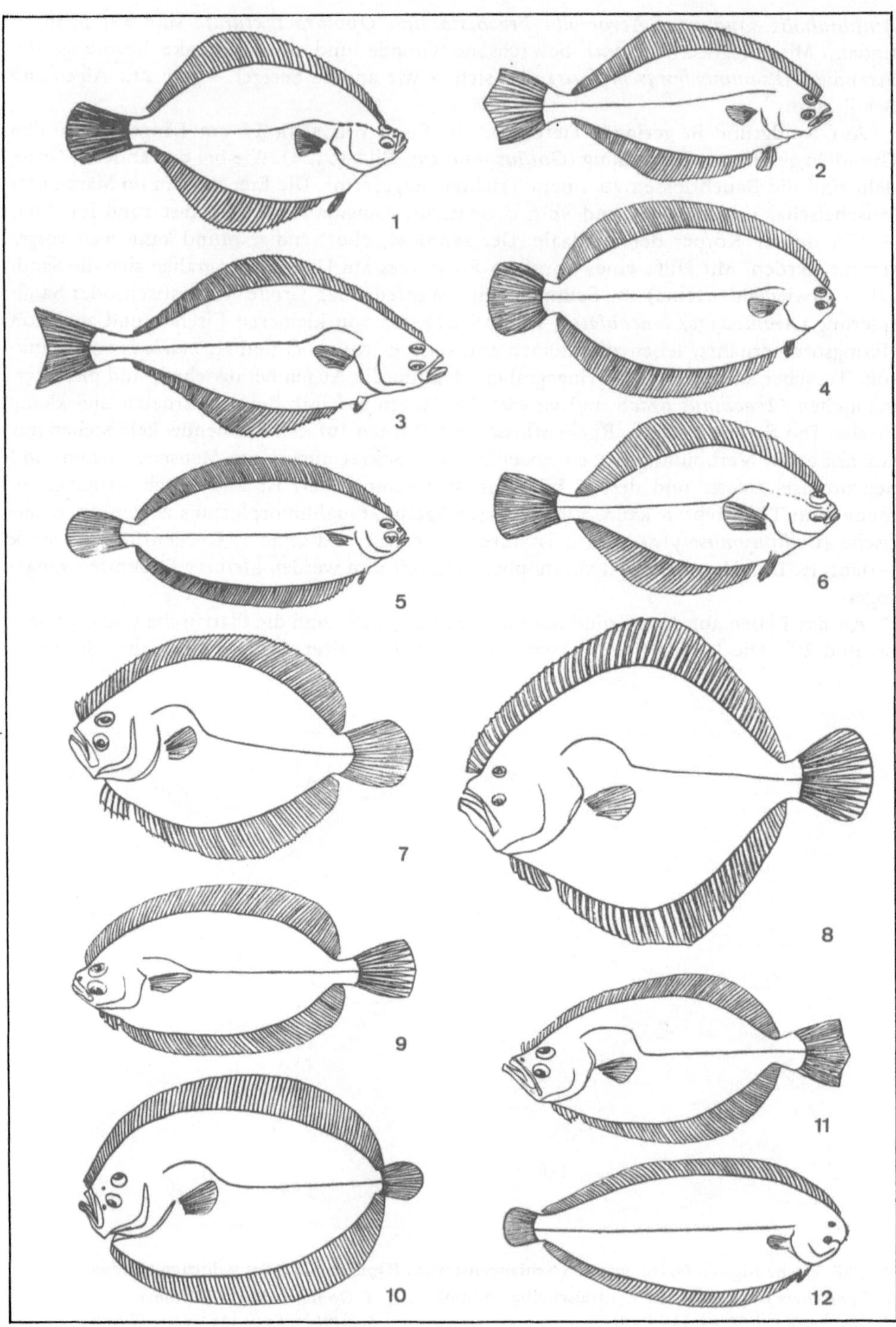

Bild 29

dels hart werden, wird ein Auge auf die andere Körperseite verlagert: bei den Pleuronectidae und Soleidae wandert das linke Auge auf die rechte Seite, bei den Bothidae das rechte auf die linke Seite. Der Körper wird asymmetrisch, seitlich stark abgeflacht. Mit der augenlosen „Blindseite" liegen diese Fische auf dem Grund, die „Augenseite" paßt sich der Helligkeit und der Färbung der Umgebung durch entsprechende Verlagerung der Pigmente in den Chromatophoren an. Auf Sandgrund wühlen sich die Plattfische so tief ein, daß nur die Augen hervorragen. Sie ernähren sich von Muscheln, Polychaeten, Krebsen, die Butte auch von Fischen. Sie sind auf Sand- und Schlickgrund, aber auch auf Hartsubstrat anzutreffen. Die meisten Arten sind geschätzte Speisefische, die entsprechend intensiv befischt werden: aus der Familie Pleuronectidae die Scholle (*Pleuronectes platessa*), die Flunder (*Platichthys flesus*) und der Heilbutt (*Hippoglossus hippoglossus*), mit über 2 m Länge der größte einheimische Plattfisch. Als Speisefische weniger beliebt sind die Kliesche (*Limanda limanda*), die Doggerscharbe (*Hippoglossoides platessoides*), die Rotzunge (*Microstomus kitt*) und die Hundszunge (*Glyptocephalus cynoglossus*). Sehr geschätzt sind dagegen die Zungen (Seezunge: *Solea solea*) und die Butte (Bothidae): der Steinbutt (*Scophthalmus maximus*), bis zu 2 m lang, und der Glattbutt (*S. rhombus*).

Stark abgeflacht, allerdings dorsoventral, ist auch der Körper der Rochen, die auf Sand- und Schlickböden vorkommen. Einige Arten (vor allem der Nagelrochen: *Raja clavata*) werden in Süd- und Westeuropa als Speisefische gefangen.

2.2.1.3 Das Endopsammon

Die Tiere des Endopsammal verlassen das Substrat nur im Zusammenhang mit der Fortpflanzung, auf der Flucht vor ihren Feinden oder bei einer Verschlechterung der Lebensbedingungen. Sand bereitet einer aktiven Fortbewegung durch das Substrat erhebliche Schwierigkeiten. Das ist wahrscheinlich der Grund dafür, daß es nur relativ wenige vagile Arten gibt; es dominieren die hemisessilen Formen, die man nach der Art ihrer Verbindung zum Sediment als Sandlieger oder als Gang- und Röhrenbauer klassifiziert. Gänge sind schachtartige Wohnanlagen, deren Wand durch Anpressen und meist mit Schleim befestigt wird. Sie sind wenig stabil und zerfallen daher leicht. Röhren bestehen aus einer vom Tier ausgeschiedenen, im Seewasser erhärtenden Schleim-Grundschicht, in die und auf die Partikeln des jeweiligen Sedimentes gekittet werden. Röhren sind ziemlich stabil und können auch nach Ausspülen als solche erhalten bleiben.

Alle Tiere, die im Sediment leben, müssen eine Verbindung zur Sedimentoberfläche aufrechterhalten. Von dort müssen sie frisches Wasser und gegebenenfalls Nahrung bekommen, dorthin entleeren sie Abfallprodukte und in vielen Fällen auch die Keimzellen. Schill und grobkörniger Sand ermöglichen einen intensiven Wasseraustausch. Für solche

Bild 29 Plattfische (Heterosomata) der Nordsee

1 Scholle (*Pleuronectes platessa*, 0,7 m)
2 Rauhe Scholle (*Hippoglossoides platessoides*, 0,3 m)
3 Heilbutt (*Hippoglossus hippoglossus*, 2 m)
4 Rotzunge (*Microstomus kitt*, 0,6 m)
5 Hundszunge (*Glyptocephalus cynoglossus*, 0,4 m)
6 Kliesche (*Limanda limanda*, 0,4 m)
7 Glattbutt (*Scophthalmus rhombus*, 0,65 m)

8 Steinbutt (*Psetta maxima*, 1 m)
9 Norwegischer Zwergbutt (*Phrynorhombus norvegicus*, 0,12 m)
10 Müllers Zwergbutt (*Zeugopterus punctatus*, 0,25 m)
11 Flügelbutt (*Lepidorhombus whiff-iagonis*, 0,5 m)
12 Seezunge (*Solea solea*, 0,5 m)

(n. *Schnakenbeck* 1927)

Substrate sind daher Sandlieger charakteristisch. Je feinkörniger das Sediment, um so aufwendiger wird es, die lebensnotwendige Verbindung zur Sedimentoberfläche herzustellen, desto größer wird der Anteil der Röhrenbauer.

Die Sandlieger werden im wesentlichen durch einige Krebsgruppen (Harpacticoidea, Amphipoda, Cumacea), durch Muscheln, Kahnfüßer und Lanzettfischchen repräsentiert.

Im Endopsammal der deutschen Küsten sind *Asellopsis intermedia* und *hispida*, *Canuella perplexa* und *Rhizothrix minuta* (Harpacticoidea) zu finden. Während *C. perplexa* eine große Art ist, die sich schnell ein- und weitergräbt, legen die *Asellopsis*-Arten ihren abgeplatteten Körper um einzelne Sandkörner herum und halten sich fest. Unter den Amphipoda sind *Bathyporeia*- und *Haustorius*-Arten für bestimmte, sandige Lebensräume bezeichnend (s. S. 71). Die plattenförmig verbreiterten Coxopoditen der Beine begrenzen seitlich eine ventromediane Rinne, in der der Atemwasserstrom an den dünnwandigen, sackförmigen Kiemen vorbeigeführt wird. In dieser Rinne wird bei den reifen ♀♀ zwischen den Oostegiten das Marsupium angelegt. *Haustorius* (Bild 30:4) ist ein schneller und geschickter Gräber, der durch den metachronen Schlag der Pleopoden durch den Sand „schwimmt“. Nachts verläßt er das Psammal und schwimmt bauchoben im freien Wasser. Gleiches gilt für *Bathyporeia*. Beide Gattungen sind Sandlecker. Auch die Cumacea (Bilder 31, 32), normalerweise im Substrat eingegraben, können mit den Exopoditen der Thoraxbeine schwimmen. Der Carapax umgreift den Cephalothorax und bildet dadurch beiderseits eine Atemhöhle. Seine Seitenteile bilden nach vorn ein Atemrohr (Pseudorostrum), das den Wasseraustausch erleichtert. Die Uropoden sind schlank griffelförmig und dienen auch zur Reinigung des Cephalothorax. Die Jungtiere entwickeln sich im Marsupium, bis sie die Gestalt der Adulten erlangt haben. Die Cumacea „bürsten“ mit ihren Mandibeln Detritus und Algen von den Sandkörnern. Nachts steigen sie zur Wasser-

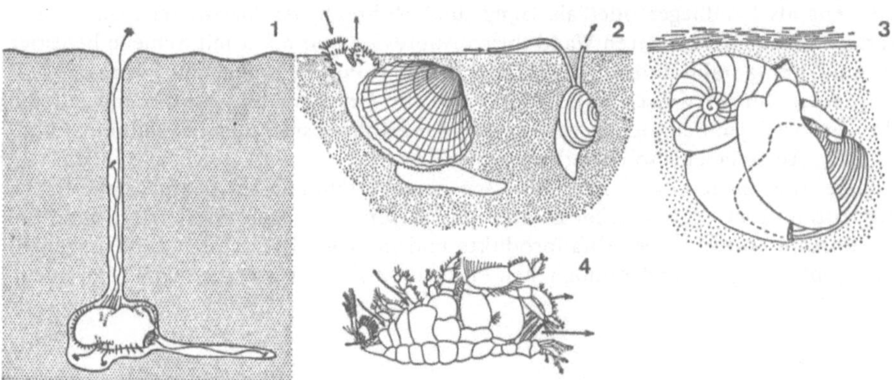

Bild 30 Bewohner des Endopsammal

1 Herzigel (*Echinocardium cordatum*) in seiner Wohn- und Eßkammer. Der zur Sedimentoberfläche führende Verbindungsgang wird durch spezialisierte Füßchen gereinigt. Nach rechts der „Abwasser“-Gang.

2 Herzmuschel (*Cerastoderma edule*) und Platte Tellmuschel (*Angulus tenuis*), eingegraben im Sand. Die Tellmuschel liegt normalerweise auf der Seite. Die Herzmuschel ernährt sich filtrierend, die Tellmuschel pipettierend. Die Pfeile geben die Wasserströmungen an.

3 Eine Bohrschnecke (*Natica spec.*) greift eine Muschel an.

4 Der Flohkrebs *Haustorius arenarius*, durch den Sand „schwimmend“.

(n. verschiedenen Autoren aus *Yonge* 1966)

oberfläche auf, wo sie in Schwärmen im Plankton zu finden sind. Die häufigsten Cumacea unseres Gebietes sind *Pseudocuma longirostris, Lamprops fasciata, Bodotria scorpioides, Cumopsis goodsiri* und *Iphinoe trispinosa* (Bild 31). Die quantitativ dominierenden Sandlieger sind die Muscheln. Geschützt durch ihre zweiklappige Schale, haben sie in dieser einen wassererfüllten Hohlraum, der durch die Zusammenarbeit von Cilienfeldern und Schleimbändern von eingedrungenen Fremdkörpern gereinigt wird. Diese werden dann entweder als Nahrung aufgenommen oder als Pseudofaeces verworfen. Einige Muscheln (*Solen, Ensis,* Bild 34) liegen so oberflächlich im Sediment, daß die Ein- und Ausströmöffnungen am Mantelrand ins freie Wasser ragen. Bei anderen Arten sind die Mantelränder zu langen Siphonen verwachsen, und die Muschel kann so tief im Sand liegen, wie die Länge dieses Siphos erlaubt. So kann eine Sandklaffmuschel (*Mya arenaria*) mit etwa 12 cm langen Schalenklappen sich etwa 20 cm tief eingraben. Während sie als Jungmu-

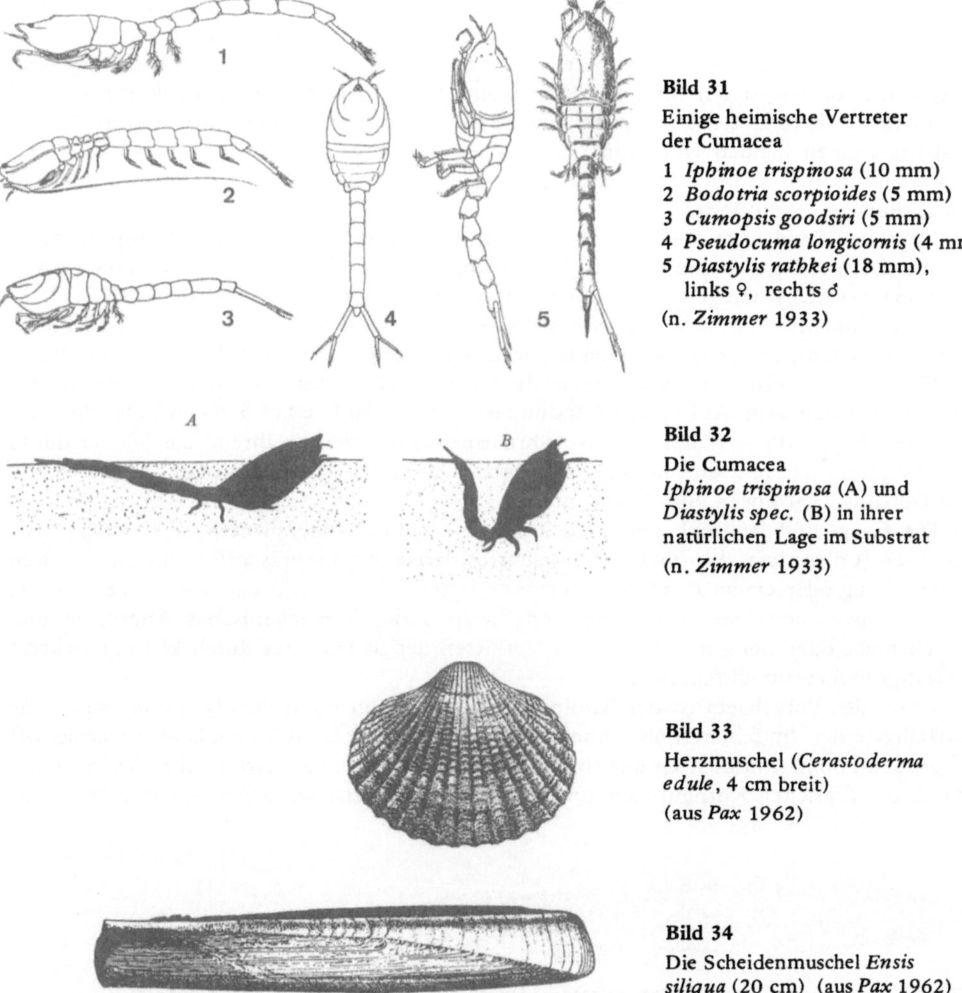

Bild 31

Einige heimische Vertreter der Cumacea

1 *Iphinoe trispinosa* (10 mm)
2 *Bodotria scorpioides* (5 mm)
3 *Cumopsis goodsiri* (5 mm)
4 *Pseudocuma longicornis* (4 mm)
5 *Diastylis rathkei* (18 mm),
   links ♀, rechts ♂

(n. *Zimmer* 1933)

Bild 32

Die Cumacea
Iphinoe trispinosa (A) und
Diastylis spec. (B) in ihrer
natürlichen Lage im Substrat

(n. *Zimmer* 1933)

Bild 33

Herzmuschel (*Cerastoderma edule*, 4 cm breit)
(aus *Pax* 1962)

Bild 34

Die Scheidenmuschel *Ensis siliqua* (20 cm) (aus *Pax* 1962)

schel mit ihrem Fuß gut beweglich ist, wird der Fuß durch allometrisches Wachstum später so klein, daß *Mya* an ihren Standort gebunden ist. Eine Verschlechterung der Lebensbedingungen (z.B. Überschlickung) vernichtet daher ganze Populationen. Durch Änderung der Wasserströmung können diese später freigespült werden, und man findet dann die leeren Schalen noch in Lebendstellung im Sand steckend. *Venus gallina* ist Charakterart einer Lebensgemeinschaft auf tieferen, gröberen Sanden, oft vergesellschaftet mit den Trogmuscheln *Spisula solida* und *subtruncata*, dem Sägezahn *Donax vittatus* und der Teppichmuschel *Venerupis pullastra*. Die Plattmuscheln *Angulus fabula* und *tenuis* stellen ein wichtiges Futter für Plattfische, insbesondere die Schollen, dar. Auf Sand, aber auch auf Weichböden findet man die Herzmuschel *Cerastoderma edule* (Bild 33) und die Baltische Plattmuschel *(Macoma baltica)*.

Die Scaphopoda sind durch ihre gekrümmte, röhrenförmige, an beiden Enden offene Schale an das Leben im Sand (und sandigen Schlick) angepaßt. Sie graben sich mit ihrem Fuß gerade so tief ein, daß das schmalere Hinterende der Schale über die Sedimentoberfläche ragt. Durch kräftige Bewegungen des Fußes wird das Wasser von Zeit zu Zeit aus der Mantelhöhle ausgestoßen und frisches eingesogen. Neben diesem abrupten Wechsel gibt es einen schwachen Strom, der durch die Cilien der Mantelhöhle erzeugt wird. Die Atmung erfolgt über die Manteloberfläche. Von der Basis des Mundkegels entspringen die Captacula, an den Enden verdickte Fangfäden, die mit einem klebrigen Sekret Nahrungspartikeln festheften. Der Fuß schafft durch seine Bewegungen und durch Anpressen des Substrats einen kleinen Hohlraum, der von den Captacula ausgetastet wird. Vor allem Foraminifera und andere kleine Objekte werden so erbeutet. In der Deutschen Bucht ist *Dentalium entale* zu finden.

In groben Sanden, in Kies und Bruchschill, und daher oft in der Spatangus purpureus-Venus fasciata-Gemeinschaft, lebt das Lanzettfischchen (*Branchiostoma lanceolatum*, Bild 35). Seitlich schlängelnd bohrt es sich in das Substrat und liegt meist so, daß der Vorderkörper mit der Mundöffnung in das Wasser ragt. Um den Mund bilden etwa 30 Cirren ein Filtersystem, das zu große Objekte zurückhält. Der durch Cilienschlag hereinbeförderte Wasserstrom gelangt in den großen, die vordere Hälfte des Lanzettfischchens einnehmenden Kiemendarm. Auf dessen Wandung werden mit Hilfe eines Schleimfilmes die Nahrungsteilchen abfiltriert und in den Nährdarm transportiert, während das Wasser durch den Peribranchialraum und dessen Atrioporus austritt. Die Nahrung besteht entsprechend aus Detritus, Diatomeen und Planktonten.

Die Gang- und Röhrenbauer werden vor allem durch Polychaeten, aber auch durch Insekten (Coleoptera: *Bledius*) und einige irreguläre Seeigel repräsentiert. Sie alle leben in einem Gang oder einem Hohlraum mit verfestigten Wänden und bauen eine Verbindung zur Sedimentoberfläche. Die Gangwände werden durch mechanisches Anpressen und durch mehr oder weniger ausgeprägtes Verkitten der Sandkörner durch klebrige Sekrete befestigt und eventuell repariert.

Unter den Polychaeta ist der Sandpier oder Köderwurm *(Arenicola marina)* sicher die auffälligste Art. Im feineren bis schlickigen Sand treten diese bis 36 cm langen Würmer oft in großen Populationsdichten auf (bis über 100 Tiere/m^2). Sie verraten ihre Anwesenheit durch die typischen Kothäufchen auf der Sedimentoberfläche. Der Sandpier gräbt einen

Bild 35 Das Lanzettfischchen (*Branchiostoma lanceolatum*, 6 cm) (aus *Luther & Fiedler* 1961)

Gang in L-Form, in dessen waagrechtem Schenkel er mit dem Vorderkörper liegt (Bild 36). Die Sandkörner des L-förmigen Wohnganges sind durch Sekret verfestigt. Der Wurm nimmt den Sand vor seinem Vorderkörper auf, so daß ein Hohlraum entsteht, in den Sand von oben nachrutscht. Dadurch kann oben ein Einsturztrichter entstehen. Auf großen Wattflächen vor der deutschen Küste findet man die Trichter und die Kothäufchen. Bei der Nahrungsaufnahme wird der Pharynx ausgestülpt und an den Sand gepreßt, so daß etwas Material an der Pharynxwand anklebt, das beim Einstülpen in den Darm kommt. Das organische Material wird zum großen Teil herausgedaut. Von Zeit zu Zeit schiebt sich *Arenicola* rückwärts nach oben und stößt eine Kotwurst aus. In der normalen Position verlaufen Kontraktionswellen von hinten nach vorn über den Körper des Tieres und treiben das Wasser in der Röhre kopfwärts. Dadurch wird frisches Atemwasser herangeführt. Gleichzeitig unterstützt der Wasserstrom die Lockerung des Sandes vor dem Vorderende des Tieres und erleichtert damit die Nahrungsaufnahme. *Arenicola* wird im 2. Jahr geschlechtsreif. Die Keimzellen werden (über die Nephridien) an die Sandoberfläche ausgestoßen. Dort erfolgt die Befruchtung, und es entwickelt sich nach 4—5 Tagen eine Trochophora, die sich auf dem Substrat anheftet. Nach 2 Wochen hat sie schon zwei borstentragende Segmente gebildet. Die Larven leben zwischen den Steinchen der Fucus-Zone. Mit etwa 8 mm Körperlänge bohren sie sich ein. Im Winter wandern die Würmer in tieferes Wasser.

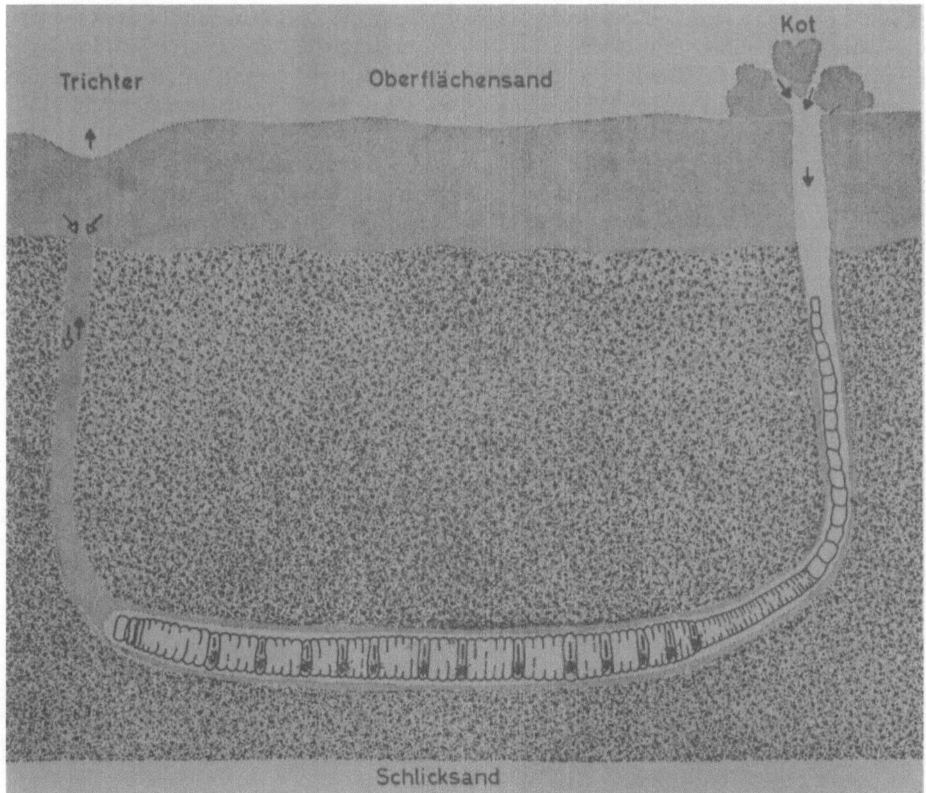

Bild 36 Schematische Darstellung des Wohnbaus von *Arenicola marina* (Kopfende links)
Schwarze Pfeile: Wasserströmung. Weiße Pfeile: Fließrichtung des Sandes   (n. *Krüger* 1971)

Heteromastus filiformis bewohnt vor allem schlickigen, sogar H_2S-haltigen Sand. Der Körper dieser Polychaeten ist bei 10 cm Länge nur etwa 1 mm breit und auffällig gefärbt: vorn rot, hinten gelblich oder rötlich-grün. Kopfüber stecken die Tiere in ihren senkrecht ins Sediment führenden Gängen. In großen Dichten (100 000 Tiere/m^2) kann *Pygospio elegans* auftreten, dessen Röhren etwa 8 cm tief in das Substrat führen. Die Würmer selbst sind nur ungefähr 2 cm lang. Sie ernähren sich von dem Diatomeenbewuchs des Bodens. Festere Röhren, die auch häufig im Angespül zu finden sind, bauen *Lanice conchilega* und *Pectinaria koreni*. Der Bäumchenröhrenwurm (*L. conchilega*, Bild 37) erreicht 30 cm Länge und hat 150 bis 300 Segmente. Das Prostomium dieser Art trägt eine Querreihe von Tentakeln, die äußerst dehnbar sind, mit Hilfe ihrer Bewimperung den Boden abtasten können und so ein großes Gebiet um die Röhrenmündung herum nach Nahrung und Baustoffen absuchen. Zum Röhrenbau werden Sandkörner bestimmter Größe auf den Tentakeln zum Kopflappen befördert und dort gesammelt. Von Zeit zu Zeit schiebt sich das Tier nach oben, und die Oberlippe kittet mit einem Sekret der Bauchschilder die Sandkörner am Röhrenrand fest. Auf der Röhrenmündung wird ein baumartig verzweigtes Gerüst errichtet (Bild 37), das als Stütze für die bis zu 12 cm langen Tentakeln dient und gleichzeitig — da die Verzweigungen vorwiegend in einer Ebene senkrecht zur Wasserströmung liegen — ein Stellnetz darstellt. Der Bau eines Röhrenstückes von 5 bis 10 mm Länge und von 8 bis 10 verzweigten Ästchen dauert 4 bis 6 Stunden. An den Ästchen verfangen sich im Wasser treibende Partikeln, die von den Tentakeln abgetupft werden. Diese sind hohle Schläuche und haben auf der adoralen Seite eine tief ausgehöhlte Flimmerrinne, die zum Mund führt. Mit Hilfe ihrer Chemo- und Mechanorezeptoren werden Nahrungsteilchen und Baustoffe sortiert. Die Eier werden mittels Schleim an die Röhrenmündung geklebt. Die planktische Trochophora baut ein zartes, konisches Gehäuse (Bild 15:10), in dem sie umherschwimmt.

Der Köcherwurm (*Pectinaria koreni*) baut eine (bis 8 cm lange) zigarrenspitzenförmige Röhre, die er bei einem Ortswechsel mitnimmt. Er steckt schräg kopfabwärts im Sand, so daß die schmalere Röhrenöffnung gerade über die Sedimentoberfläche ragt. Mit Hilfe von 2 Borstenfächern (aus den goldglänzenden Paleen) graben die Köcherwürmer vor der unteren Röhrenöffnung den Sand zur Seite, und die Tentakeln führen Diatomeen, Foraminiferen, Ciliaten, Copepoden und ähnlich große Objekte zum Mund. Der Abfall wird durch

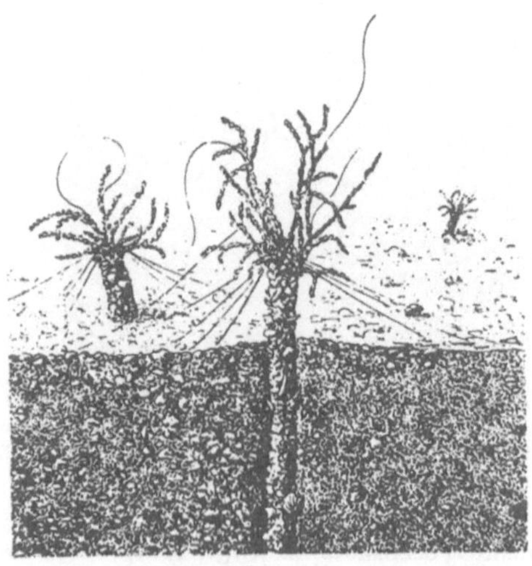

Bild 37
Der Bäumchenröhrenwurm (*Lanice conchilega*)
in seiner Röhre im Sediment
(n. *Ziegelmeier* 1962)

einen von der Rückenmuskulatur erzeugten, periodischen Wasserstrom nach oben hinausgespült, wo das Röhrenende durch einen mit Kot ausgekleideten Aufsatz verlängert wird. Gibt die Nahrungskammer nichts mehr her, so kriecht *Pectinaria* mit Hilfe der Paleen weiter.

Im Endopsammal leben auch Vertreter der Polychaeta Errantia. *Nereis diversicolor* (Bild 38:4) gräbt bis 30 cm lange, verzweigte Gänge, in die sie ihre Nahrung (z.B. kleine Krebse) hineinzieht. Außerdem vermag sie mit dem Sekret an den Parapodien gelegener Drüsen vor der Gangmündung Trichter zu spinnen, die als Plankton- und Detritussieb wirken und von Zeit zu Zeit verschlungen werden. Der ausstülpbare Rüssel dient nicht nur der Nahrungsaufnahme, sondern hilft auch beim Graben. Während *N. diversicolor* etwa 12 cm lang wird, erreicht *N. virens* 80 cm Länge und ist damit der größte heimische Polychaet. Diese Art legt U-förmige Gänge an und ernährt sich von Algen. *Platynereis dumerilii* webt sich ihre Röhre und legt beim Kriechen über das Sediment Sekretfäden aus, an denen sie sich zurückfindet. Viele der bodenlebenden Polychaeten bilden zur Fortpflanzungszeit Teile ihres Körpers um (Epitokie). Das betrifft insbesondere die Parapodien, die dann durch Verbreiterung und durch Entwicklung von Schwimmborsten für das Schwimmen besonders eingerichtet werden. Bei vielen atrophiert der Darm, der Hautmuskelschlauch wird (bis auf die kräftige Parapodienmuskulatur) zurückgebildet. Bei den ♂♂ vergrößern sich die Sinnesorgane des Kopfes. So entstehen die „Heteronereis"-Formen. *N. diversicolor* bildet keine Heteronereis-Form aus. Die aus ihren Eiern entstehende Trochophora und das anschließende Nectochaeta-Stadium halten sich überwiegend am Boden auf.

Im Bereich der Hochwasserlinie legt der Kurzflügelkäfer *Bledius* seine gegabelten Wohngänge an, von denen Eikammern und Nahrungsspeicher abzweigen. Die Gänge werden vor allem mit den zu Grabwerkzeugen umgestalteten Vorderbeinen gegraben. Kleine Erdhügel umgeben die Öffnungen auf der Sedimentoberfläche. Die Käfer leben vorwiegend von Algen, sollen aber auch Insekten verzehren.

Zum Endopsammon gehören auch einige irreguläre Seeigel. Der Herzigel (*Echinocardium cordatum*, Bild 39, bis 9 cm lang) gräbt sich mit Hilfe seiner Stacheln ein. Während des Eingrabens wird ein Atemkanal gebaut, der die Verbindung zur Sedimentoberfläche herstellt. Von Kittfüßchen produzierter Schleim wird von den Stacheln an die Gangwände gedrückt. Die Kittfüßchen, von denen der Herzigel etwa 70 hat, müssen den Atemkanal ständig instandhalten. Ihr Schaft kann bis auf etwa 20 cm gedehnt werden. Durch den Atemkanal strömt Wasser in den Wohnraum des Herzigels. Der Wasserstrom wird durch die Wimpern am Schaft keulenförmiger Stacheln erzeugt, die in Bändern (Fasciolen) angeordnet sind. Das Wasser passiert die Oberfläche des Herzigels, wird in der subanalen Region mit Kot beladen und fließt durch einen seitlichen Abflußkanal in das Sediment. Der Herzigel ist ein Mikrophage, der kleine Mollusken, Foraminiferen und andere kleine Objekte mit den Mundfüßchen auftupft. Da die Herzigel auf geeigneten Sandböden oft in großer Populationsdichte leben, findet man die Bruchstücke der dünnen Schale und die Stacheln häufig im Strandanwurf.

Auf schillhaltigem Grund tritt der Purpurigel (*Spatangus purpureus*) auf, in der Helgoländer Tiefen Rinne ist der Zwerg-Schildigel (*Echinocyamus pusillus*) häufig (Bild 40).

Vagile Arten des Endopsammon sind vor allem unter den Polychaeta und Mollusca zu finden. Die bis etwa 25 cm langen Arten der Gattung *Nephthys* (Errantia) graben sich in 5 bis 15 cm Tiefe durch das Sediment, wo sie kleinere Polychaeten und Mollusken erbeuten. Zu den Sedentaria gehören *Scoloplos* und *Ophelia*, die in einigen Zentimetern Tiefe durch Sand (und Schlick) wandern und Substrat aufnehmen. Die bis 15 cm langen *Scoloplos* können in hohen Dichten auftreten und nach ihrer Rolle im Sediment als die „Regenwürmer des Meeres" bezeichnet werden. *Ophelia* ist von plumper Gestalt und durch eine mediane Längsfurche gekennzeichnet. Unter den Mollusken sind die Bohr-

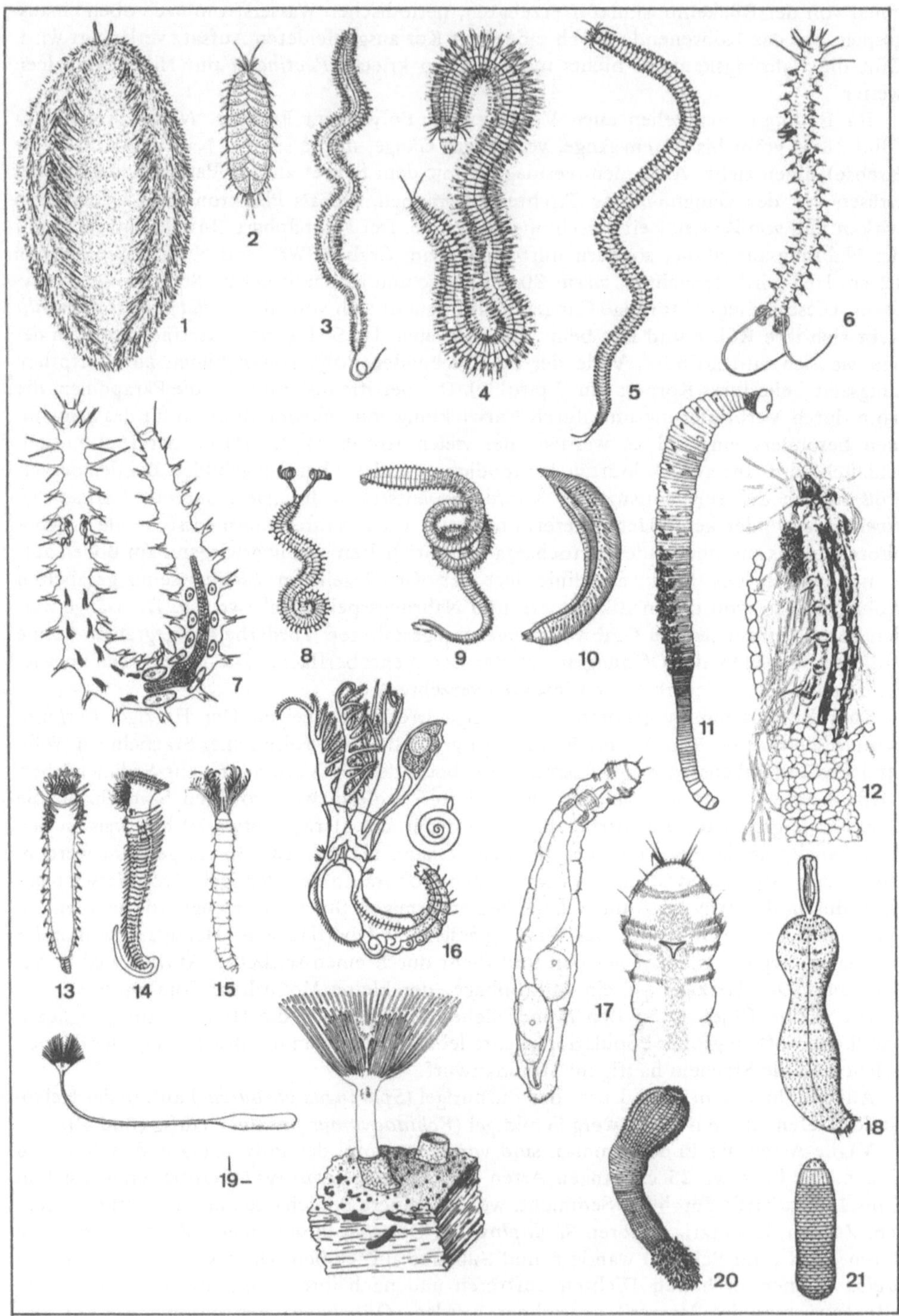

Bild 38

Bild 39

Der Herzigel (*Echinocardium cordatum*)

Links: aborale Seite, rechts: orale Seite, mit spatel-
förmigen Grabstacheln über der quergestellten
Mundöffnung.

(aus *Yonge* 1966)

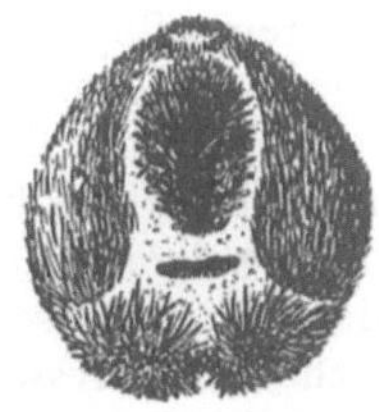

Bild 40 Irreguläre Seeigel der südlichen Nordsee

1 Schildigel (*Echinocyamus pusillus*, größter ϕ 1 cm)
2 Purpurigel (*Spatangus purpureus*, 12 cm)
3 Herzigel (*Echinocardium cordatum*, 5 cm)

(n. *Riedl* 1963)

Bild 38 Wurmförmige Tiere der südlichen Nordsee und der westlichen Ostsee (Annelida, Priapulida,
Echiurida, Phoronidea)

Polychaeta:
1 *Aphrodite aculeata* (15 cm)
2 *Lepidonotus squamatus* (5 cm)
3 *Nephthys hombergi* (15 cm)
4 *Nereis diversicolor* (10 cm)
5 *N. cultrifera* (15 cm)
6 *Hesionides arenarius* (1,8 mm), mit zwei
   Doppel-Spermatophoren
7 *Microphthalmus sczelkowii* (4 mm)
8 *Polydora ciliata* (30 mm)
9 *Scoloplos armiger* (15 cm)
10 *Ophelia limacina* (40 mm)
11 *Arenicola marina* (40 cm)
12 *Lanice conchilega* (30 cm), Vorderende,
   beim Röhrenbau
13 *Pectinaria koreni* (50 mm)
14 *Sabellaria alveolata* (40 mm)

15 *Fabricia sabella* (8 mm)
16 *Spirorbis borealis* (3,5 mm), mit Röhre

Archiannelida:
17 *Trilobodrilus axi* (1 mm)

Echiurida:
18 *Echiurus echiurus* (15 cm)

Phoronidea:
19 *Phoronis mülleri* (8 cm), links Tier ohne Röhre,
   rechts Vorderende mit Tentakelkrone

Priapulida:
20 *Priapulus caudatus* (15 cm)
21 *Halicryptus spinulosus* (5 cm)

(n. *Cori* 1933, *Fischer* 1925, *Riedl* 1963,
Stresemann 1957, *Westheide* 1967, *Yonge* 1966,
Ziegelmeier 1969)

schnecken der Gattung *Lunatia* bemerkenswert. Mit ihrem pflugscharartigen Vorderfuß bahnen sie sich ihren Weg durch den Sand und suchen vor allem kleine Plattmuscheln *(Angulus, Macoma)*, die sie mit dem Fuß festhalten und dann mit der Radula anbohren. Dabei entsteht in der Schale des Opfers ein drehrundes Loch von bis zu 2 mm Durchmesser. Das mechanische Bohren wird durch ein Sekret aus dem Bohrorgan der Schnecke unterstützt, das wahrscheinlich die organische Wand der Kristalltaschen angreift. Durch das Bohrloch wird der Rüssel gesteckt und die Muschel ausgefressen. *Lunatia* braucht etwa 6 Stunden, um die Schale eines *Angulus* zu durchbohren, und weitere 2,5 Stunden, um das Opfer zu verzehren. Die nach dem Durchbohren von zwei Muscheln abgenutzten Radulazähne werden durch neue ersetzt.

2.2.2 Das Pelos

Der Übergang vom Sand- zum Weichboden erfolgt im allgemeinen kontinuierlich und über große Strecken. Als Grenze zwischen beiden Substrattypen nimmt man am besten die Zone, in der das Mesopsammon verschwindet. Wegen der Dichte des Sediments sind auf Weichböden nur zwei Bereiche bewohnbar: die Oberfläche (für das Epipelos) und das Substrat selbst (für das Endopelos). Da das Nahrungsangebot auf Weichböden im allgemeinen groß ist, werden oft hohe Besiedlungsdichten erreicht.

2.2.2.1 Das Epipelos

Nach der Möglichkeit der Bewegung kann man auch im Epipelos zwischen vagilen, hemisessilen und sessilen Arten unterscheiden. Bei den vagilen zeigt sich — sofern es sich nicht um euryöke Formen handelt — oft eine Tendenz zur Bildung eines abgeflachten (depressiformen) Körpers, zur Verlängerung der Extremitäten und zur schreitenden Fortbewegung. Diese Tendenzen werden besonders deutlich bei einigen Vertretern der Schuppenwürmer, bei Asseln und Schlangensternen. *Harmothoe sarsi* ist ein häufiger Schuppenwurm, der besonders nachts oft vom Sediment zur Meeresoberfläche aufsteigt und meist in Rückenlage umherschwimmt. Seinen deutschen Namen verdankt er 15 Paar Schuppen, die sich in jedem 2. Segment aus den Dorsalzirren entwickelt haben und ein schützendes Dach über dem Körper und insbesondere über den Kiemen bilden.

Die artenreichste Gruppe im vagilen Epipelos stellen die Crustacea. Unter den Ostracoda sind *Cypridina norvegica, Philomedes globosus, Kyphocythere limicola* u.a.m. zu nennen. Die Harpacticoidea sind mit *Tachidius-* und *Microarthridion*-Arten vertreten. Auf Weichböden lebt auch die 6 bis 8 cm lange Garnele *Pandalus montagui*, die im Winter tieferes Wasser aufsucht. Besonders auffällige Formen finden sich unter den Isopoda, die bizarrsten allerdings außerhalb der deutschen Gewässer (vor allem entlang der norwegischen Küste: *Munna, Munnopsis, Ilyarachne*). Die Schlangensterne *Ophiura albida, affinis* und *sarsi* sind durch die Form ihrer Zentralscheibe und die langen, dünnen Arme dem Leben auf dem Schlick gut angepaßt. Ihre Füßchen haben keine Saugscheiben, die Arme sind sehr gut beweglich und wirken so zusammen, daß der Körper weitergeschnellt wird.

Als hemisessile Mitglieder des Epipelos sind vor allem Foraminifera und Holothurioidea zu nennen. Die sessilen Formen befestigen sich durch wurzelartige Fortsätze des Körpers auf dem Weichboden. So lebt im deutschen Gebiet auf sandigem Schlick der solitäre, bis 10 cm hohe Hydropolyp *Corymorpha nutans*, durch „Wurzelhaare" im Boden verankert.

Die erwähnten Schlangensterne, die hemisessilen und die sessilen Formen des Epipelos leiten biologisch über zum Endopelos.

2.2.2.2 Das Endopelos

Die Körpergestalt der vagilen Tiere, die im Weichboden leben, ist im allgemeinen zylindrisch bis kahnförmig. Unter den kleinen Arten sind vor allem Harpacticoidea (*Laophonte, Enhydrosoma*), Ostracoda und Nematoda zu nennen. Sie wühlen in den obersten Sedimentschichten und suchen auch die Oberfläche auf. Von den größeren vagilen Elementen sind *Nephthys hombergi* und *Scoloplos armiger* oben schon erwähnt worden. Auf der Suche nach ihrer Beute graben sich die Schnecken *Philine aperta*, *Cylichna cylindracea* (Bild 41:6) und *Hinia reticulata* (Bild 53:15) durch den Schlick. Während die Tönnchenschnecke *(C. cylindracea)* Foraminifera sucht, ernähren sich die Offene Seemandel *(P. aperta)* und die Netzreusenschnecke *(H. reticulata)* vor allem von frischem Aas. Die etwa 2,5 cm lange Assel *Cyathura carinata* (Bild 60:10) gräbt Gänge in der oberflächlichen Sedimentschicht. Ähnlich verhalten sich die größeren (6 bis 10 cm langen) „Maulwurfskrebse" *Callianassa stebbingi*, *Upogebia litoralis* und *Gebiopsis deltaura* (Bild 42:11). Sie graben im Weichboden flacher Küstengewässer Gänge und Höhlen. Die Maskenkrabbe *Corystes cassivelaunus* gräbt sich in Schlick und Sand so tief ein, daß die beborsteten, zusammengelegten Antennen die Sedimentoberfläche erreichen und als Atemrohr dienen können. Eine kleine, aber interessante Gruppe von Weichbodenbewohnern stellen die Priapswürmer (Priapulida, Bild 38:20,21) mit ihrem zylindrischen, aus drei Abschnitten bestehenden Körper. *Priapulus caudatus* und der in der Ostsee in gleicher Tiefe (10 bis 200 m) vorkommende *Halicryptus spinulosus* nehmen mit ihrem zahnbewehrten Schlund Pflanzenteile und kleinere Evertebrata auf.

Auch im Endopelos gibt es die biologischen Typen der Röhrenbauer und der Schlammlieger unter den hemisessilen und sessilen Arten. Zwischen diesen Typen und dem Epipe-

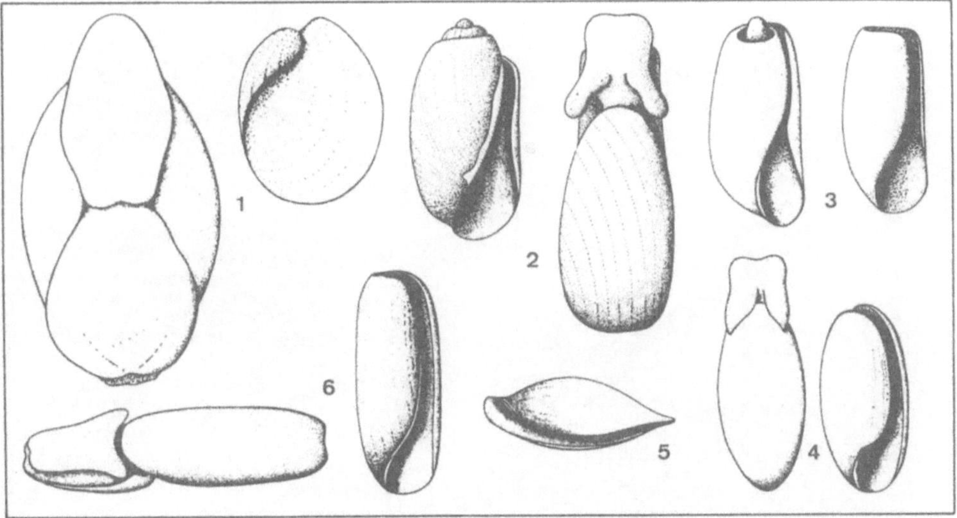

Bild 41 Beschalte Hinterkiemerschnecken (Opisthobranchia) der Nordsee

1 *Philine aperta*, Tier (links) bis 7 cm lang

2 *Retusa obtusa*, Tier bis 15 mm lang

3 *R. truncatula*, zwei Schalenformen

4 *R. umbilicata*, Tier bis 6 mm

5 *Rhizorus acuminatus*, Schale (ca. 3 mm)

6 *Cylichna cylindracea*, Tier (links) bis 20 mm lang

(n. *Thompson & Brown* 1976)

Bild 42

los gibt es zahlreiche biologische Übergänge. So bauen die Sabellidae (Polychaeta) Röhren, die weit aus dem Schlick herausragen, so daß die Tiere ihre Tentakelkrone weit über der Sedimentoberfläche entfalten. Sie fangen mit den Tentakeln nicht nur ihre Nahrung, sondern auch das Baumaterial für ihre Röhre. Dieses wird zu paarigen Taschen an der Unterlippe geführt und dort zunächst gespeichert. Beim Bauen werden die Teilchen mit dem Sekret der Kragenfalte vermischt und mit diesem ringförmig auf das Röhrenende aufgelagert. *Sabella penicillus*, selbst etwa 35 cm lang, baut bis 60 cm lange Röhren. Das „Abfallproblem" ist hier so gelöst, daß die Faeces in einer zunächst ventral verlaufenden Kotrinne nach vorn transportiert werden, die an der Basis des thoracalen Abschnittes auf die Rückenseite übergeht, so daß die Exkremente dorsal hinter dem Kopfabschnitt abgegeben werden. Auch zahlreiche andere Polychaeta bauen Röhren. *Heteromastus filiformis*, der kopfab in seiner Röhre steckt, wurde schon bei der Besprechung des Psammon erwähnt. Auf Schlickböden kann er besondere Siedlungsdichten erreichen, und er ist einer der wenigen Organismen, die auch H_2S-Gehalt tolerieren. Die etwa 20 cm lange *Amphitrite johnstoni* baut einen U-förmigen Gang. *Spiophanes bombyx* tritt lokal in sehr dichten Beständen auf und ist im Ostteil der Deutschen Bucht mit über 28 % der häufigste Polychaet.

Einige Seerosen leben in schleimverfestigten Röhren. Dazu gehört die Zylinderrose (*Cerianthus lloydii*, Bild 46:10), die, selbst bis 20 cm lang, etwa doppelt so lange Röhren anlegt. Ihre Tentakeln sind sehr weit ausstreckbar und können einen Raum vom 30fachen Durchmesser des Körpers abfischen: Plankton und Detritus sind die Beute. Unter den Crustacea sind hier zwei röhrenbauende Amphipoda zu nennen: *Ampelisca* und *Corophium* (Bild 42:2,3). *Ampelisca* gräbt sich oberflächlich ein und baut sich eine dünnwandige Tasche, aus der sie den Kopf mit den Antennen herausstreckt. Das Sekret wird von Drüsen an den Coxalplatten und den Extremitäten gebildet. Die roten oder braunen Augen sind zweigeteilt, die Retinulae konvergieren linsenwärts. Da bei dieser Konstruktion auch die seitlich einfallenden Strahlen zu den Rhabdomeren geleitet werden, wird die Lichtstärke des Auges heraufgesetzt. Der Schlickkrebs *Corophium volutator* ist durch sein Massenauftreten auf vielen Schlickwatten geradezu eine Charakterart dieses Lebensraumes. Dieser dorsoventral abgeflachte, etwa 6 mm lange Flohkrebs erreicht Dichten von über 20 000 Individuen/m^2 und ist eine wichtige Nahrung für Plattfische. Die U-förmige Wohnröhre reicht 4 bis 8 cm in das Sediment hinein. Ihre Wand wird mit dem Sekret am 3. und 4. Pereiopoden liegender Spinndrüsen befestigt. Im Winter wird noch eine ca. 20 cm lange Röhre in die Tiefe gebaut, in die sich der Krebs zurückzieht. Sonst sitzt er in der Nähe einer Öffnung, aus der er die langen 2. Antennen herausstreckt. Mit ihnen hält er Detritusteilchen aus dem vorbeiströmenden Wasser fest, oder er schabt die oberflächliche

Bild 42 Einige Crustacea (Amphipoda, Mysidacea, Decapoda) der südlichen Nordsee

1 *Calliopius rathkei* (6 mm)	9 *Pagurus bernhardus* (Carapax 35 mm läng), aus dem Schneckenhaus gelöst.
2 *Ampelisca brevicornis* (12 mm)	
3 *Corophium volutator* (6 mm)	10 *Galathea intermedia* (21 mm)
4 *Phthisica marina* (20 mm)	11 *Gebiopsis deltaura* (10 cm)
5 *Caprella linearis* (♀ 14 mm)	12 *Corystes cassivelaunus* (Carapax 33 mm lang)
6 *Crangon crangon* (50 mm)	13 *Carcinus maenas* (Carapax 42 mm lang)
7 *Praunus flexuosus* (26 mm)	14 *Cancer pagurus* (30 cm breit)
8 *Homarus gammarus* (50 cm)	15 *Hyas araneus* (Carapax 10 cm lang)
	16 *Macropodia longirostris* (Carapax 18 mm lang)

(n. *Balss* 1926, *Luther & Fiedler* 1961, *Stephensen* 1929, *Yonge* 1966)

Sedimentschicht ab, so daß windrosenartige Kratzspuren um die Röhrenmündung herum entstehen. Mit den 2. Antennen zieht er sich auch über das trockengefallene Schlickwatt. Bei dichter *Corophium*-Besiedlung entsteht auf der freigefallenen Wattfläche ein typisches, knisterndes Geräusch, das dadurch entsteht, daß in den Millionen von Röhrenmündungen Luftbläschen zerplatzen.

Einige, in der Art der Ernährung vom Typus abweichende Schnecken leben eingegraben im Weichboden als hemisessile Strudler und leiten damit biologisch zu den Schlammliegern über. Dazu gehört die Gemeine Turmschnecke (*Turritella communis*, Bild 53:10). Sie hat ein Operculum, das kleiner als die Gehäusemündung und mit Borsten besetzt ist. Die leicht gegen die Außenwand der Mündung gedrückten randständigen Borsten bilden ein Sieb, das den in das Gehäuse eintretenden Atemwasserstrom von gröberen Partikeln reinigt. Feinere Partikeln werden von einem Schleimnetz auf den Kiemenflächen abgefangen und mit diesem zum Munde geführt. Atmung und Ernährung sind also miteinander gekoppelt. Die kontinuierliche Nahrungszufuhr ist sicher der Grund dafür, daß die Turmschnecke in ihrem Magen einen Kristallstiel als Enzymspeicher hat und so auch kontinuierlich Enzyme einsetzen kann. Der Pelikansfuß (*Aporrhais pespelecani*) liegt etwa horizontal im Weichboden (Bild 53:11). Durch zwei Kanäle steht er mit der Sedimentoberfläche in Verbindung. Der vordere Kanal wird mit dem Rüssel angelegt, der nach oben stößt und Schleim an die Wandung preßt. Dieser Gang dient als Inhalationskanal. Ähnlich wird der nach hinten führende Exhalationskanal gebaut. Die Schnecke kann tagelang am Ort verharren. Durch Ausstülpen des Rüssels und mit Hilfe der Radula nimmt sie Detritus, Foraminifera u.ä. auf, bis die Nahrung im Einzugsbereich des Rüssels erschöpft ist. Sie bewegt sich dann ein kleines Stück weiter und baut neue Atemkanäle.

Als Schlammlieger sind quantitativ die Muscheln an erster Stelle zu nennen, es gehören aber auch einige Polychaeta, Crustacea und Ophiuroidea als hemisessile Formen dazu. Die Seemaus (*Aphrodite aculeata*: Polychaeta, Bild 38:1) lebt schräg kopfabwärts eingegraben. Wie bei den Schuppenwürmern sind auch bei ihr etwa die Hälfte der Dorsalcirren zu Elytren umgewandelt, die als Schuppendecke den Rücken und damit die Kiemen schützen. Die Kiemen stehen im subelytralen Raum. Durch Absenkung der Schuppendecke von vorn nach hinten wird das Wasser aus diesem Raum nach hinten ausgepreßt. Gleichzeitig wölbt sich die Bauchseite nach oben, und in den entstehenden Hohlraum strömt frisches Oberflächenwasser ein, das dann anschließend beim Übergang zur Ruhelage und Entspannung der Bauchdecke zwischen den Parapodien in den subelytralen Raum einströmt. Die Seemaus lebt von kleinen Evertebraten, die sie mit den Kiefern und der cuticularisierten Vorderdarmwand zerquetscht.

Unter den Krebstieren sind einige Gattungen der Cumacea als hemisessile Schlammlieger zu erwähnen. *Diastylis rathkei* (Bild 31:5, bis 18 mm lang) bildet an der Schlickoberfläche einen Trichter zwischen Bauchwand und abgespreizten 3. Kieferfüßen, in dem die übrigen Mundwerkzeuge Sediment suspendieren und das Brauchbare herausgreifen. Der Schlangenstern *Amphiura filiformis* (Bild 28:2) gräbt sich so tief ein, daß nur die Armspitzen über die Sedimentoberfläche ragen. Beim Eingraben des Tieres ist ein der Körperform entsprechendes Gangsystem entstanden, dessen Wände mit Schleim befestigt werden. Die Armspitzen tasten die Oberfläche nach Nahrung ab oder richten sich auf und fangen suspendierte Partikeln ab. Die Nahrungsteilchen werden durch Schleim festgehalten und mit diesem durch die Füßchen und durch Cilienbänder auf der Armunterseite zum Mund transportiert.

Die meisten Muscheln der Weichböden sind als hemisessile Schlammlieger einzustufen. Während die Jungtiere noch gut beweglich sind, liegen die Adulten ortsfest und können allenfalls Fluchtbewegungen in die Tiefe ausführen. Die Bewegungsfähigkeit ist jedoch sehr unterschiedlich. Allgemein läßt sich feststellen, daß mit der Ausbildung von Siphonen die Beweglichkeit abnimmt. Das ist biologisch verständlich, da Muscheln ohne oder mit kurzen Siphonen nahe der Oberfläche leben müssen und damit gefährdeter sind. Zu den gut beweglichen Formen, die sich nur millimetertief eingraben, gehören die Nußmuscheln *(Nucula)*. Sie gewinnen ihre Nahrung nicht nur wie die Mehrzahl der Bivalvia durch Ausfiltrieren aus dem Atemwasser, sondern tupfen mit den Mundlappen kleine Objekte direkt aus dem Sediment. Bei den anderen Muscheln sind die Mundlappen klein und haben nur die von den Kiemen aussortierten Nahrungsteilchen zu sortieren und an die Mundöffnung weiterzugeben. Eine der größten heimischen Muscheln ist die Islandmuschel *(Arctica islandica)*, andere Weichbodenbewohner sind *Mactra corallina cinerea*, *Astarte borealis* und *montagui*, *Acanthocardia echinata* und *Dosinia exoleta*. Als Nahrung für Dorschartige und Plattfische sind *Abra alba*, *Aloidis gibba* und *Phaxas pellucidus* von besonderer Bedeutung. Die Korbmuschel *(A. gibba)* verspinnt mit ihrem Byssusfaden am Boden liegende kleine Objekte. Wird sie von einer Scholle gefressen, so werden diese Byssusstränge mit in den Mundraum aufgenommen, das Ende kann hinter dem Kiemendeckel wieder heraustreten. Durch Verschlingen mehrerer Byssusstränge werden diese so lang, daß das herausragende Ende schließlich von der Scholle wieder gefressen und in der Mundhöhle zu einem in sich geschlossenen Kordelring verflochten wird. Ist dieser dick genug, so behindert er den Fisch bei der Nahrungsaufnahme und der Atmung. Die flache, bis 6 cm lange Pfeffermuschel *(Scrobicularia plana)* gräbt sich bis zu 20 cm tief ein, also oft weiter, als ihr Exhalationssipho lang ist. Der Inhalationssipho pipettiert die Sedimentoberfläche nach Nahrung ab (Bakterien, Diatomeen) und verursacht dabei sternförmige Spuren. *Scrobicularia plana* und *Corophium volutator* (s. S. 97) sind auf großen Schlickwattflächen vor der deutschen Küste die dominierenden Arten.

2.2.3 Kartierung, Bonitierung und praktische Bedeutung der Wattenmeer-Biologie

Biocoenotische Wattenuntersuchungen haben in den letzten Jahren immer mehr an Bedeutung gewonnen, da sich aufgrund ihrer Ergebnisse wasserbautechnische und für den Küstenschutz wichtige Fragen beurteilen lassen. Die enge Bindung vieler Arten an bestimmte Bodenarten erlaubt es, von der Besiedlung eines Wattengebietes auf die Bodenqualität zu schließen, einfacher und schneller, als es durch chemisch-physikalische Analysen möglich wäre. Die Pflanzen und Tiere dienen auch hier als Indikatoren für bestimmte Eigenschaften des Bodens. Aussagekräftiger als einzelne Arten sind ganze Gemeinschaften. Aus diesem Grunde sind die Wattflächen vor den deutschen Küsten in den letzten Jahrzehnten biologisch kartiert worden. Dazu werden, je nach den örtlichen Besonderheiten, Untersuchungsprofile (z.B. in Abständen von 200 m) über das Watt gelegt und entlang der Profile wird in bestimmten Abständen festgestellt, welche Arten vorkommen. Auf diese Weise entstehen Karten wie in Bild 43, die die Verteilung der Arten zeigen. Seegras(*Zostera-*)Wiesen treten meist auf lagebeständigen, hohen Wattflächen auf und fördern die Festigung und Erhöhung des Sediments. Auch dichte Siedlungen von *Lanice* wirken festigend und erhöhend. In der Verlandungszone wachsen Queller *(Salicornia)*, Reisgras *(Spartina)* und Strandaster *(Aster tripolium)*. Der Queller dringt am weitesten auf das Watt vor und zeigt wirkungsvolle Anpassungen an das salzhaltige Milieu, z.B. Rückbildung der Blätter auf wulstförmige Verdickungen am Stengel.

  Die Besiedlungsdichte wird durch „Bonitierungs"-Untersuchungen ermittelt. Dabei werden Anzahl und Biomasse der Bodentiere in ihrer geographischen Verteilung festgestellt, und es wird damit ermöglicht, Benthosgemeinschaften abzugrenzen und das Nahrungsangebot bestimmter Areale für Fische einzuschätzen. Letzteres war die primäre Aufgabe der Bonitierungen. Durch Vergleich der (vor allem durch Bodengreifer ermittelten) Daten zu verschiedenen Zeiten läßt sich ein Eindruck des dynamischen Geschehens in räumlich begrenzten Öko-Systemen gewinnen, Veränderungen gegenüber früheren Zuständen werden erkennbar und günstigenfalls sind solche Veränderungen auf die Einwirkung bestimmter Faktoren zurückführbar. Die Bonitierungen haben gezeigt, daß im Ostteil der Deutschen Bucht zwischen 1949 und 1960 die nach der Anzahl häufigsten

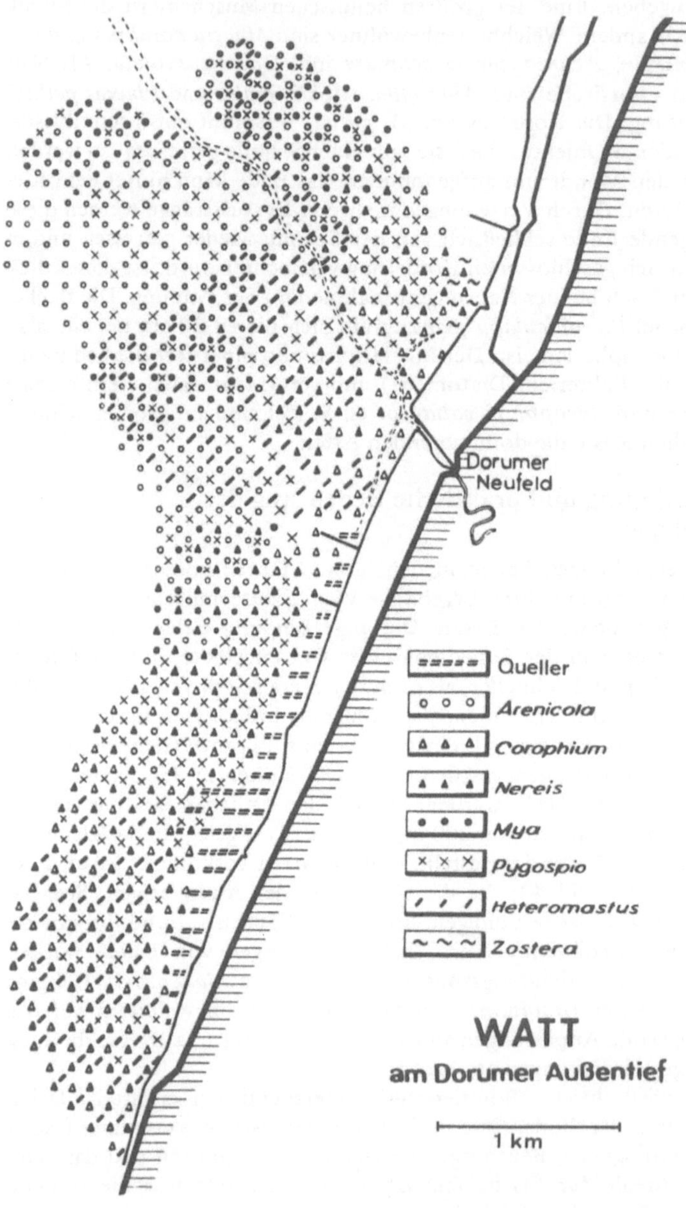

Bild 43 Beispiel für eine biologische Wattkartierung (n. *C. D. Müller* 1957)

Muschelarten *Nucula nitida* (26,4%) und *Angulus fabula* (23,3%), die häufigsten Polychaeten *Spiophanes bombyx* (28,3%) und *Magelona papillicornis* (12,1%) waren. Gleichzeitig waren die Polychaeta mit 67, die Bivalvia mit 38 Spezies die artenreichsten Gruppen im Gebiet.

Folgende Einwirkungen der Fauna auf das Sediment sind zu unterscheiden:

1. Sedimentbildung. Wasserfiltrierer (wie Muscheln) entnehmen dem Wasser suspendierte Partikeln und legen sie als Faeces oder Pseudofaeces fest. Andere Arten errichten Bauten *(Lanice)*, die die Wasserbewegung vermindern und damit das Ablagern von Partikeln verursachen.
2. Sedimentumbildung. Substratfresser *(Arenicola)* scheiden die unverdaulichen Reste, mit Schleim vermischt, aus. Dabei erfolgt oft eine Sortierung nach Größen, wobei mit den Exkrementen die feinsten Bestandteile ausgeschieden werden.
3. Sedimentbindung. Pflanzen fördern mit ihrem Wurzelwerk, Tiere durch Schleimabsonderung die Festlegung des Substrats.
4. Sedimentfestigung. Viele röhrenbauende Arten und die Muscheln mit Siphonen pressen die Gang- und Kanalwände an. Einlagerung von Eisenoxidhydrat und gezielter Einbau von Sandkörnern, Pflanzenteilen und Schill festigt die Röhren und damit das Sediment.
5. Sedimentzerstörung. Zahlreiche Gangsysteme in dichten Populationen *(Corophium)*, vor allem die großen Baue von Wollhandkrabben können die Festigkeit des Sediments so herabsetzen, daß das Wasser zerstörend angreifen kann. Vor allem exponierte Substratbereiche (wie Prielkanten) sind dadurch gefährdet.
6. Sedimentneubildung. Beim Aufbau des Körpers entstehen Verbindungen einer für das Milieu neuen Qualität, die — wie die Bänke von Miesmuscheln — auch nach dem Tod des Tieres überdauern und als neue Substrate lange erhalten bleiben.

2.2.4 Das Lithion

In vielen Teilen der Welt sind Felsküsten ausgebildet. Im deutschen Gebiet spielt anstehender Fels flächenmäßig nur eine geringe Rolle (Helgoland, Rügen), ist aber durch seine von Sand- und Schlickwatten stark abweichende Flora und Fauna von besonderem Interesse. Als Hartböden werden hier (im Sinne von Remane) zwei Kategorien von Substraten zusammengefaßt:

1. die primären Hartböden (Fels, erratische Blöcke, große Steine)
2. die sekundären Hartböden (kleine Steine, Schalen von lebenden und toten Tieren, menschliche Kunstbauten, Schiffe, treibende Gegenstände).

Zahlreiche Faunenelemente, die sich auf den sekundären Hartböden finden, gehören auch in das Phytal.

2.2.4.1 Das Epilithion

Die überwiegende Mehrzahl der Hartbodenbewohner siedelt auf der Oberfläche. Besonders reichhaltig vertreten sind im Epilithion die sessilen und hemisessilen Arten, oft mit Formen, die vom Normalbauplan des jeweiligen Stammes stark abweichen (insbesondere bei den Crustacea). Unter den vagilen Formen sind die Schnecken oft dominierend, sowohl nach der Arten- wie auch nach der Individuenzahl. Auch sie weisen die unterschiedlichsten Lebensformtypen auf. Im Supra- und obersten Eulitoral fallen neben den Seepocken besonders die Napfschnecken *(Patella, Acmaea)* auf, die reviertreu sind und feste Ruheplätze haben, deren Umriß der Gehäuserand so angepaßt ist, daß sie sich nur dort ganz bündig auf dem Untergrund ansaugen können. So widerstehen sie auch starker Brandung an exponierten Felsküsten. In den Tropen und Subtropen finden sich im gleichen Lebensraum einige große Käferschnecken-Arten.

Unter den sessilen Formen der deutschen Küste sind einige Schwämme als Hartbodenbewohner zu nennen. Im Sublitoral und in Felstümpeln treten die etwa 3 cm hohen
Kelche von *Sycon coronatum* (Bild 44) auf und Überzüge oder Ballen des Brotkrusten-
schwammes *(Halichondria panicea,* Bild 45), der auch häufig als unscheinbar graubrauner,
faustgroßer Klumpen im Angespül zu finden ist. Fingerartig verzweigt, bis 30 cm hoch, ist
der Geweihschwamm *(Haliclona oculata,* Bild 45).

Einen bedeutenden Anteil des Epilithion stellen die Cnidaria, insbesondere die Hydroidpolypen und die Anthozoa. *Tubularia larynx* bildet bis 7 cm, *T. indivisa* (Bild 46:7) bis
20 cm lange Polypen mit zwei Tentakelkränzen. Der Gastralraum des Stieles ist durch
turgeszente Entodermzellen ausgesteift, so daß sich die Polypen weit über das Stolonengeflecht erheben können. In traubenförmigen Gonophoren, die unter dem Tentakelkranz

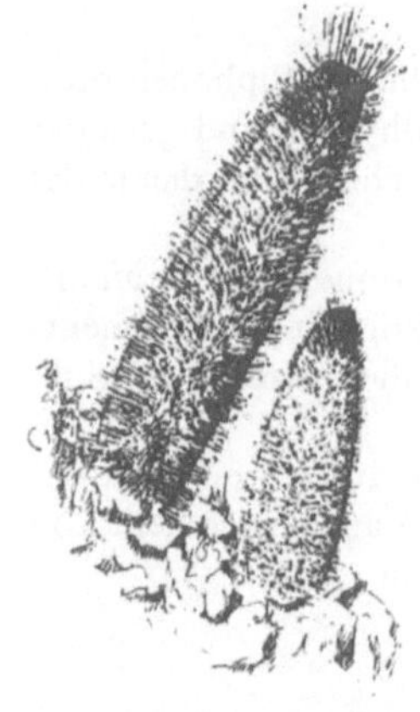

Bild 44 *Sycon spec.*, bis 6 cm hoch.

Bild 45

Der Geweihschwamm (*Haliclona oculata*, 12 cm hoch)
und der Brotkrustenschwamm (*Halichondria panicea*,
11 cm breit).

(n. *Vosmaer* 1887)

inserieren, entwickeln sich aus den Eiern Actinulae und daraus Polypen. Zahlreiche andere Hydroidpolypen bilden umfangreiche Kolonien. Das Seemoos *(Sertularia cupressina)*, mit etwa halbmeterhohen, verzweigten Büscheln, wurde früher in größerem Umfang gefischt, getrocknet und kam grüngefärbt als Zimmerschmuck in den Handel. Auch das Korallenmoos *(Hydrallmania falcata)* wird gelegentlich zu diesem Zweck verwendet. Nur in einer Ebene verzweigt, mit alternierenden, derben Hydrotheken, ist *Abietinaria abietina*. *Dynamena pumila* ist häufig auch auf *Fucus* und *Laminaria*, ihre Polypen sitzen gegenständig. *Campanularia* hat große, glockenförmige Hydrotheken, mit langem geringeltem Stiel. Die Gattung *Laomedea* zeigt alle Übergänge vom typischen Generationswechsel mit freischwimmenden Medusen *(L. geniculata)* bis zu seßhaften, gelegentlich zwittrigen Gonophoren *(L. conferta)*. Die Kolonien von *Hydractinia echinata* (Bild 47) wachsen auf Schneckenhäusern, die von Einsiedlerkrebsen bewohnt sind. Das Periderm der Stolonen verschmilzt zu einer Platte, die über die Mündung des Schneckenhauses hinauswächst und dieses damit vergrößert. Am Rand der Kolonie stehen vor allem die mund- und tentakellosen Wehrpolypen mit ihren knopfförmigen Nesselbatterien und bieten dem Einsiedler vielleicht zusätzlichen Schutz. Die Kolonie ernährt sich zu einem großen Teil von den Nahrungsabfällen des Krebses. So ist dieses Zusammenleben wahrscheinlich als Mutualismus zu deuten. Auf dem Stolonengeflecht werden Dornen gebildet, in deren Schutz sich die Polypen zurückziehen können. Die unter der Kolonie liegenden Teile des Schneckenhauses werden oft aufgelöst, so daß dort nur die Columella erhalten bleibt. *Hydractinia carnea* siedelt meist auf den Gehäusen lebender Netzreusenschnecken *(Hinia reticulata)*.

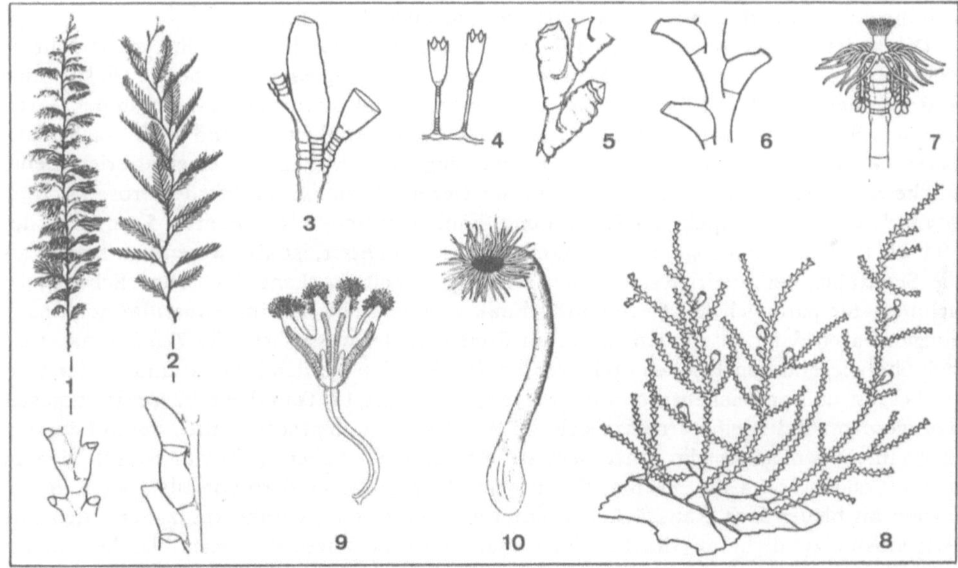

Bild 46 Sedentäre Arten der Nesseltiere (Cnidaria) der südlichen Nordsee

1 *Sertularia cupressina*, Kolonie bis 45 cm hoch	6 *Abietinaria abietina*
2 *Hydrallmania falcata*, Kolonie 45 cm hoch	7 *Tubularia indivisa*
3 *Laomedea flexuosa*, Hydrotheken	8 *Dynamena pumila*, Kolonien bis 5 cm hoch
4 *Campanularia raridentata*	9 *Lucernaria quadricornis*, Becher-⌀ 5 cm
5 *Sertularella rugosa*	10 *Cerianthus lloydii*, bis 20 cm hoch

(n. *Broch* 1928, *Pax* 1934, *Stresemann* 1957, *Yonge* 1966)

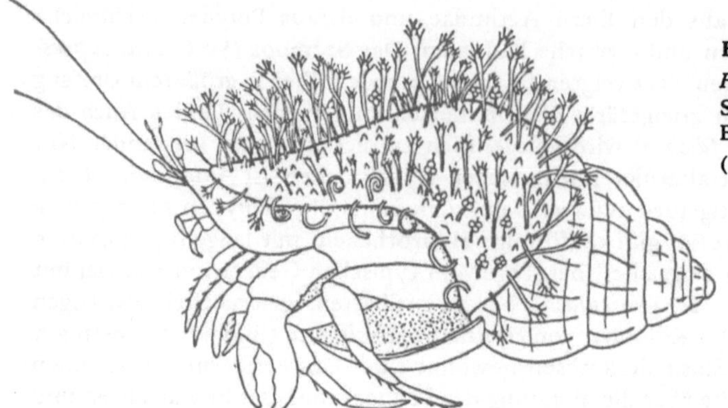

Bild 47

Hydractinia echinata auf einem Schneckengehäuse, das von einem Einsiedlerkrebs bewohnt ist.
(aus *Yonge* 1966)

Größer und oft farbenprächtig sind die Vertreter der Anthozoa. Die in den warmen Meeren weitverbreiteten und riffbildenden achtarmigen Korallen (Octocorallia) sind im Bereich der deutschen Küste nur durch eine koloniebildende Art vertreten, den Korkpolypen oder die Tote-Manns-Hand *(Alcyonium digitatum)*. Die klumpen- bis plumphandförmigen Kolonien sind weiß oder orange, mit Polypen von 6 bis 8 mm Länge. Die Kolonie schwillt zweimal täglich durch Aufnahme von Wasser in die Gastralräume an, was wahrscheinlich der Atmung und der Reinigung dient. Beim Anschwellen entfalten sich die Polypen und fangen kleine Crustaceen aus dem Plankton.

Die anderen heimischen Arten gehören zu den Hexacorallia und sind meist solitäre Formen. Die größte ist die bis 30 cm Mundscheibendurchmesser erreichende Dickhörnige Seerose oder Seedahlie *(Tealia felina)*. Sie lebt meist im Sublitoral, seltener in der Gezeitenzone. Sie ist oft rot und grün gestreift, die dicken Tentakeln rot und weiß. Nachts entfaltet sie ihre (bis 160) Tentakeln voll und fängt mit Hilfe ihrer Nesselbatterien kleine Fische und Krebse. Die häufigste Art in der Gezeitenzone ist die Pferdeseerose *(Actinia equina)*, die in Felstümpeln, an Steinen und Pfählen zu finden ist. Bei etwa 5 cm Höhe des Mauerblattes hat sie 6 bis 7 cm Tentakelkronendurchmesser, ist also wesentlich kleiner als die Seedahlie. Bei Niedrigwasser kann sie längere Zeit trockenfallen, ohne Schaden zu nehmen. Sie paßt sich der Gezeitenrhythmik an und zieht sich im Aquarium noch nach einigen Tagen dann zusammen, wenn im Freien Niedrigwasser ist. Wie *Tealia* ernährt sie sich überwiegend von Fischen und Krebsen. Die Eizellen werden im Gastralraum der Mutter besamt und entwickeln sich dort zu Jungtieren mit 12 Tentakeln, bevor sie ausgestoßen werden. Außerdem vermehrt sich die Pferdeseerose ungeschlechtlich durch Längsteilung. Im Freien halten die Einzeltiere auf Abstand. Sie haben nicht nur Nesselzellen an den Tentakeln (ca. 4 Mill./Tentakel) und am Mauerblatt, sondern vor allem auch in den blauen bis blau-grünen Randsäckchen unter dem äußersten Tentakelkranz. Setzt sich eine Artgenossin zu dicht an die Pferdeseerose, so drückt diese ihre Randbläschen an die Nachbarin, bei der es in der Berührungszone zu Gewebszerfall kommt. Rückt sie nicht weg, so kann sie unter Umständen getötet werden. In Gefangenschaft kann *Actinia equina* sehr alt werden: eine 1828 ins Aquarium gesetzte Seerose hat dort in den ersten zwei Jahrzehnten 334 Jungtiere erzeugt, war dann lange Zeit unfruchtbar und stieß 1857 in einer Nacht 230 Junge aus. 1872 und 1877 hat sie sich nochmals vermehrt und starb 1887. Im Aquarium wie im Freien können Seerosen bei einer Verschlechterung der Lebensbedingungen ihren Standort verlassen und sich mit wellenförmigen Kontraktionen der Fußscheibe fortbewegen. Dabei legt die Pferdeseerose pro Tag etwa 0,5 m zurück.

Ebenfalls in der Gezeitenzone auf Steinen und Pfählen lebt die kleine *Diadumene luciae* (5 mm ϕ, 13 mm Höhe), mit olivgrünem Körper mit 8 bis 20 orangefarbenen Längsstreifen. Etwas größer (bis 7 cm hoch, ϕ 2 cm) ist *Farsonia cincta* im gleichen Lebensraum, mit leuchtend orange- oder rehfarbenem Körper. Während beide Arten selten zu finden sind, ist die Seenelke *(Metridium senile)* häufig. Sie erreicht etwa 30 cm Höhe und ist leicht an ihren zahlreichen (bis 1000) und zarten Tentakeln erkennbar. Mit diesen Fangarmen ernährt sie sich von feinen, im Wasser suspendierten organischen Partikeln und von Planktonten. Auf den Tentakeln sitzende Cilien erzeugen einen spitzenwärts gerichteten Wasserstrom, auf dem die eingeschleimten Partikeln transportiert werden. Handelt es sich um als Nahrung verwertbare Objekte, so krümmt sich der betreffende Tentakel nach innen, das Objekt gerät in den Mundscheibenbereich. Bei ungenießbaren Objekten biegt sich der Fangarm nach außen, damit wird die Partikel verworfen. Die Vermehrung erfolgt häufig auch ungeschlechtlich durch Abschnüren von Stücken der Fußscheibe, die zu neuen Seenelken heranwachsen (Laceration). Die Witwenrose *(Sagartia elegans)* lebt im Sublitoral und ist schwer von der Unterlage zu lösen, im Gegensatz zur Höhlenrose *(S. troglodytes),* die sich tarnt, indem sie mit Saugwarzen an der Körperwand Material aus der Umgebung festhält. Die Schlangenhaarrose *(Sagartiogeton undatus)* ist schlank, bis 12 cm hoch und längsgestreift. Ihren Namen verdankt sie den langen, überhängenden Tentakeln.

Unter den Polychaeta des Epilithion fallen im Bereich des Sägetangs die zahllosen Röhren von *Fabricia sabella* (Bild 38:15) auf. Die bis 8 mm langen Tiere verlassen oft ihre Röhre und kriechen und schwimmen umher. *Sabellaria spinulosa* baut ihre mit Sandkörnern verstärkten Röhren auf Steinen, Muschelschalen und Krebspanzern. Bei hoher Siedlungsdichte entstehen so kleine Türme oder die „Sandkorallenriffe", die große Ausdehnung erreichen können, nach dem Absterben der Tiere aber schnell vom Wellenschlag abgetragen werden. Stabiler sind die bis 9 cm langen, im Querschnitt etwa dreieckigen, stark verkalkten Röhren des Dreikantwurmes *(Pomatoceros triqueter),* die auf Steinen, Muschelschalen, Schneckenhäusern und Krebspanzern zu finden sind. Aus der Öffnung streckt der Wurm seine oft intensiv gefärbten Tentakeln heraus, mit deren Hilfe er sich strudelnd ernährt. Eine der dorsalen Tentakelfiedern ist zu einem klöppelförmigen Deckel umgestaltet, mit dem die Röhre verschlossen werden kann.

Unter den Crustacea sind die als Adulte sessilen Seepocken (Bild 48) an Felsküsten besonders auffällig. Es sind zwittrige Tiere, bei denen sich die befruchteten Eizellen zunächst in der Mantelhöhle entwickeln. Sie durchlaufen ein Nauplius- und ein (freischwimmendes) Cypris-Stadium. Die Cypris heftet sich mit den 1. Antennen auf einem geeigneten Substrat an und metamorphosiert. Eine breite, den Körper umhüllende Hautduplikatur sezerniert ein äußeres, verkalkendes Skelett, das nicht gehäutet wird. Es bildet einen ringwallförmigen Mauerkranz und meist 2 Paar Deckplatten (Scuta und Terga). Scutum und Tergum der beiden Körperseiten sind miteinander verwachsen. Die Verwachsungslinie ist artcharakteristisch verschieden. Der mediane Spalt wird unter Wasser geöffnet, so daß die Rankenfüße herauskommen und — unterstützt durch die feinen Borsten — Partikeln aus dem Wasser herausfischen können. Die rhythmischen Bewegungen können stundenlang ausgeführt werden, die Frequenz wird von der Temperatur, aber auch von Licht und Strömungsgeschwindigkeit bestimmt. Unsere häufigste Art, *Balanus balanoides,* ist überall an Steinen, Pfählen, Schalen und Krebspanzern zu finden und wird als Bestandteil des Schiffsaufwuchses schädlich. Am eindrucksvollsten sind die von ihr im Bereich der Hochwasserlinie gebildeten Bänder, in denen die Tiere sehr dicht aneinander sitzen (an der englischen Küste bei Plymouth wurden über 60 000 Tiere/m^2 gezählt). Bei hoher Siedlungsdichte wachsen die Mauerkränze der innen sitzenden Seepocken in die Länge und werden keulenförmig. An solchen langgestreckten Skeletten greift der Wellenschlag bevor-

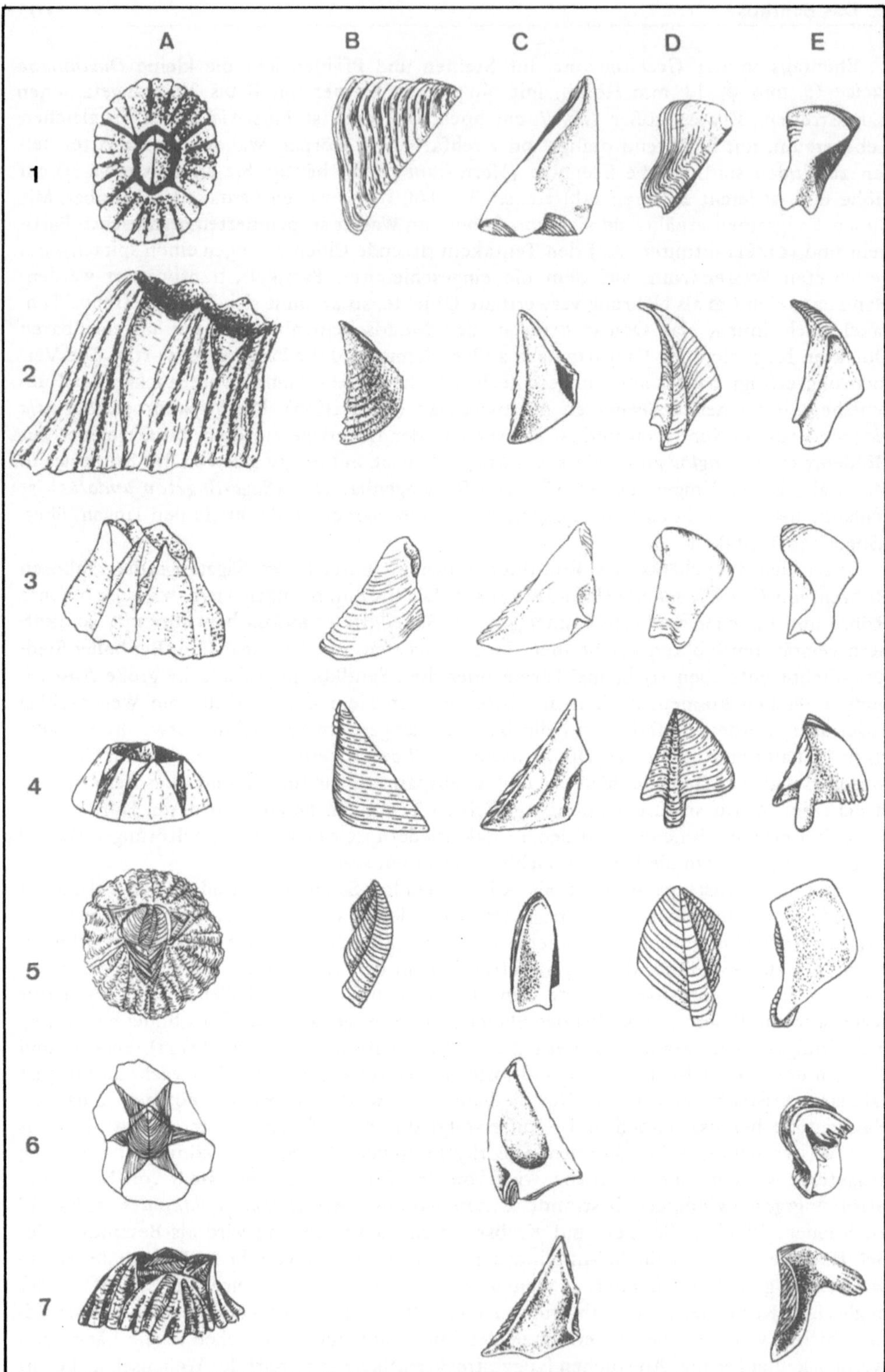

Bild 48

zugt an und bricht von da aus die Siedlung auseinander. Entstehende Lücken werden durch den starken Larvenfall schnell wieder neu besetzt. Sublitoral bis etwa 40 m Tiefe lebt *Balanus improvisus* (bis 2 cm ϕ). *Balanus balanus* und *crenatus* (bis 3 cm ϕ) kommen bis in 300 m Tiefe vor. Der erstere ist oft in Gruppen von 5 bis 6 Tieren auf Muschelschalen und den Gehäusen der Wellhornschnecke zu finden, *B. crenatus* lebt küstenfern, oft auf Austernbänken. Bei der meist sublitoralen *Verruca stroemia* wird der Verschlußdeckel von nur je einem Scutum und Tergum gebildet. Die beiden anderen Verschlußplatten sind in die Bildung des asymmetrischen Mauerkranzes einbezogen. *Verruca* ist in leeren Austernschalen und auf Wellhornschnecken-Gehäusen zu finden.

Von den sessilen und hemisessilen Mollusken des Epilithion seien hier die Pantoffelschnecke *(Crepidula fornicata)*, die Miesmuschel *(Mytilus edulis)* und die Auster *(Ostrea edulis)* erwähnt. Die Pantoffelschnecke (Bild 53:12) stammt von der Ostküste Nordamerikas und wurde von dort um 1880 zunächst in die englischen Gewässer eingeschleppt, hat sich bis zur holländischen Küste ausgebreitet und kam von dort mit Saataustern nach Sylt. Die Schnecken sitzen in Ketten aufeinander. Sie sind protandrische Zwitter: die obersten sind ♂♂, die untersten ♀♀, in der Mitte sitzen die (fortpflanzungsunfähigen) Übergangsstadien. Die Eikapseln entwickeln sich zunächst in der Mantelhöhle der Mutter, die ausschlüpfenden Veliger verbreiten die Art. Eine Anpassung an die festsitzende Lebensweise ist die für eine Schnecke ungewöhnliche Art der Ernährung: die Pantoffelschnecke filtriert. Sie hat dazu zwei Mechanismen: ein grobes Schleimnetz vor der Einströmöffnung der Mantelhöhle und ein feines über der Ventralfläche der Kiemen. Beide Schleimnetze mit den abgefangenen Partikeln werden teppichartig eingerollt und zum Mund transportiert, wo die Radula Stücke abbeißt.

Bild 49
Die Miesmuschel (*Mytilus edulis*, 8 cm), von der linken Seite.
(aus *Pax* 1962)

Die Miesmuschel (Bild 49) ist weit verbreitet. Ihre frei schwimmenden Veligerlarven setzen sich an allen möglichen Hartteilen fest, auch an Schneckenschalen und Krebspanzern. Die feinen Gesteinsspalten im Bereich der Hochwasserlinie sind oft dicht mit Jungmuscheln gefüllt, die sich dort mit dem Byssus, dem Sekret ihrer Fußdrüse, festgeheftet haben. Es überleben auf Dauer nur die Muscheln, die sich oberhalb und etwas unterhalb der Niedrigwasserlinie angesetzt haben. Sie können vielschichtige Bänke bilden, die erhebliche Mengen Wasser filtrieren (pro Tier und Stunde bei 14 °C etwa 1,5 l) und daraus suspendierte Partikeln bis herab zu 1 μm ϕ entnehmen. Die ungenießbaren Teil-

Bild 48 Die Seepocken des deutschen Küstenbereichs
A Habitus, B Scutum von außen, C Scutum von innen, D Tergum von außen, E Tergum von innen. Verschlußplatten nicht maßstabsgerecht vergrößert. 1 *Balanus balanoides*, 2 *B. balanus*, 3 *B. crenatus*, 4 *B. improvisus*, 5 *Verruca stroemia*, 6 *Chthamalus stellatus*, 7 *Elminius modestus*.
Elminius etwa doppelte, die übrigen annähernd natürliche Größe im Habitusbild A.
(n. *Nilsson–Cantell* 1978, verändert)

chen werden, mit Schleim umhüllt, als Pseudofaeces aus der Mantelhöhle ausgespült, die genießbaren werden in einer Schleimrolle zur Mundöffnung befördert. Kot und Pseudofaeces tragen zur Sedimenterhöhung im Bereich der Muschelbank bei. Miesmuscheln werden vor allem in Westeuropa gern gegessen und auf „Kulturbänken" gepflegt. Der Handelswert kann durch Parasiten herabgesetzt werden. Metacercarien von Trematoden und ihre Exkrete initiieren in der Muschel die Bildung von Perlen, die bis zu 2 mm ϕ erreichen und das Muschelfleisch ungenießbar machen können. Auch andere Parasiten können Perlbildung auslösen. Großen Schaden hat vor der ostfriesischen Küste der Copepode *Mytilicola intestinalis* (Bild 50) angerichtet, der im Darm der Miesmuschel lebt und zu einer Unterbilanz im Stoffwechsel führt.

Während die Miesmuschel sich bei einer Verschlechterung der Lebensbedingungen von der Ansatzstelle lösen und einen geeigneteren Platz aufsuchen kann, muß die Auster (*Ostrea edulis*) zeitlebens an der Stelle bleiben, an der sich die Larve festgesetzt hat. Beim Ansetzen preßt sie aus dem Fuß einen Sekrettropfen und kippt sich mit der linken Schalenklappe in das im Seewasser erhärtende Sekret, sich so selbst festkittend. Die linke Schalenklappe wird napfförmig und enthält den Weichkörper, die rechte wird flach und dient als Deckel. Die Austern-„Bänke" sind nicht mit den Miesmuschelbänken zu vergleichen, denn die Austern liegen meist in geringer Dichte ($1/m^2$) auf dem Substrat. Die Austern sind Zwitter, die zunächst ♂♂ sind, später das Geschlecht mehrfach wechseln können. In einer ♀♀ Phase erzeugt jede Muschel zwischen 7 und 12 Jahren über eine Million Eier. Die Verluste unter den planktischen Veligern sind sehr hoch, da der größte Teil von Filtrierern verzehrt wird, und auch die Jungmuscheln sind bevorzugte Opfer von Krabben, Seesternen und Purpurschnecken. Die natürlichen Austernbänke im deutschen Küstenbereich (vor allem bei Sylt und Amrum) sind vernichtet worden, wobei wahrscheinlich mehrere Faktoren zusammengewirkt haben. Wiederbesiedlungsversuche mit importierten Austern waren bisher ohne Erfolg. Die Austernzucht spielt vor allem an der französischen Küste eine wichtige Rolle.

Koloniebildende Mitglieder des sessilen Epilithion sind zahlreiche Moostierchen (Bryozoa). Die zahlreichen Einzeltiere (Zooide) sitzen dicht aneinander. Jedes besteht aus einem beweglichen, polypenartigen Tier (Polypid), das in einer mehr oder weniger festen Hülle (Cystid) lebt. Die Zooide in einer Kolonie sind meist morphologisch und funktionell verschieden. Die Nährtiere (Autozooide) haben einen Kranz bewimperter Tentakeln, mit denen sie Wasser heranstrudeln, aus dem sie Planktonten herausfangen. Das Gallertmoostierchen (*Alcyonidium gelatinosum*) bildet baumartig verästelte Kolonien, deren Einzeltiere in eine gallertige Masse eingebettet sind. Im Angespül findet man am häufigsten das Blättermoostierchen (*Flustra foliacea*, Bild 51) und die verwandte Art *F. securifrons*, breitlappige Kolonien, bei denen die kästchenförmigen Zooide in zwei Schichten, Basis an Basis, angeordnet sind, so daß sie sich selbst stützen. Dagegen wachsen mehrere *Membranipora*-Arten (*pilosa*, *trifolium*, *reticulum*) als Überzug auf Steinen und Muschelschalen. *Bugula plumosa* lebt in langgestreckten, büscheligen Kolonien.

Ebenfalls in Kolonien, die Steine, Schalen und ähnliches überziehen, leben einige Arten von Manteltieren (Ascidiacea). Der sackförmige Körper der Individuen ist in eine allen gemeinsame Gallertmasse eingebettet. Während jedes Tier von *Botryllus schlosseri* (Bild 52:1) seine eigene Ingestionsöffnung hat, münden die Egestionsöffnungen in eine gemeinsame Kloake und von da nach außen. In den meist bläulich-weißen Kolonien liegen 8 bis 12 Individuen um die Kloake herum, während die Einzeltiere in den Kolonien von *Botrylloides leachi* geschlungen-bandförmig angeordnet sind. Ebenfalls zu den Synascidien gehört *Clavelina lepadiformis*, deren Einzeltiere bis 3 cm hoch werden und nur basal untereinander verbunden sind. *Sidnyum turbinatum* bildet ovoide, orangefarbene Kolonien,

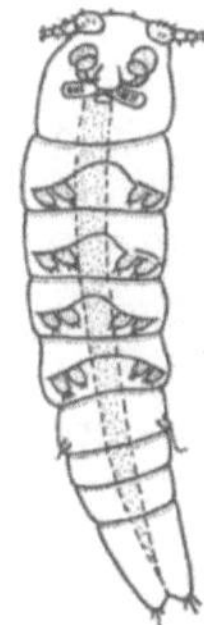

Bild 50
Mytilicola intestinalis
(1,5 mm lang)
(aus *Pax* 1962)

Bild 51
Kolonie des Bläätermoos-
tierchens (*Flustra foliacea*)
(n *Cori* 1937)

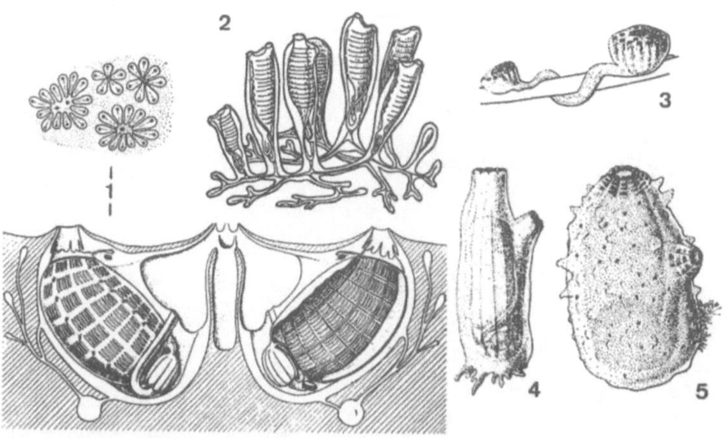

Bild 52 Einige Manteltiere (Tunicata) der südlichen Nordsee
1 *Botryllus schlosseri*, Teil einer Kolonie mit vier Gruppen von Einzeltieren,
   von denen jedes etwa 2 mm lang ist. Die Individuen jeder Gruppe sind um
   eine gemeinsame Kloake herum angeordnet. Das untere Schnittbild zeigt
   zwei Einzeltiere und den zentralen Kloakenraum.
2 *Clavelina lepadiformis*, Kolonie mit etwa 3 cm hohen Einzeltieren.
3 *Sidnyum turbinatum*, ϕ einer Kugelkolonie etwa 1,5 cm.
4 *Ciona intestinalis*, 15 cm hoch.
5 *Ascidiella aspersa*, bis 10 cm hoch.
(n. *Grassé* 1948, *Riedl* 1963, *Stresemann* 1957, *Yonge* 1966)

auch bei dieser Art (und der folgenden) sitzen mehrere Einzeltiere um eine gemeinsame
Kloake. Weißlich bis violett erscheinen die dünnen Überzüge von *Didemnum helgolandi-
cum*, mit zahlreichen sternförmigen Kalkkörpern. Unter den solitären Formen sind die bis
15 cm hohe *Ciona intestinalis* und die etwas kleineren *Ascidiella scabra* und *aspersa* zu
nennen. Besonders häufig sind die kugeligen Einzeltiere von *Dendrodoa grossularia* (bis 13
mm ϕ). Alle diese als Adulte festsitzenden Seescheiden werden durch planktische Larven
verbreitet. Sie sind zwittrig, viele vermehren sich auch ungeschlechtlich, was bei zahlreichen Arten zur Koloniebildung führt. Sie haben einen großen, bewimperten Kiemenkorb,
der mit Schleimnetzen ausgekleidet ist, mit deren Hilfe im eingestrudelten Wasser suspendierte Partikeln abgefiltert werden.

Die vagilen Arten des Epilithion werden vor allem durch Polychaeta, Gastropoda und Echinodermata repräsentiert. Von den zahlreichen Ringelwürmern seien hier zunächst einige Schuppenwürmer genannt: *Gattyana cirrosa* und *Lepidonotus squamatus* (Bild 38:2). Beide sind nicht nur unter Steinen, sondern auch in den Röhren sedentärer Polychaeta zu finden. Weit verbreitet sind der bis 6 mm lange *Microphthalmus sczelkowii* (Bild 38:7) und die grünliche, dunkel gefleckte *Anaitides maculata*. Die auffälligsten Schnecken unserer Hartsubstrate in der Gezeitenzone sind die Strandschnecken, vor allem *Littorina littorea* (Bild 53:3). Sie kann stundenlang außerhalb des Wassers leben: ihre Kieme ist reduziert, sie atmet durch die Mantelhöhle, die reich mit Blutgefäßen ausgerüstet ist. Sie ist ein reviertreuer Weidegänger, der wahrscheinlich mittels einer Lichtkompaßorientierung den alten Standort wiederfindet. Die Gemeine Strandschnecke kann

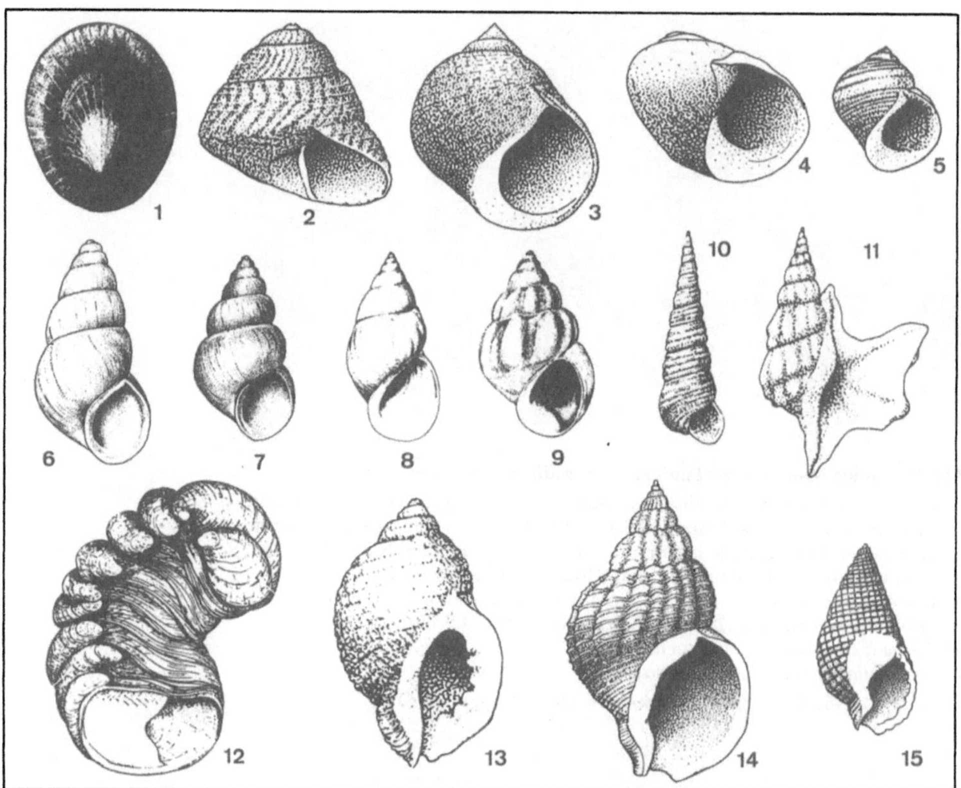

Bild 53 Häufige Arten der Prosobranchia der südlichen Nordsee

1 *Helcion pellucidum* (großer ⌀ etwa 20 mm)
2 *Gibbula cineraria* (10 mm hoch)
3 *Littorina littorea* (25 mm hoch)
4 *L. obtusata* (10 mm)
5 *L. saxatilis* (10 mm)
6 *Hydrobia ulvae* 4 mm)
7 *H. ventrosa* (4 mm)
8 *Rissoa membranacea* (7 mm)
9 *R. parva* (5 mm)
10 *Turritella communis* (40 mm)
11 *Aporrhais pespelecani* (30 mm)
12 *Crepidula fornicata*, Kette (Gehäuse des Einzeltiers bis etwa 50 mm lang)
13 *Nucella lapillus* (30 mm hoch)
14 *Buccinum undatum* (80 mm)
15 *Hinia reticulata* (25 mm)

(n. *Graham* 1971, *Fretter & Graham* 1976, 1978)

polarisiertes Licht erkennen und ist extrem widerstandsfähig: sie verträgt Erwärmung auf 41 °C und Herabsetzung des Salzgehaltes bis auf 12,5‰. Neben *L. littorea* treten an unseren Küsten die Felsen-Strandschnecke *(L. saxatilis)* und die Stumpfe Strandschnecke *(L. obtusata)* auf, im Kanal und ostatlantisch auch die kleine *L. neritoides*. Die Strandschnecken-Arten haben verschiedene Verbreitungsschwerpunkte: *L. neritoides* und *saxatilis* in der Hochwasserlinie und im Supralitoral, darunter *L. obtusata* und *littorea*. Bei Helgoland ist *obtusata* vor allem auf den *Fucus*-Thalli auf den Schichtköpfen des NO-Watts zu finden. Auch fortpflanzungsbiologisch sind die *Littorina*-Arten verschieden: *littorea* legt ihre planktischen Eier zu zweit oder dritt in hutförmige Gallerte (Bild 15:11), *obtusata* heftet die Eier in flachen Gallertmassen an Tange, und *saxatilis* ist — je nach Lebensraum — ovipar bis ovovivipar. Bei den Kreiselschnecken ist eine entsprechende Zonierung feststellbar: in, der Gezeitenzone und im oberen Sublitoral lebt *Gibbula cineraria* (Bild 53:2), im tieferen Wasser (Helgoländer Tiefe Rinne) wird sie vertreten durch *G. tumida*. Häufig ist im Sublitoral die Wellhornschnecke *(Buccinum undatum)*, deren Gehäuse bis 11 cm hoch werden kann. Sie ernährt sich von Aas und lebenden Tieren. Im Angespül findet man häufig die faustgroßen Laichballen aus zahlreichen Eikapseln. Die Kapseln — aus Sekreten der Fußdrüsen gebildet — werden vom Fuß geformt, und jede Kapsel enthält zwischen 100 und 2000 Eiern, von denen aber nur etwa 10 mit normalen Spermatozoen befruchtet sind und sich in der Kapsel zu Jungschnecken entwickeln. Die übrigen Eizellen sind mit atypischen Spermien verschmolzen und dienen als Nähreier. Die Juvenilen schlüpfen mit etwa 3 mm Gehäusehöhe.

Als Vertreter der in den wärmeren Meeren verbreiteten Purpurschnecken ist *Nucella lapillus* zu erwähnen. Auch das Sekret ihrer Hypobranchialdrüse enthält den charakteristischen Leukofarbstoff, der sich am Sonnenlicht über mehrere Zwischenstufen schließlich purpurn färbt. *Nucella* bohrt Seepocken und auch Miesmuscheln an. Von den Nacktschnecken sind an Steinen des öfteren die Warzige Sternschnecke *(Archidoris pseudoargus)* (Bild 59:12) und die Große Fadenschnecke *(Aeolidia papillosa)* zu finden. Die erstere ernährt sich von Schwämmen, die zweite von Seerosen und Seenelken. Von den Käferschnecken gibt es in unserem Gebiet nur *Lepidochitona cinereus* im Eulitoral und *Lepidopleurus asellus* im Sublitoral.

Unter den Krebstieren ist der Hummer *(Homarus gammarus*, Bild 42:8) als größtes wirbelloses Tier der Nordsee mit bis zu 50 cm Länge und 5 kg Gewicht an erster Stelle zu nennen. Er ist reviertreu und lebt vor allem von Muscheln und Schnecken, die er mit seinen kräftigen Scheren zermalmt. Die Scheren sind morphologisch und funktionell unterschieden in eine Greif- und eine Knackschere. Die von Mitte Juli bis September gelegten Eier entwickeln sich an den Pleopoden des ♀♀ bis zum Mysis-Stadium, das dann im Plankton schwimmt und von Planktonten lebt, bis es nach der 3. Häutung zum Bodenleben übergeht und nach jeder Häutung dem Adultus ähnlicher wird. Bis zum 1. Winter werden 8 Häutungen durchgemacht, im 2. Jahr 5, im 3. Jahr nur noch 4. Die ♀♀ werden erst im 6. Jahr geschlechtsreif (bei ca. 25 cm Länge), sie häuten sich nur noch alle 2 Jahre. Mit zunehmendem Alter werden die Häutungen immer seltener, so daß sich zahlreiche Epizoen auf dem Panzer festsetzen können. Um Helgoland werden die Hummer in beköderten Körben gefangen, jedoch ist der Ertrag aus bisher noch nicht geklärten Gründen drastisch zurückgegangen: um 1894 wurden jährlich ca. 60 bis 70 000 Hummer erbeutet, 1920 etwa 24 000, 1931 fast 83 000, 1944 etwa 21 000, aber 1959 nur 5000 und 1978 nur noch ca. 1000.

Ebenfalls wirtschaftlich genutzt, wenn auch in bescheidenerem Maße, wird der Taschenkrebs *(Cancer pagurus*, Bild 42:14), dessen große Scheren gegessen werden. Diese große Krabbe wird etwa 30 cm breit, sie lebt von Fischen, Muscheln, Echinodermen und

Krebsen. Die Seespinne *(Hyas araneus)* klettert mit ihren langen Pereiopoden über den Aufwuchs. Sie ernährt sich von Mollusken, Krebsen und Algen. Die kleinere *H. coarctata* tarnt sich besonders gut, indem sie Material aus dem Lebensraum zwischen Chitinhäkchen ihres Carapax befestigt. Einige weitere, interessante Formen gehören zu den Anomura. So die Einsiedlerkrebse (z.B. *Pagurus bernhardus*, Bild 42:9) mit ihrem asymmetrisch gebogenen, weichhäutigen Hinterleib, den sie in leere Schneckenhäuser stecken. Sie verlassen das Haus nur, wenn es ihnen zu klein geworden ist, die ♀♀ auch, wenn sie Eier an den Pleopoden tragen, die sie dann im freien Wasser hin- und herschwingen. Einen symmetrischen, aber abgeflachten Körper hat die Gattung *Galathea*, deren Vertreter durch Einschlagen des Pleons schnell rückwärts schwimmen können. Sie sind vor allem nachts aktiv.

Die Echinodermata sind auf Hartböden meist reich vertreten. Die häufigste Art ist in unserem Gebiet der Gemeine Seestern *(Asterias rubens)*, der mit den gutentwickelten Saugscheiben an den Füßchen sich nicht nur auf dem Substrat sicher bewegen kann, sondern mit diesen seine bevorzugte Beute — Muscheln — durch ausdauernden Zug öffnen kann. Große Beutetiere werden extraoral verdaut, indem der untere Teil des Magens (die Cardia) durch Flüssigkeitsverlagerungen im Metacöl ausgestülpt wird und damit gleichzeitig im oberen Magenteil erzeugte Enzyme an die Beute bringt. Kleine Seesterne leben vor allem von Seepocken. Im Gegensatz zu den meisten anderen Echinodermen, die poly-stenohalin sind, verträgt *Asterias* Brackwasser bis zu 8‰ und dringt daher auch weit in die Ostsee ein. Erstaunlich ist das Regenerationsvermögen: aus einem Arm und der halben Zentralscheibe kann ein ganzes Tier entstehen. Nicht selten findet man solche regenerierenden „Kometen"-Formen. *Asterias* ist getrenntgeschlechtlich, ein ♀ von etwa 14 cm ⌀ stößt ca. $2,5 \times 10^6$ Eier von 0,18 mm ⌀ ins freie Wasser, wo die Befruchtung erfolgt. Die planktischen Gastrulae wandeln sich nach etwa 4 Tagen in die Bipinnaria-Larven (Bild 15:14) um, aus diesen werden die mit 3 Haftarmen versehenen Brachiolaria-Stadien, die sich schließlich (nach etwa 9 Wochen) festsetzen und metamorphosieren.

Der Sonnenstern *(Solaster papposus*, Bild 54) ist durch seine 8 bis 14 Arme auffällig. Er ernährt sich von anderen Echinodermen und von *Alcyonium*. Unter den Ophiuroidea ist der Zerbrechliche Schlangenstern *(Ophiothrix fragilis*, Bild 28:1) häufig. Seine bis 10 cm langen Arme sind mit langen Stacheln besetzt, die das Festhalten am Substrat erleichtern, während die Arme durch Schlängelbewegung den Körper weiterbewegen. *O. fragilis* kommt in dichten Populationen von über 300 Tieren/m² vor und scheint ziemlich reviertreu zu sein. Sie ernährt sich als Mikrophage überwiegend von Detritus und bodenlebenden Protozoen und Diatomeen, gelegentlich auch von kleinen Mollusken und Krebsen. *O. fragilis* und die weniger häufige *Ophiopholis aculeata* ziehen sich gern in Felsspalten zurück. Unter Steinen findet man die kleine *Amphipholis squamata*, die ovovivipar ist und Brutpflege treibt. Der größte heimische Seeigel ist der Eßbare Seeigel *(Echinus esculentus)*, der bis 16 cm Schalendurchmesser erreicht. Er ernährt sich von Algen, aber auch vom tierischen Aufwuchs. Auf Austernbänken und in Seegras-Wiesen ist der Strandigel *(Psammechinus miliaris)* häufig, der ebenfalls als Weidegänger lebt. Da bei ihm das

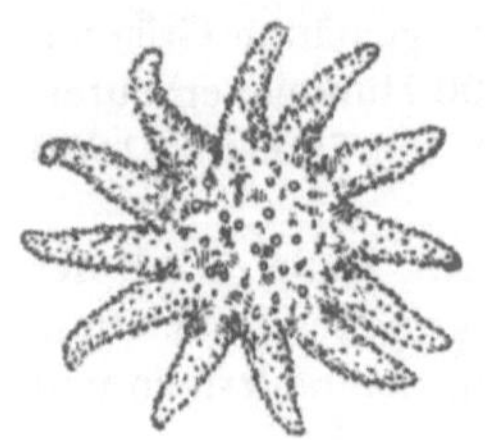

Bild 54
Sonnenstern *(Solaster papposus*, ⌀ 14 cm) (aus *Stresemann* 1957)

Geschlecht an der Form der Genitalgrube leicht erkennbar ist, wird er häufig für entwicklungsgeschichtliche Untersuchungen benutzt. Er bedeckt sich auf der aboralen Seite mit Algen oder Muschelschalen, die die Füßchen dorthin transportiert haben und dort festhalten.

Eine Reihe von Fischen ist bevorzugt auf Hartböden anzutreffen. Wirtschaftlich wichtig sind der Steinbutt *(Psetta maxima,* Bild 29:8) und der Glattbutt *(Scophthalmus rhombus),* die sich in der Färbung dem Untergrund hervorragend anpassen können. Kleine Verwandte sind Müllers Zwergbutt *(Zeugopterus punctatus)* und der Norwegische Zwergbutt *(Phrynorhombus norvegicus)..* Junge Butte und Seezungen sind gelegentlich auf dem Helgoländer Felswatt zu finden. Charakteristische Bodenfische (Bild 19) sind der Seeskorpion *(Myoxocephalus scorpius),* der Seebulle *(Taurulus bubalis),* die Fünfbärtelige Seequappe *(Onos mustela)* und der Froschdorsch *(Raniceps raninus).* Die Butterfische *(Pholis gunellus)* beziehen oft die leeren Bohrgänge der Dattelmuschel, in die sie mit ihrem langgestreckten Körper gut hineinpassen. Äußerlich ähnlich ist die Aalmutter *(Zoarces viviparus),* die bis zu 400 lebende Junge hervorbringt (bei Helgoland im Durchschnitt 100). Der Gestreifte Seewolf oder Katfisch *(Anarrhichas lupus)* fällt durch den gedrungenen Kopf mit kräftigen Zähnen auf, mit deren Hilfe er Muscheln, Stachelhäuter und Krabben zermalmt. Sein wohlschmeckendes Fleisch wird als „Steinbeißer" gehandelt. Der Seehase *(Cyclopterus lumpus)* lebt vor allem in der Zone des *Fucus vesiculosus,* wo er sich mit seinen zu einem Saugnapf umgebildeten Bauchflossen an Steinen festhält. Die ♀♀ legen im März an Tangen und in Felsspalten bis zu 200 000 Eier ab, die vom ♂ bewacht werden. Diese Eier — gesalzen und schwarz gefärbt — kommen als „Deutscher Kaviar" in den Handel. Über Hartböden und auf Sand leben die Knurrhähne, die — wie der Name verrät — Laute erzeugen können. Das geschieht mit Hilfe von Trommelmuskeln, die an der Schwimmblase ansetzen und diese zum Schwingen bringen. Die ersten Strahlen der Brustflosse sind nicht durch Flossenhäute verbunden, mit ihnen laufen die Knurrhähne über den Grund und spüren Krebse und Muscheln auf. Die häufigste Art ist der Graue Knurrhahn *(Eutrigla gurnardus),* bunt gefärbt der Rote Knurrhahn *(Trigla lucerna).* Die in den Tropen weit verbreiteten, meist farbenprächtigen Lippfische (Labridae) sind bei uns nur durch den Gefleckten Lippfisch *(Labrus berggylta),* die Goldmaid *(Crenilabrus melops)* und den — tangbewachsenen Fels bevorzugenden — Klippenbarsch *(Ctenolabrus rupestris)* vertreten, in der Deutschen Bucht zwar selten, doch gelegentlich in der Kieler Bucht. Unter den Gadidae bevorzugt der Steinköhler oder Pollack *(Pollachius pollachius)* Felsböden.

Abschließend seien einige typische Arten des felsigen Supralitoral erwähnt, bei denen es sich um amphibisch lebende Formen handelt. Die Meerstrandassel *(Ligia oceanica,* Bild 60:11) wird 28 mm lang. Sie versteckt sich in den Spalten der Uferbefestigung und sucht nachts ihre Nahrung, die aus Algen und toten Tieren besteht. Wie viele andere Krebstiere auch, kann sie sich der Helligkeit des Substrats anpassen, wobei Neurosekrete die Pigmentausdehnung steuern. Unter Steinen in der Gezeitenzone ist der Tausendfüßer *Scolioplanes maritimus* zu finden (bis 35 mm lang), oft in jeweils mehreren, miteinander verschlungenen Exemplaren. Im Bereich der Hochwasserlinie lebt die auffällig rote, bis 3,5 mm lange Milbe *Molgus littoralis,* auf den Tümpeln des Felswattes treten oft in größerer Anzahl Springschwänze (Collembola: *Anurida maritima)* auf.

2.2.4.2 Das Mesolithion

Zahlreiche Arten des Epilithion verbergen sich zeitweise unter Gesteinsplatten und Steinen. Sie stellen biologisch den Übergang vom Epilithion zum Mesolithion dar, doch gibt es eine Reihe von Arten, die so überwiegend in Spalten der Hartsubstrate leben, daß sie als typisch für diesen Lebensraum angesehen werden können. Zu beachten ist dabei, daß sich in Felsspalten wegen der dort meist geringeren Wasserströmung Feinmaterial absetzen kann, das dann eine Substrat-Enklave im Mesolithion bildet. Im Mesolithion dominieren Polychaeta. Genannt seien hier die Schuppenwürmer *Gattyana cirrosa, Harmothoe impar* und *Lepidonotus squamatus.* Dazu kommen einige Syllidae und *Nereis cultrifera* (Bild 38:5). Dem Leben in Felsspalten läßt sich vergleichen das Leben in den Röhren und Gehäusen anderer Tiere. Die oben genannte *Gattyana cirrosa* kommt in den Röhren von *Chaetopterus* vor, während sich *Nereis fucata* in den von Einsiedlerkrebsen bewohnten *Buccinum*-Gehäusen einquartiert und sich von den Beute-Abfällen des Krebses ernährt.

2.2.4.3 Das Endolithion

Nur relativ wenigen Tieren ist es möglich, aktiv in Hartsubstrate einzudringen. Je weicher das Substrat, um so größer ist die Zahl der Arten, die es anbohren. In Kreide und Muschelkalk legen einige Porifera, Polychaeta, Tentaculata, Bivalvia und Echinodermata ihre Wohnröhren an, in Holz und submarinem Torf bohren Muscheln und Krebse.

Die Bohrschwämme haben neben den auch bei anderen Schwämmen auftretenden Zelltypen „Ätzzellen", die Filopodien ausbilden und nicht näher analysierte Sekrete enthalten. Diese Zellen plasmolysieren bei Kontakt mit dem Substrat, so daß die Sekrete freiwerden und mit Hilfe der Filopodien Spaltensysteme erzeugen, zwischen denen kleine Schüppchen Substrat abgelöst werden. Diese werden über das Oscularrohr ausgespült. Da auch das Conchin der Molluskenschalen angegriffen wird, enthält das Sekret der Ätzzellen wahrscheinlich auch entsprechende Enzyme. In unserem Gebiet sind häufig die Bohrlöcher von *Cliona celata* in Kalkgestein, Muschel- und Schneckenschalen zu finden, seltener die lebenden, gelben bis orangefarbenen Krusten oder aus den Bohrlöchern ragenden Teile des Schwamms selbst. Kalkalgen, die auf dem besiedelten Substrat wachsen, werden vom Bohrschwamm mit durchbohrt.

Unter den Polychaeta ist *Polydora ciliata* (Spionidae, Bild 38:8) sehr häufig in Kreide und Muschelkalk. Die Bohrgänge werden U-förmig angelegt und sind an ihrer Form von den von *Cliona* erzeugten zu unterscheiden. Auf den Bohrgang werden außen etwa 3 mm hohe Schleimröhren aufgesetzt, die mit Sand befestigt werden. Der 2 bis 3 cm lange Wurm gräbt mit Hilfe spezialisierter, scharfer Borsten am 5. Segment etwa 1 cm tief in das Substrat. Den Bohrvorgang unterstützende, kalklösende Säuren wurden bisher nicht nachgewiesen. *P. ciliata* kann auf Kalk in Dichten von 200 000 Tieren/m^2 siedeln und die oberflächliche Schicht völlig unterminieren. Mit ihren beiden Tentakeln fängt sie Planktonten, die durch Cilien zum Munde befördert werden.

In Kalk und Molluskenschalen legen auch einige Hufeisenwürmer (Phoronidea: *Phoronis hippocrepia* und *ovalis*) ihre Bohrgänge an. Über den Bohrvorgang ist nichts bekannt. Die Gänge von *P. hippocrepia* haben bei 5 cm Länge nur etwa 1 mm ⌀, die Tiere selbst sind 3 bis 4 cm lang. Auch sie bauen aus Sandkörnern und Schleim einen röhrenförmigen Fortsatz auf den Bohrgang, über dem sie ihre Tentakelkrone entfalten. Mit dem ampullenförmigen Hinterende verankern sie sich in der Röhre. Die Phoronidea sind zwittrig und entwickeln sich meist über die Actinotrocha-Larve, die im Spätsommer im Plankton häufig ist (Bild 15:13).

Unter den Muscheln gibt es zahlreiche Arten, die in Kalk bohren. Bei allen dient die Schale als Bohrwerkzeug, der Bohrvorgang ist verschieden. Die Pholadidae führen beim Bohren eine drehende Bewegung des ganzen Körpers aus und reiben dabei mit ihrer rauhen Schalen-Oberfläche Material von der Gangwand ab, das zunächst in der Mantelhöhle gesammelt und von Zeit zu Zeit in Form von Pseudofaeces ausgestoßen wird. Mit zunehmendem Wachstum der Muschel erweitert sich der Bohrgang entsprechend ins

Innere des Substrats, so daß die Muschel ihn nicht verlassen kann. Die größten Bohrlöcher an unseren Küsten erzeugt die Dattelmuschel (*Pholas dactylus*, Bild 55), die bei Helgoland in Kreide bohrt, sonst auch in Torf und Holz. Die gleichen Substrate bevorzugen auch die Weiße Bohrmuschel *(Barnea candida)* und die Krause Bohrmuschel *(Zirfaea crispata)*. Die jetzt sehr häufige, um 1890 mit amerikanischen Austern eingeschleppte Amerikanische Bohrmuschel *(Petricola pholadiformis)* beschränkt sich dagegen auf weiche Substrate wie Torf und Ton. Die Felsenbohrer (*Hiatella rugosa* und *arctica*, Bild 56) bohren nicht nur selbst, sondern leben auch in vorhandenen Gängen und Spalten und passen sich in ihrer Form dem Wohnraum so an, daß sie unregelmäßig gestaltet sind.

Auf Holz als Substrat haben sich die „Schiffsbohrwürmer" (Bild 57) spezialisiert und richten an hölzernen Bauten und Schiffen erheblichen Schaden an. Die beim Bohren anfallenden Holzteilchen werden nicht verworfen, sondern in den Darmtrakt aufgenommen und zum großen Teil verdaut. Sie ergänzen die planktische, durch Filtrieren gewonnene Nahrung. Die Jungtiere ähneln in den Körperproportionen zunächst anderen Muscheln. Durch starkes Längenwachstum entsteht dann die typische wurmförmig gestreckte Gestalt. Die Schale bleibt klein und dient als Bohrwerkzeug. Der Mantel verwächst zu einem langen Rohr, das am Ende in zwei lange, einziehbare Siphonen übergeht.

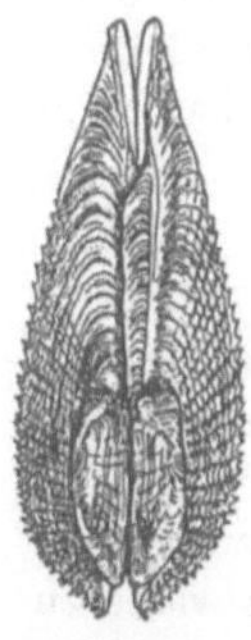

Bild 55
Dattelmuschel (*Pholas dactylus*, 9 cm),
von dorsal   (aus *Yonge* 1966)

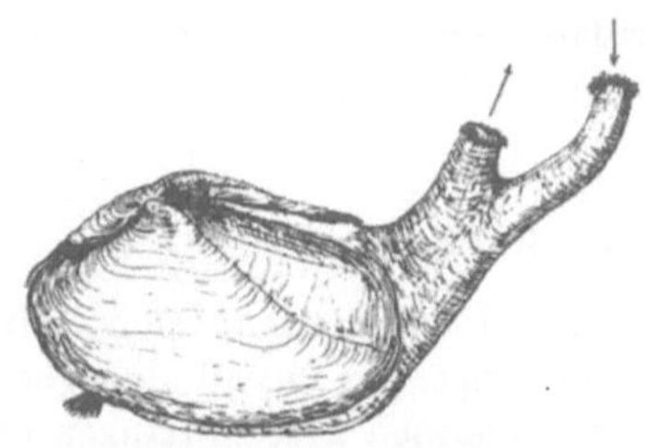

Bild 56 Felsenbohrer (*Hiatella arctica*, 2 cm)
(aus *Yonge & Thompson* 1976)

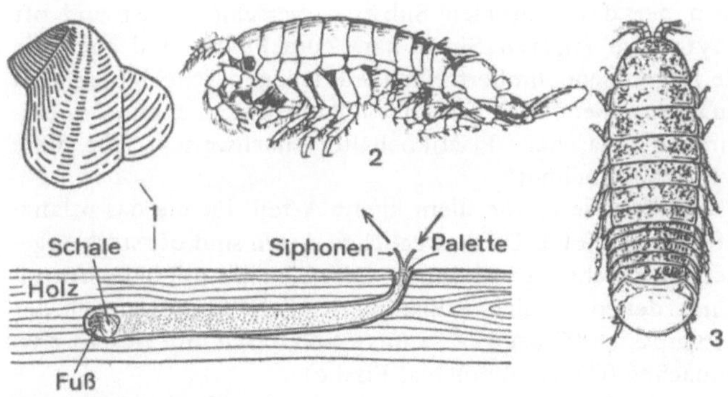

Bild 57 In Holz bohrende Tiere
1 Schiffsbohrer (*Teredo navalis*, Schale 1,5 cm hoch)
2 Scherenschwanz (*Chelura terebrans*, 6 mm)
3 Bohrassel (*Limnoria lignorum*, 5 mm)
(n. *Nierstrasz* et al. 1930, *Stephensen* 1929, *Yonge* 1966)

Die Konstruktion der Schale ist so abgewandelt, daß die den Vorderkörper ringartig umgreifenden Klappen dorsal und ventral mit je einem Knopf zusammentreffen. Diese Knöpfe sind die Gelenkstellen einer dorsoventralen Achse, um die die Schalenklappen beim Bohren bewegt werden. Dabei dreht sich die Muschel um ihre Längsachse, so daß ein im Querschnitt runder Gang gebohrt wird, der von der Mantelspitze mit Kalk ausgekleidet wird. Die Öffnung des Bohrganges nach außen kann durch zwei zusätzliche, verkalkte Plättchen (Paletten) so dicht abgeschlossen werden, daß die Schiffsbohrer wochenlangen Aufenthalt im Süßwasser überstehen. Von den zahlreichen Arten treten bei uns *Teredo navalis* (meist bis 20 cm lang) und *T. norvegica* (bis 1 m lang) auf.

Im Holz bohren auch die Bohrassel (*Limnoria lignorum:* Isopoda) und der Scherenschwanz (*Chelura terebrans:* Amphipoda) (Bild 57:3, 2). Man findet sie vor allem in Pfählen, die lange im Seewasser gestanden haben. Besonders die Bohrasseln richten erhebliche Schäden an. Sie sind zwar nur etwa 5 mm lang, treten aber in Mengen auf und schneiden mit ihren scharfen Mandibeln Holzteile ab, die sie aufnehmen und mittels Cellulase verdauen. Beim Bohren bevorzugen sie das weichere Frühjahrsholz und treiben Kanäle zur Oberfläche, durch die frisches Wasser eintritt. Meist leben sie paarweise; das ♀ sitzt am blinden Gangende und scheint die Bohrarbeit zu machen. Im Brutraum des ♀ entwickeln sich 20 bis 30 Jungtiere, die später Nebengänge am Hauptgang anlegen. Ist die äußere Holzschicht unterminiert, so kann sie vom Wellenschlag aufgebrochen werden, und die Bohrasseln arbeiten sich weiter in das Innere des Holzes. Der Scherenschwanz (bis 6 mm lang) verdankt seinen Namen den auffallend verlängerten 3. Uropoden, mit deren Hilfe er auf dem Trockenen springen kann. Die Scherenschwänze leben meist vergesellschaftet mit Bohrasseln.

2.2.5 Das Phyton

Im pflanzlichen Aufwuchs auf dem Substrat lebt eine oft artenreiche und typische Fauna, die es rechtfertigt, das Phytal als eigenen Lebensraum vom Benthal abzugrenzen. Neben den wenigen marinen Blütenpflanzen *(Zostera, Posidonia)* setzen sich solche Pflanzenbestände vor allem aus Grün- und Rotalgen und aus Tangen *(Fucus, Sargassum)* zusammen. Besonders an Felsküsten sind im Phytal viele benthische Arten der Umgebung wiederzufinden, so daß hier ein kontinuierlicher biologischer Übergang festzustellen ist. Auch im tierischen Aufwuchs (aus Schwämmen, Hydroidpolypen, Korallen, Moostierchen u.a.m.) findet sich eine Fauna, die von der des benthalen Substrats verschieden ist und oft Gemeinsamkeiten mit dem Phyton im engeren Sinne hat. Zum Phytal sind auch die Lebensbereiche zu rechnen, die losgerissene, umhertreibende Pflanzenbüschel bieten, und von da lassen sich Übergänge zu den treibenden Objekten wie Baumstämmen und Produkten des Menschen (Netzschwimmer, Flaschen, Plastikbehälter) nachweisen. Alle diese Lebensräume werden hier zum Phytal gerechnet.

Im Phytal leben zahlreiche seßhafte Tiere, vor allem kleine Arten, für die das pflanzliche Substrat ausreichende Haftflächen bietet. Die beweglichen Arten sind oft stark abgeflacht, so daß sie sich der Unterlage anschmiegen können, oder sie sind mit hakenförmigen Extremitäten ausgerüstet, mit denen sie sich anklammern. Viele vermögen sich der Färbung des Untergrundes gut anzupassen (Crustacea), andere sind durch ihre Gestalt zwischen den Pflanzen kaum auszumachen (Opisthobranchia, Fische).

Im folgenden seien einige typische Vertreter des Phyton genannt, die im deutschen Küstenbereich vorkommen. An sessilen Formen sind auf den Thalli von *Fucus serratus* die Kolonien von *Dynamena pumila* (Bild 46:8) häufig, an *Laminaria* die kräftigen Polypenstöckchen von *Sertularella rugosa*. Besonders fallen im Gezeitenbereich die kalkigen, spiralig eingerollten Gehäuse des Poströhrenwurmes (*Spirorbis:* Serpulidae) auf, die in großer Dichte auf den *Fucus*-Thalli sitzen und ihre Röhren durch einen Deckel verschließen können. Sie ernähren sich als Strudler. Sehr häufig sind die flächig meist auf *Laminaria* wachsenden Bryozoen *Membranipora membranacea*, während am Sägetang die rotbraunen Krusten von *Flustrella hispida* zu finden sind. An Algen hängen die Stämmchen von *Valkeria uva*, um die die ungestielten Zooide wirtelig angeordnet sind. Unter den sessilen Crustacea sind die Seepocken und die Entenmuscheln zu erwähnen. Die Seepokken sind im Epilithion besprochen worden. Bei den Entenmuscheln (Bild 58) ist der Vorderkopf stielartig verlängert, Hinterkopf und Rumpf sind vom Mantel umhüllt, der nach außen Kalkplatten abscheidet. Die meisten Arten sind Zwitter, aus den Eiern entwickeln sich Nauplius- und Cypris-Larven, die umherschwimmen und sich meist an treibenden Objekten festsetzen. Mit diesen driften einige Entenmuscheln auch in die südliche Nordsee. *Lepas anatifera* ist mit 30 bis 75 cm Länge die größte Art, die auch im Sommer am häufigsten zu finden ist, *L. hillii* ist selten. *L. fascicularis* treibt an selbsterzeugten blasigen Sekretkugeln und wird bei bestimmten Großwetterlagen gelegentlich in Schwärmen in die Nordsee verfrachtet. Unter den Tunicata sind die bereits oben (S.108) erwähnten Arten *Dendrodoa grossularia* sowie *Botryllus schlosseri* und *leachi* auf Tangen häufig.

Die hemisessilen Formen sind im Phytal relativ selten. Die wenigen Arten sind wegen ihres aberranten Bauplans besonders eindrucksvoll. Da sind zunächst die Becherquallen (Stauromedusae) zu nennen, deren Schirm aboral in einen Stiel verlängert ist, mit dem die Becherqualle einer Alge aufsitzt. Die Tentakel sind zu kurzen, quastenartigen Büscheln verkürzt, mit denen die Meduse kleine Evertebraten auftupft. Sie kann sich auf ihren Tentakeln oder spannerartig bewegen. Durch die Fußscheibe werden Pigmente aus den Algen aufgenommen und in Glocke und Stiel eingelagert, so daß die Becherqualle die Färbung ihrer Unterlage annimmt. Bei Helgoland sind an *Halidrys* und *Ulva* die Becherquallen *Craterolophus tethys* (Glocke 2,5 cm ⌀) und *Haliclystus octoradiatus* (Becher bis 3 cm ⌀) nicht selten. Auf *Fucus*, *Laminaria* und *Zostera* ist in der westlichen Ostsee und vor der schwedischen Küste der Nordsee *Lucernaria quadricornis* (Becher bis 6 cm ⌀) zu finden.

Hemisessile Amphipoda sind die Gespenstkrebse der Gattungen *Phthisica* und *Caprella* (Bild 42:4,5). Ihr Körper ist stabförmig langgestreckt, die hinteren Pereiopoden sind hakenförmige Klammerbeine, mit denen sie sich an Pflanzen oder Polypenstöcken festhalten, mit dem 2. und 3. Paar greifen sie ihre Beute (Copepoda, Amphipoda). *Phthisica marina* hat alle 7 Paar Pereiopoden, während bei *Caprella linearis* das 3. und 4. Paar rückgebildet sind.

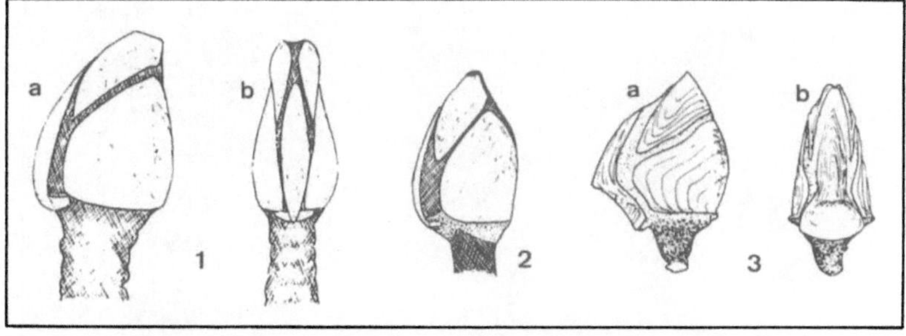

Bild 58 Entenmuscheln, die gelegentlich in die südliche Nordsee gelangen

1 *Lepas anatifera* (32 mm breit)
2 *L. hillii* (23 mm breit)   a) laterale, b) dorsale Ansicht
3 *L. fascicularis* (32 mm breit)   (n. *Nilsson-Cantell* 1978)

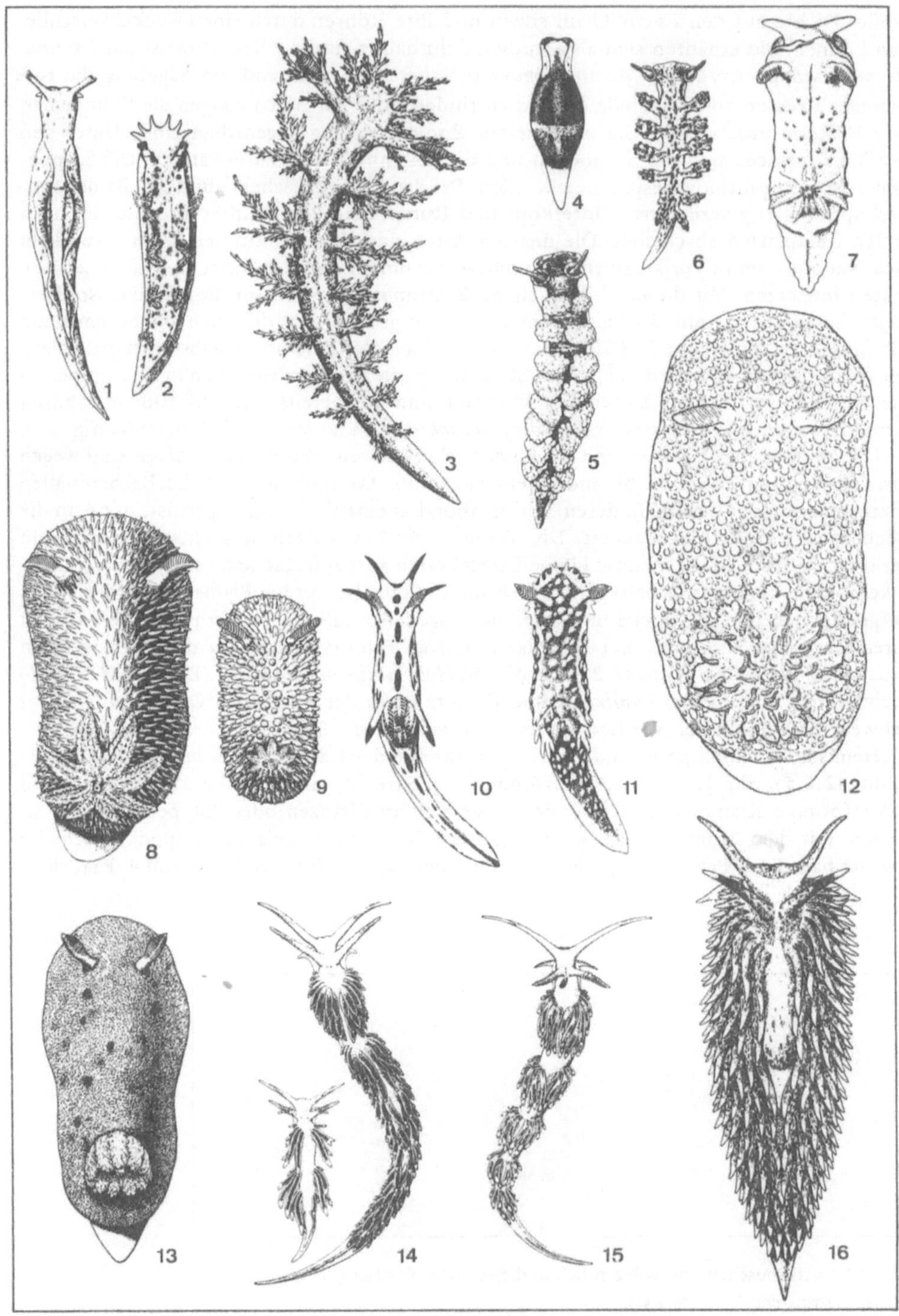

Bild 59

Die vagilen Formen im Phytal werden im wesentlichen durch Gastropoda und Crustacea repräsentiert, dazu kommen relativ wenige Arten aus anderen Gruppen. Für die Polychaeta sei hier der Schuppenwurm *Harmothoe imbricata* genannt, der im Eu- und Sublitoral weitverbreitet ist. Die kleine Napfschnecke *Helcion pellucidum* (Bild 53:1) hält sich mit ihrer breiten Fußsohle an *Laminaria*, von der sie sich auch ernährt. Dagegen leben die kleinen *Rissoa*-Arten und *Zippora membranacea* vorwiegend von abgestorbenen Pflanzenteilen und Kleinalgen. Die Stumpfe Strandschnecke *(Littorina obtusata)* ist bei Helgoland häufig an Sägetang zu finden, an den sie auch ihre in Gallerte eingebetteten Eier legt. Beim Kriechen wird das Gehäuse nur ganz wenig von der Unterlage abgehoben, gerade soweit, daß die Fühlerspitzen hervorkommen können. Ähnlich verhält sich *Lacuna divaricata*, deren hufeisenförmige Laichmassen im Frühjahr an den *Fucus*-Thalli häufig sind. Das Prinzip vieler Mitglieder des Phyton, sich vom Substrat möglichst wenig abzuheben, ist auch bei den Nacktschnecken (Nudibranchia, Bild 59) realisiert. Außerdem sind sie durch ihre Färbung und durch oft vorhandene Rückenanhänge, die die Kontur des Körpers optisch auflösen, so ausgezeichnet getarnt, daß sie leicht übersehen werden. Die größte Art (bis 10 cm) ist bei uns die schon im Epilithion erwähnte Warzige Sternschnecke *(Archidoris pseudoargus)*, die sich vorwiegend von Schwämmen ernährt. Ebenfalls an Schwämmen, aber auch an Bryozoa findet man die Rote Sternschnecke *(Adalaria proxima)* und die Weichwarzige Sternschnecke *(Acanthodoris pilosa)*. Besonders häufig ist die bis 5 cm lange Bäumchenschnecke *(Dendronotus frondosus)*, die sich von *Tubularia*-Polypen ernährt. An diesen und an Aktinien lebt Drummonds Fadenschnecke *(Facelina drummondi*, bis 3,5 cm), die Große Fadenschnecke *(Aeolidia papillosa*, bis 10 cm) beißt mit ihrer Radula Stücke aus Seenelken und Seerosen. Beide Fadenschnecken haben zahlreiche Rückenanhänge, in die die Nesselkapseln der Beutetiere eingelagert werden. Die bräunlich bis olivgrün, mit leuchtend grünen, blauen und roten Punkten verzierte Samtschnecke *(Elysia viridis)* und die graue, gelb längsgestreifte Hörnchenschnecke *(Polycera quadrilineata)* ernähren sich überwiegend von Diatomeen.

Die Harpacticidae (Copepoda) sind auch im Phytal artenreich vertreten. Als häufige Arten treten auf: *Ameira parvula, Amphiascoides debilis, Harpacticus obscurus, Mesochra lilljeborgi* und *Nitocra typica*. Die Isopoda sind u.a. mit *Jaera-* und *Idotea*-Arten (Bild 60) repräsentiert. Auch diese Asseln haben einen abgeflachten Körper und zeichnen sich durch ihre Farbanpassung aus. Diese Anpassung erfolgt bei *Idotea* nicht nur durch Pigmentverschiebungen in den Chromatophoren, sondern auch durch die Aufnahme der Substratfarbe in Darm, Blut und Leibeshöhlenflüssigkeit. Amphipoda sind im Phytal häufig. Bis hinauf zur Hochwasserlinie lebt *Hyale nilssoni*, im Sublitoral der auf dem Rücken gekielte *Gammarellus*, sehr häufig ist auch *Calliopius laeviusculus*. In Schwärmen schwimmen nachts die bis 3 cm langen Garnelen der Art *Hippolyte varians* zwischen den Algenbü-

Bild 59 Nacktschnecken (Opisthobranchia) im Bereich der deutschen Nordsee-Küste

1 *Elysia viridis* (45 mm lang)	10 *Polycera quadrilineata* (39 mm)
2 *Tritonia plebeia* (30 mm)	11 *Palio dubia* (30 mm)
3 *Dendronotus frondosus* (100 mm)	12 *Archidoris pseudoargus* (110 mm)
4 *Limapontia capitata* (8 mm)	13 *Jorunna tomentosa* (55 mm)
5 *Doto fragilis* (30 mm)	14 *Coryphella verrucosa rufibranchialis* (60 mm)
6 *Doto coronata* (15 mm)	15 *Facelina auriculata coronata* (50 mm)
7 *Goniodoris nodosa* (27 mm)	16 *Aeolidia papillosa* (120 mm)
8 *Acanthodoris pilosa* (50 mm)	(n. *Thompson & Brown* 1976 und *Riedl* 1963)
9 *Adalaria proxima* (17 mm)	

scheln, deren Färbung sie sich anpassen und auf denen sie tagsüber sitzen. Die Kurzschwanzkrebse sind im Phytal durch die Gespensterkrabbe *(Macropodia rostrata)* vertreten, die auf ihren langen Beinen in den Algenrasen und dem Aufwuchs an Schwämmen und Tunicaten umhersteigt. Ähnlich wie die Seespinne kann sie sich tarnen. An diese langbeinigen Krabben erinnern die Vertreter der Asselspinnen (Pantopoda, Bild 61). Bei ihnen ist der Rumpf so klein, daß von den inneren Organen Blindsäcke in die Extremitäten ziehen. An den vordersten Gliedmaßen, den Cheliceren, sind meist kleine Scheren ausgebildet, mit denen die Polypen von Hydrozoenstöckchen gehalten werden, bis der lange Rüssel des Pantopoden herangeführt ist, der den Hydranthen aussaugt. Das sich langsam bewegende *Pycnogonum littorale* (ohne Scheren) schiebt seinen Rüssel von der Fußscheibe her in Seerosen und saugt an diesen. Das 3. Extremitätenpaar dient bei den ♂♂ als Eierträger. Auch die Larven kriechen zunächst noch auf dem ♂ umher, werden dann abgestreift und setzen sich an Hydrozoenstöckchen fest. Gelegentlich findet man sie im Plankton, wo sie durch ihre langen, fadenartigen Fortsätze auffallen. In welchem Verhältnis Rumpf und Extremitätenlänge stehen, zeigt das Beispiel der bei Helgoland häufigen Art *Nymphon grossipes:* Rumpflänge 6 mm, Spannweite 54 mm. Sie ist damit die größte heimische Spezies, die kleinste ist *Pallene brevirostris* (1,5 mm:11mm).

Auch einige Fische haben sich an das Leben im Phytal angepaßt. Zwischen den Tang- und Algenbeständen sind oft Klippenbarsche *(Ctenolabrus rupestris,* Bild 20:14) anzutref-

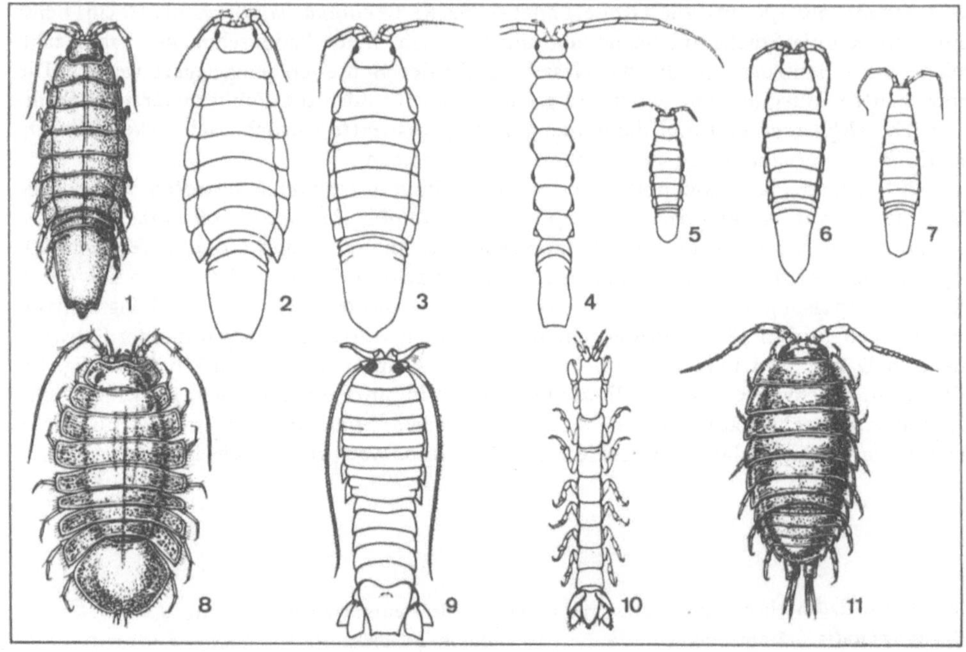

Bild 60 Meerasseln (Isopoda) der südlichen Nordsee

1 *Idotea baltica* (30 mm lang)
2 *I. emarginata* (30 mm)
3 *I. neglecta* (30 mm)
4 *I. linearis* (30 mm)
5 *I. pelagica* (12 mm)
6 *I. granulosa* (20 mm)

7 *I. viridis* (15 mm)
8 *Jaera albifrons* ♀ (5 mm)
9 *Eurydice grimaldii* ♂ (7 mm)
10 *Cyathura carinata* (25 mm)
11 *Ligia oceanica* ♀ (30 mm)

(n. *Nierstrasz* et al. 1930, *Naylor* 1957)

fen. Langgestreckt ist der Körper der Seestichlinge (*Spinachia spinachia*, Bild 63:1), die, wie die oft im Küstenbereich vorkommenden Dreistachligen Stichlinge *(Gasterosteus aculeatus)*, zwischen den Algen Nester bauen, in die sie im Mai/Juni ihre Eier legen. In besonderer Weise sind die Seenadeln (Syngnathidae) angepaßt: sie sind sehr langgestreckt, mit Knochenschildern gepanzert, die Flossen nur klein oder fehlend (Bauchflossen, manchmal auch Afterflossen), und sie haben eine langgezogene Röhrenschnauze mit endständiger Mundöffnung, mit der sie kleine Krebse aufnehmen. Mit langsamen Bewegungen und meist schrägstehend schwimmen sie zwischen den Algen. Die Kleine Schlangennadel *(Nerophis ophidion)* kann sich mit ihrem Wickelschwanz festhalten (oft an *Chorda filum).* Bei ihr, wie auch bei der Großen Schlangennadel *(Entelurus aequoreus)*, der Kleinen Seenadel *(Syngnathus rostellatus)*, der Schmalschnäuzigen Seenadel *(Siphonostoma typhle)* und Verwandten, haben die ♂♂ eine Bruttasche, in die die Eier gelegt und in der die Jungen eine zeitlang gehütet werden.

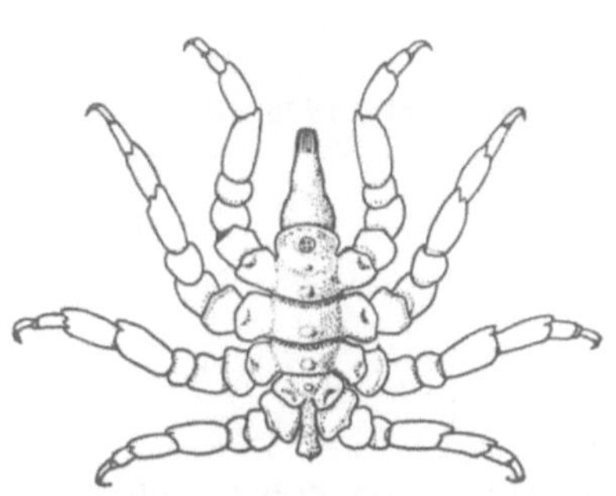
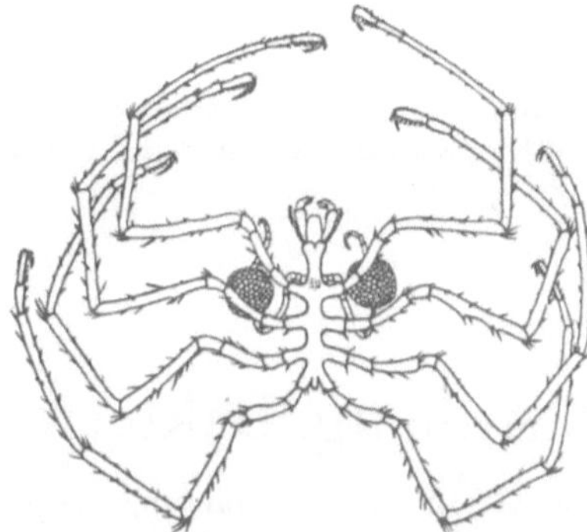

Bild 61 Zwei charakteristische Vertreter der Pantopoda: *Pycnogonum littorale*, ♀ (links), Körper 15 mm lang, Spannweite 26 mm, und *Nymphon grossipes*, ♂ mit Eiballen, Körper 6 mm lang, Spannweite 54 mm.   (n. *Meisenheimer* 1925)

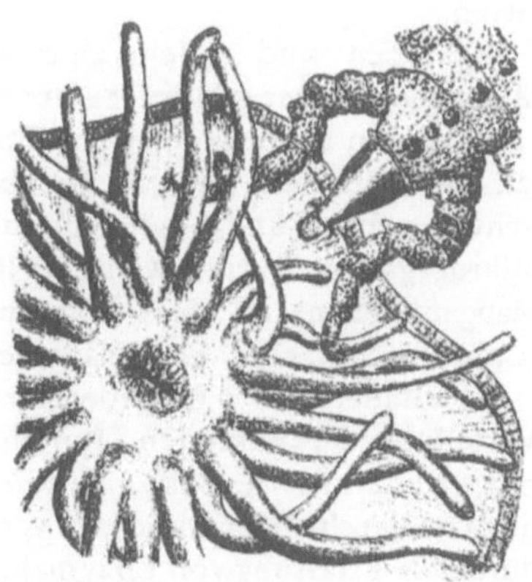

Bild 62 *Phoxichilidium* an *Lucernaria* (links) und *Pycnogonum* an einer Actinie saugend. (n. *Prell* 1910)

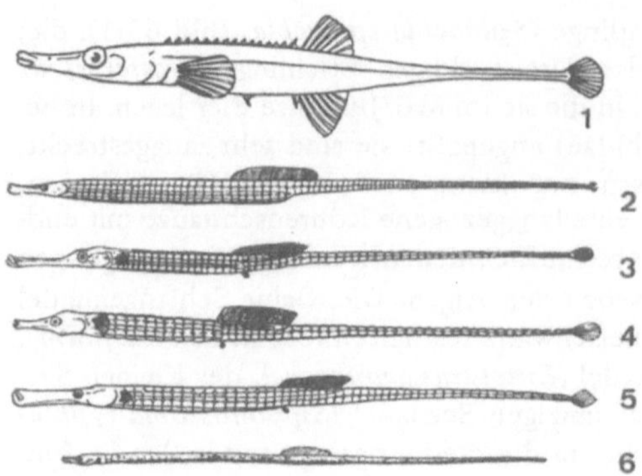
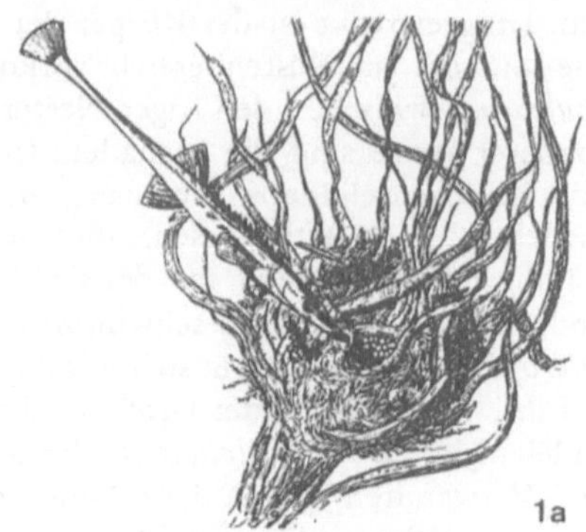

Bild 63 Fische des Phytal

1 Seestichling (*Spinachia spinachia*, 17 cm)
1a Seestichling am Nest
2 Große Schlangennadel (*Entelurus aequoreus*, 60 cm)
3 Große Seenadel (*Syngnathus acus*, 40 cm)
4 Kleine Seenadel (*S. rostellatus*, 17 cm)

5 Schmalschnäuzige Seenadel (*Siphonostoma typhle*, 30 cm)
6 Kleine Schlangennadel (*Nerophis ophidion*, 20 cm)

(n. *Duncker* 1928,   *Riedl* 1963)

3. Anhang: Bakterien, Pilze, Flechten

Die Gesamtmenge (standing crop) an marinen Bakterien wird von ZoBell größenordnungsmäßig auf 10 Millionen t geschätzt, was etwa der Dichte von Mikroorganismen in einer guten Gartenerde entspricht. Diese Bakterienmenge ist ungleichmäßig im Meer verteilt und steht in Relation zur gesamten marinen Biomasse, deren Mineralisation weithin von ihr bewerkstelligt wird (Bild 64). Es ist eine Leistung pro Zeiteinheit, deren quantitative Verhältnisse wir nur ungenau kennen, das gilt auch für den Stoffumsatz einzelner Komponenten, ebenso wie für das Gesamtwachstum und die Vermehrungsraten einzelner Arten.

Bakterien sind zudem eine wichtige Nahrungsquelle für Filterer-Organismen und Mikrophagen. Der größte Teil der Meiofauna ist weitgehend auf sie angewiesen.

Bakterien als Bewohner von Pflanzen und Tieren leben als Aufwuchs, als Kommensalen, als Parasiten und als Symbionten. Besonders zahlreich sind letztere in einigen Schwammarten und besonders auffällig als Leuchtsymbionten (Bild 65). Ferner spielen Mikroorganismen eine wichtige Rolle bei der Ausfällung von Metallverbindungen (vgl. Manganknollen) im Meer, während der Anteil von photosynthetisch aktiven Bakterien (Chlorobacteriaceae) hier relativ gering erscheint.

Die Bilder 66 bis 68 geben für bestimmte Gebiete eine Vorstellung der quantitativen Verteilung der Bakterien. Um ihren Anteil am Energiefluß im Meer erfassen zu können, müßte man die Bakterien-Biomasse möglichst exakt bestimmen. Letzteres wird meist nur für einzelne Komponenten versucht, wie zum Beispiel Kohlenstoff, Eiweiß, oder auch durch die Erfassung von Enzymaktivitäten oder ATP-Bestimmung.

Für die vertikale Verteilung der Biomasse, die Mikroorganismen repräsentieren, sind als Durchschnittswerte für den Pazifik pro 1 m^3 ,,hochgerechnet'' worden:

Tiefe in m	Biomasse in mg
0 — 10	33,3
50 — 75	11,1
1000 — 1500	0,4
4000 — 5000	0,03
6000 — 7000	0,01
8500 — 9000	0,006

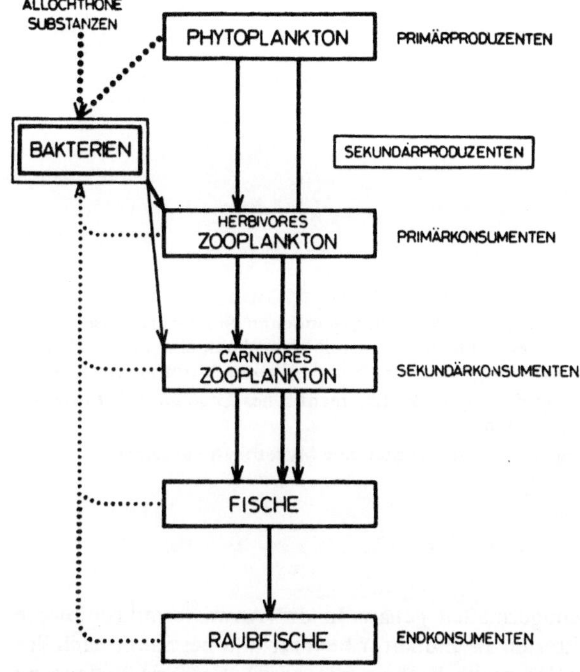

Bild 64
Die Stellung der Bakterien in der Nahrungskette des Pelagials
(n. *Rheinheimer* 1975)

Das ergibt für eine Wassersäule unter 1 m² Oberfläche für die durchschnittliche Tiefe des Pazifiks etwa 3700 mg Biomasse.

Die Methoden der Erfassung mariner Bakterien und ihrer Leistungen entsprechen prinzipiell denen der Bakteriologie in anderen Bereichen. Besondere Schwierigkeiten wegen möglicher Verunreinigung der Proben bereitet ihre Entnahme aus definierbarem und lokalisierbarem Wasservolumen. Problematisch ist die sterile Material-Entnahme von der Sedimentoberfläche. Durch den „solid surface effect" (ZoBell, 1946) kommt es dabei oft zu nachträglichen Veränderungen der Bakterienpopulation und gelegentlich auch zu einer unnatürlichen Erhöhung ihrer Individuenzahl.

Die Gesamtkeimzahl gewinnt man aus einer Wasserprobe durch Auszählen der Bakterienzellen unter dem Mikroskop oder indirekt nach der Koch'schen Plattenmethode sowie über Anreicherung auf Membranfilter bzw. Nährkartonscheiben. Ersteres Verfahren ist

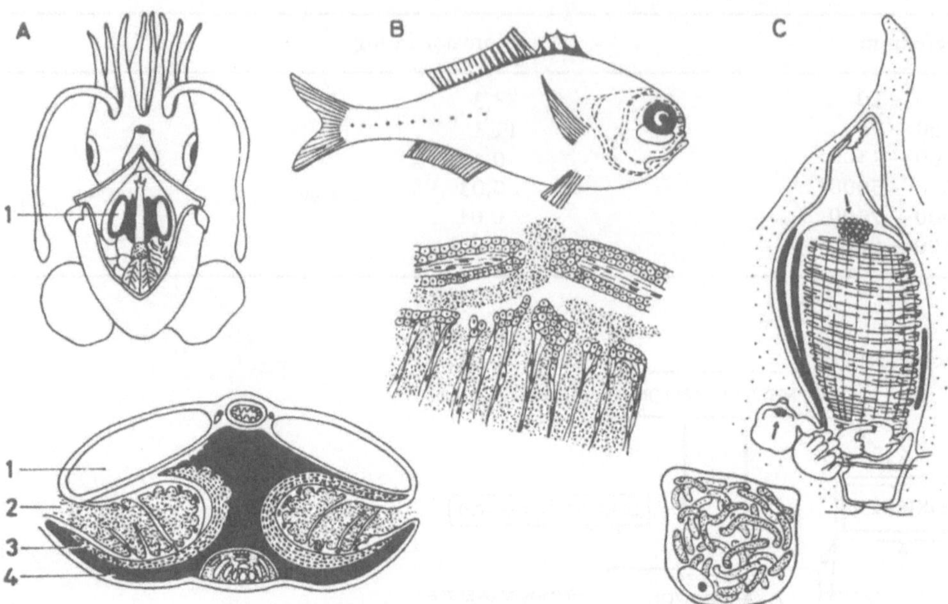

Bild 65 Symbiontische Bakterien in Leuchtorganen von Meerestieren

A Die Tintenschnecke *Euprymma morsei* beherbergt in ihren umgewandelten Nidamentaldrüsen
  (unter A im Querschnitt) die offenen Bakterienkammern (2), deren Licht durch eine Linse (1) vor
  einem Reflektor (3) nach außen geworfen wird und vom Tintenbeutel (4) abgeschirmt werden kann.

B Auch das bohnenförmige Leuchtorgan unter dem Auge des Laternenfisches *Anomalops katoptron*
  hat eine Verbindung nach außen und ist abblendbar.

C Feuerwalze (*Pyrosoma* sp.) mit Leuchtorgan (Pfeile), darunter eine Mycetocyte desselben.

(n. *Rheinheimer* 1975 und *Buchner* 1960)

aber nur in detritusarmem Wasser einigermaßen genau. In der Abwassermikrobiologie
wird die Keimzahl der coliformen Bakterien als Indikator benutzt und bestimmt nach der
Most Probable Number (MPN) (siehe Deutsche Einheitsverfahren). Größere Bedeutung
gewinnt neuerdings auch der Nachweis mittels des Rasterelektronenmikroskops, vor allem
zur Bestimmung der Biomasse.

Durch die Nährstoffarmut der freien See und des Tiefseewassers bilden viele marine
Bakterien nur Kümmerformen aus, die bei direkter Zählung große Fehler verursachen.
Hier ergibt ihre Korrelierung zur Saprophytenzahl repräsentativere Werte.

Die Bestimmung der marinen Bakterienarten, die auch noch meist pleomorph (vielgestaltig) sind, ist schwierig und zeitaufwendig. Neben Spezialarbeiten ist die Zuhilfenahme
von ,,Bergey's manual" (s. Breed et al.) unerläßlich. Im allgemeinen wird nur die Gesamtkeimzahl oder der Anteil an physiologischen Gruppen (s. S. 126) angegeben.

Die meisten Meeresbakterien sind halophil, sie gedeihen am besten bei Salzgehalten
zwischen 25‰ und 40‰, wobei Meerwasser günstiger als isotonische NaCl-Lösungen
ist, denen wohl noch weitere im Meer vorhandene förderliche Ionen fehlen.

Halotolerante Bakterien sind in der offenen See selten, in Küstennähe, vor allem in
Buchten und Aestuaren nimmt ihre Zahl zu, ihr Anteil an der Gesamtmasse bleibt aber

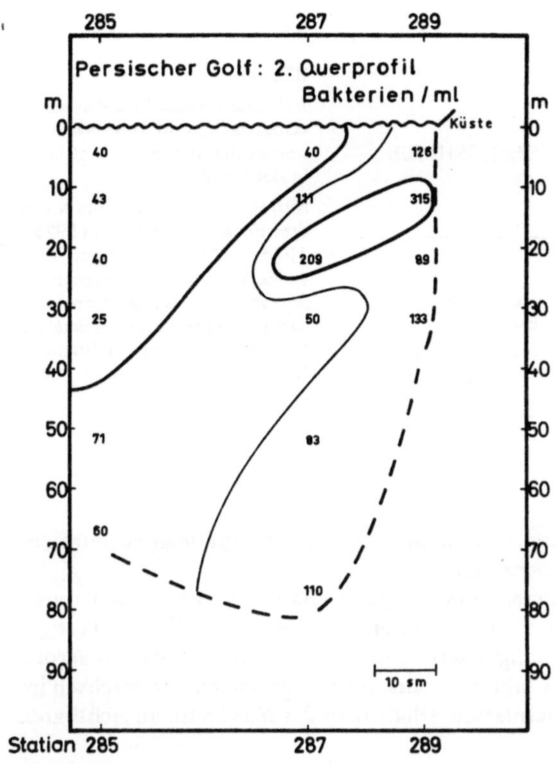

Bild 66

Bakterienverteilung (Saprophytenzahlen) von der iranischen Küste zur Mitte des Persischen Golfes

(n. *Rheinheimer* 1975)

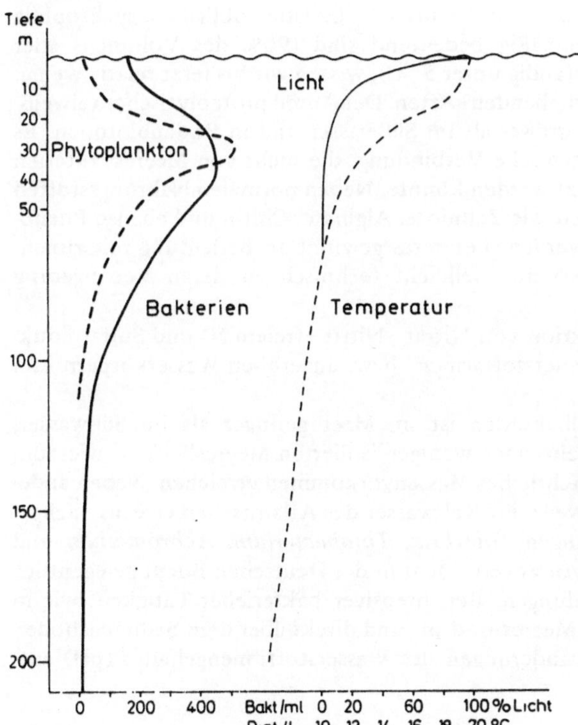

Bild 67

Vertikale Verteilung von Bakterien (Saprophytenzahl/ml), Phytoplankton (Diatomeen/l), Licht und Temperatur vor der Küste von Südkalifornien (Durchschnittswerte)

(aus *Rheinheimer* 1975 n. *Zobell*)

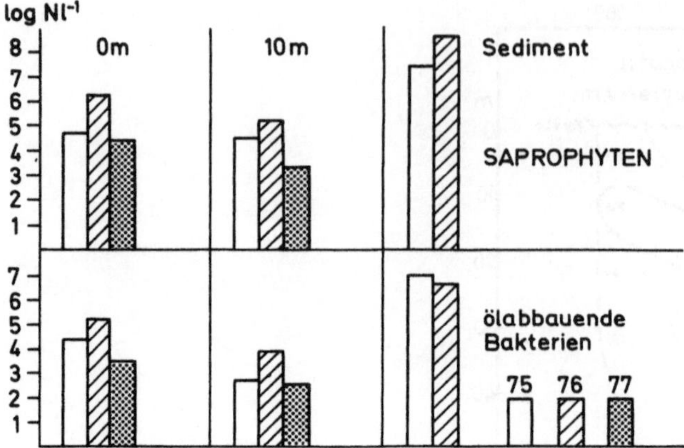

Bild 68

Bakterien-Anzahl im Wasser (Oberfläche und 10 m Tiefe) und an der Sedimentoberfläche in der Nordsee.

Mittelwerte aller Stationen von drei Forschungsfahrten (1975, 1976, 1977), aufgetragen als Logarithmen der Bakterien-Anzahl pro Liter, getrennt für aerobe, heterotrophe Bakterien (Saprophyten) und ölabbauende Bakterien.

(n. *Gunkel*)

immer gering. Terrestrische Bakterien und Krankheitserreger (humanpathogene Formen) sind im Meer meist nur begrenzte Zeit lebensfähig.

Marine Bakterien sind in ihrer Mehrzahl gram-negativ (Färbeverfahren) und durch Geißeln beweglich. Sporenbildner kommen relativ selten vor, aber im Sediment häufiger als im freien Wasser. Es gibt nur wenige obligat aerobe und noch weniger obligat anaerobe Arten, die meisten Meeresbakterien sind fakultativ anaerobe Organismen. Sie wachsen im allgemeinen relativ langsam, und auf Agarplatten erhält man das Maximum an sichtbaren Kolonien erst nach etwa 14 Tagen.

Viele marine Bakterien entwickeln sich noch zwischen $0°$ und $4°C$ (fakultativ psychrophil) mit einem Temperaturoptimum von 18 bis 22 $°C$. Über obligate psychrophile Bakterien, die wahrscheinlich zahlenmäßig bedeutend sind (90% des Volumens aller Meere bleibt mit seiner Temperatur ständig unter 5 $°C$), wissen wir bis jetzt relativ wenig. Gleiches gilt für die barophilen (druckliebenden) Arten. Der Anteil proteolytischer (eiweißzersetzender) Bakterien ist im Meer größer als im Süßwasser und in Bodenbiotopen. Es gibt zudem kaum eine natürliche organische Verbindung, die nicht von Meeresbakterien als Nahrung und Energiequelle genutzt werden könnte. Neben normalen Nahrungsstoffen können hochmolekulare Verbindungen wie Zellulose, Alginate, Chitin und ebenso Phenole und Kohlenwasserstoffe zersetzt werden. Letzteres gewinnt an Bedeutung mit zunehmender Meeresverschmutzung und könnte vielleicht technisch zu deren Verringerung genutzt werden.

Bakterielle Denitrifikation (Reduktion von Nitrat→Nitrit→freiem N) und Sulfatreduktion kommen vor allen Dingen in sauerstoffarmen, bzw. anaeroben Wasserkörpern und besonders in Sedimenten vor.

Die Artendiversität der Schwefelbakterien ist im Meer geringer als im Süßwasser, mengenmäßig können sie aber in mehr oder weniger isolierten Meeresbecken, wie zum Beispiel im Schwarzen Meer, ein beträchtliches Massenvorkommen erreichen. Neben anderen sind *Chromatium gobii* (vorzugsweise im Kaltwasser des Atlantischen Ozeans nachgewiesen) und einige Arten der Gattungen *Thiothrix, Thiobacterium, Achromatium* und *Thiospira* rein marin. *Vibrio haemolyticus* verursacht in der Deutschen Bucht gelegentlich Muschelvergiftungen und Ohrentzündungen. Bei intensiver bakterieller Tätigkeit, wie in den mittleren Tiefen des Schwarzen Meeres und in und direkt über dem Sedimentboden im allgemeinen, können größere Veränderungen des Wasserstoffionengehaltes (pH) auftreten, durch die u.a. anorganische Karbonate verstärkt ausgefällt werden und damit die sonst aus Organismen stammenden Kalksedimente sich erhöhen.

Marine Bakterien werden ebenso von Mikrophagen befallen wie die anderer Lebensräume.

Mitwirkung von Bakterien bei der Entstehung von Bodenschätzen: Während für die Bildung von Torf und Braunkohle die Mitwirkung von Mikroorganismen gut bekannt ist, gilt dies für Erdöl keineswegs. Nach der zur Zeit weithin akzeptierten Theorie ist das Ausgangsmaterial für seine Entstehung vor allem Phyto- und Zooplankton, dessen chemische Komponenten durch die Einwirkung von Bakterien und Pilzen rasch umgebaut werden. Der marine Humus der Sedimente entspricht in seinen Anteilen an Kohlenstoff, Wasserstoff und Stickstoff größenordnungsmäßig denen von Erdöl. Beim anaeroben Abbau von Humus werden durch Bakterien Methan und geringe Mengen von flüssigen Kohlenwasserstoffen gebildet, die sich in Sedimentgesteinen angereichert haben könnten. Allerdings ist bisher in rezenten Sedimenten nirgends eine Anreicherung von Kohlenwasserstoffen nachgewiesen worden, so daß unsere Vorstellungen über die Entstehung von Erdöl vorerst noch hypothetisch bleiben.

Bakterielle Schwefelbildung ist sowohl in limnischen Gewässern wie im marinen Bereich möglich. Desulfurizierende Bakterien bevorzugen „leichten" Schwefel (^{32}S) vor ^{34}S, so daß man aus der Isotopenverteilung die biogenen Sulfide und Schwefellager von denen vulkanischen Ursprungs unterscheiden kann.

Eisen- und Mangankonkretionen kommen ebenfalls in Süßwasserseen wie im Meer vor. In letzteren sind sie zur Zeit Gegenstand intensiver Prospektionen, und in großtechnischen Versuchsprojekten werden sie seit einigen Jahren gefördert. Die Manganknollen auf dem Meeresgrund beherbergen eine charakteristische Mikroflora mit Mn^{2+}-oxydierenden und MnO_2-reduzierenden Arten. Für sie ist das Vorhandensein von Sauerstoff und geringen Mengen von organischer Substanz unabdingbar. Die für die Entstehung und das Wachstum der Manganknollen — die auch noch erhebliche Mengen an Eisen, Kupfer, Kobalt und Nickel enthalten — wichtigsten Prozesse sind:

$$H_2MnO_3 + Mn^{2+} \rightarrow Mn\,MnO_3 + 2H^+$$

$$Mn\,MnO_3 + 2H_2O + 1/2\,O_2 \xrightarrow[\text{Pepton oder NaHCO}_3]{\text{Bakterien}} (H_2MnO_3)_2$$

Es ist ein enzymatischer Prozeß, ebenso wie die auch mögliche bakterielle Reduktion (bei Gegenwart reichlicher organischer Substanzen) von MnO_2, die zur Auflösung von Manganknollen führt.

Ähnlich wie bei den im Meer lebenden Bakterien kann man auch bei den Pilzen zwischen halophilen und halotoleranten Formen unterscheiden. Als eigentlich marin werden nur diejenigen Pilze angesehen, deren Wachstum und Reproduktion hauptsächlich oder nur im marinen Milieu optimal erfolgen. Auch terrestrische und limnische Pilze können im Meer vorkommen, sie zeigen jedoch keine normale Vermehrung. Einige halophile Formen [*Olpidium maritimum* (Chytridiomycetes), *Pythium*- und *Thraustochytrium*-Arten (Oomycetes)] stellen Brackwasserbewohner dar, deren Salinitätsoptima zwischen 13‰ und 17‰ liegen.

Der Nachweis der Anwesenheit von Pilzen erfolgt durch direkte mikroskopische Untersuchung von Proben, durch Beimpfen von geeigneten Nährböden mit Probematerial, wobei dann die sich entwickelnden Pilze ausgezählt werden können, durch Einsatz von Membranfiltern und Nährkartons sowie mit Hilfe von Pollen, der dem Wasser zugesetzt wird und an den sich dann Pilze festsetzen können.

Pilze treten in Küstennähe in größerer Zahl auf, und zwar sowohl im Wasser als auch im Sediment. Ihre Zahl nimmt zur Hochsee hin und mit zunehmender Meerestiefe parallel zu der Verminderung zersetzbarer organischer Substanz ab. Treibendes Holz weist Zellulose- und Ligninzersetzer auf, von denen einige Arten weltweit verbreitet sind.

Untersuchungen des Nordseewassers ergaben in Küstennähe bis zu 2000 Phycomyceten je Liter Wasser, während der entsprechende Wert für die offene See bei 1 bis 12 lag. Im Sediment, wo auch Kalkhartteile (Schneckenhäuser, Muschelschalen usw.) besiedelt werden können, wurden in Proben aus der Nordsee 10 bis 18 niedere Pilze/cm^3 in den obersten 10 mm Sediment gefunden.

Schleimpilze, „Algenpilze", Schlauchpilze und Ständerpilze sind im Meer vorhanden. Von den Schleimpilzen (Myxomycetes) parasitieren Arten der Gattung *Labyrinthula* an Algen und Blütenpflanzen. „Algenpilze (Phycomycetes)" sind insbesondere durch Oomycetes und Chytridiomycetes als Parasiten und Saprophyten vertreten. *Thraustochytrium*-Arten parasitieren in Algen, *Leptolegnia marina* (beide Saprolegniales, Oomycetes) in Muscheln und Krebsen, *Pythium*-Arten (Peronosporales, Oomycetes) befallen Krebseier und Algen.

Um 200 Arten höherer Pilze sind als obligat marine Organismen bekannt; hiervon gehören etwa 72% zu den Fungi imperfecti, 26% zu den Ascomycetes und nur 2% zu den Basidiomycetes. Von den Hefen (Protascomycetidae) können nur *Metschnikowiella krissii* und *M. zobellii* als im eigentlichen Sinn marin bezeichnet werden. Bei weiteren Hefen oder hefeartigen Fungi imperfecti handelt es sich um salztolerante Land- oder Süßwasserformen, wie *Candida, Cryptococcus, Saccharomyces, Torulopsis* und *Trichosporium*. Hefepilze kommen in schwarzen Schlicken in größerer Zahl vor als in Sanden; im Schlick der Kieler Förde wurden mehrere Hundert Zellen/cm^3 gefunden. Die marinen Euascomycetidae gehören überwiegend zu den Sphaeriales und Pseudosphaeriales; die weltweit verbreiteten *Halosphaeria mediosetigera, Ceriosporiopsis halima* und *Lulworthia*-Arten gehören mit den Basidiomyceten *Nia vibrissa* und *Digitatispora marina* zu den in Holz lebenden Pilzen.

Durch im Meerwasser vorkommende Pilze, insbesondere durch mit Abwässern hineingeschwemmte salztolerante Arten, kann es bei Badenden zu Hautinfektionen kommen.

Die Flechten, symbiontische Konsortien aus Pilzen („Phycomycetes", Basidiomycetes und besonders Ascomycetes) und Blau- oder Grünalgen, besiedeln mit verhältnismäßig wenigen Arten die Spritzwasserzone von Felsküsten mittlerer und höherer Breiten und können hier dichte Bestände bilden. Erwähnt seien die Gattungen *Verrucaria* und besonders *Lichina* (6 Arten).

III. Marine Biogeographie

Biogeographische Betrachtungen erfolgen vor allem unter zwei Gesichtspunkten: man zieht die gegenwärtigen ökologischen Bedingungen zur Erklärung der Verbreitung von Pflanzen- und Tiersippen heran und untersucht, in welcher Weise historische Ereignisse die Ausbreitung beeinflußt haben.

Ökologische Parameter können der Entwicklung von Organismen förderlich sein, sie hemmen oder deren Tod herbeiführen. Hierdurch entstehen Gebiete, in denen gewisse Arten eine optimale Entfaltung zeigen, andere, an denen sie gerade noch vorzukommen vermögen (unter Umständen auf gewisse Jahreszeiten beschränkt), und schließlich bilden sich Verbreitungsgrenzen, die in der Regel nicht überschritten werden können. Im Meer sind es besonders die Temperaturverhältnisse, von denen das Gedeihen einzelner Organismen abhängt.

Das Vorkommen einzelner Arten in einem bestimmten Gebiet mit für diese geeigneten Umweltbedingungen ist weiterhin von historischen Gegebenheiten abhängig. Für eine Betrachtung der Verbreitung mariner Organismen ist es wesentlich zu bedenken, daß der Atlantik erdgeschichtlich verhältnismäßig jung ist; das nordatlantische Becken ist weniger als 150 Millionen Jahre alt. Das Mittelmeer ist wahrscheinlich mehrfach infolge mangelnder Wasserzufuhr vom Atlantik ausgetrocknet, zuletzt vor etwa 6 Millionen Jahren. Vor etwa 200 Millionen Jahren bestand nur ein zusammenhängender Urkontinent, die Pangaea, umgeben von einem zusammenhängenden Meeresraum, der Panthalassia, in dem sich die marinen Organismen entwickelten. Der durch Plattentektonik (Zerbrechen des Urkontinents in einzelne Schollen und deren Verschiebung innerhalb der Erdkruste) erst relativ spät entstandene Meeresraum des Atlantiks ist dann von den übrigen Meeresräumen aus mit Pflanzen und Tieren besiedelt worden. Auf welche Weise dies geschah, kann insbesondere aus den heutigen Arealen von Arten, Gattungen und höheren systematischen Kategorien geschlossen werden, was jedoch mit erheblichen Unsicherheitsfaktoren verbunden ist. Die Verbreitungsgrenzen, die dabei für einzelne Organismen bestehen, sind unterschiedlicher Natur. Spezies mit großer ökologischer Amplitude, die euryöken Arten, die sich über weite Gebiete hinweg ausbreiteten, konnten mit größerer Wahrscheinlichkeit neue Areale erobern als stenöke mit sehr speziellen Umweltansprüchen. Die Chancen der Ausbreitung sind bei reinen Planktern anders als bei Organismen mit planktonischen und sessilen Phasen innerhalb ihres Entwicklungszyklus oder ausschließlich sessilen. Photoautotrophe benthische Pflanzen können höchstens bis in etwa 200 m Tiefe gedeihen und sind damit auf einen schmalen Saum in Küstennähe beschränkt. Die von ihnen ausgebildeten Sporen sind im Gegensatz zu Sporen und Samen der meisten Landpflanzen in der Regel keine Überdauerungsstadien, weshalb eine Fernverbreitung über weite Meeresräume durch deren Verdriften nicht möglich ist. In neuerer Zeit hat auch der Mensch zur Verbreitung mariner Arten beigetragen. Beispiele für bei uns dauerhaft eingeschleppte Arten sind die aus dem nordamerikanischen Atlantik stammende Pantoffelschnecke (*Crepidula fornicata*), die aus chinesischen Gewässern kommende Wollhandkrabbe (*Eriocheir sinensis*) und die ursprünglich in Neuseeland beheimatete Seepocke *Elminius modestus*. Auch Algen wurden verschleppt; das aus Japan stammende *Sargassum muticum* erreichte etwa 1945 die amerikanische Pazifikküste und gelangte vor wenigen Jahren an die westeuropäischen Küsten.

Der heutige Kenntnisstand von der Verbreitung der tierischen Organismen in den marinen Lebensräumen ist besser als der der Pflanzen. Deshalb soll hier eine Gliederung der

marinen Lebensräume in Reiche auf die Berücksichtigung tierischer Organismen beschränkt werden, während mögliche Ausbreitungswege anhand einiger pflanzlicher Beispiele erläutert werden.

1. Verbreitung von Algen

Eine phytogeographische Untergliederung der Meeresräume erscheint im Vergleich zu
einer zoogeographischen gegenwärtig noch durch die Tatsache erschwert, daß es sich bei
den Algen um verhältnismäßig wenig differenzierte und gleichzeitig stark variable Organismen handelt, bei denen die Abgrenzung von ähnlichen Arten oft auf Schwierigkeiten
stößt. Es gibt weiterhin kryptische Arten (morphologisch-anatomische Doppelgänger) und
die Aufsplitterungen in Rassen unterschiedlicher ökologischer Ansprüche innerhalb einer
Art, was nur mit Hilfe von Kulturen unter definierten Laboratoriumsbedingungen sowie
durch Kreuzungsversuche und karyologische Untersuchungen festzustellen ist, die bisher
wegen des damit verbundenen Aufwandes noch nicht in wünschenswertem Umfang
durchgeführt wurden. Ausschließliches Auswerten von Herbariumsmaterial kann hier
leicht zu Fehlschlüssen führen. Trotz dieser Schwierigkeiten liegen Versuche zu einer
pflanzengeographischen Gliederung der Meeresräume vor. Der Nordatlantik mit seiner verhältnismäßig gut untersuchten benthischen Algenflora kann in folgender Weise untergli-
dert werden.

An eine arktische Region im Norden, die sich nach Süden bis zur 10 °C-Sommeriso-
therme erstreckt, grenzt die Region des kalt-temperierten Atlantiks („atlantisch-boreal"),
die bis zur 15 °C-Sommerisotherme reicht. 18% der Gesamtalgenartenzahl kommt in
beiden Regionen vor, die Zahl der Endemiten ist niedrig (6 bis 11%), wobei diese im kalt-
temperierten Atlantik zu 90% auf nordamerikanische Taxa entfallen; eine Untergliederung der Region in eine westliche und eine östliche Provinz erscheint daher gerechtfertigt.
Zwischen der 15 °C-Sommerisotherme (etwa bei Norfolk, N.C., in Nordamerika und
etwa entlang einer Linie Südengland — schwedische Westküste in Europa) und der 20 °C-
Winterisotherme (Wilmington, N.C., und Kapverdische Inseln) befinden sich die warm-
temperierte Carolina- und die mediterran-atlantische Region. Erstere ist auf ein verhältnismäßig kleines Gebiet beschränkt, welches darüber hinaus größtenteils durch die Substrat-
verhältnisse (Sandküsten, Lagunen- und Ästuarsysteme) für die Ansiedlung benthischer
Algen ungünstig ist und hierdurch eine Verbreitungsschranke für viele Arten darstellt; die
Region ist artenarm und weist kaum Endemiten auf. Im Gegensatz hierzu kommen in der
artenreichen europäischen warm-temperierten Region viele (40 %) Endemiten vor; sie kann
unterteilt werden in eine lusitanische, mediterrane und kanarische Provinz. Südlich der
20 °C-Winterisotherme schließen sich die tropischen Regionen des West- und Ost-
atlantik an, von denen erstere wiederum ein sehr arten- und endemitenreiches Gebiet mit
etwa 800 Grün-, Braun- und Rotalgen darstellt, während die kleinere und schlechter er-
forschte ostatlantische Region artenärmer ist.

Die Mehrzahl der Phaeophyceae bevorzugt kühleres Wasser, weshalb die Braunalgen
sowohl hinsichtlich Artdiversität als auch Thallusgröße ihre größte Entfaltung in höheren Breiten haben. Sie dringen jedoch nicht in die Gebiete ständiger Vereisung ein. Nur
verhältnismäßig wenige Verwandtschaftskreise sind auf tropische und warm-temperierte
Gebiete beschränkt, die für die in kühlerem Wasser lebenden Arten Verbreitungsgrenzen
darstellen. Die Gattung *Laminaria* erreicht auf der Nordhalbkugel ihre südliche Verbreitungsgrenze bei etwa 43°N an den europäischen und amerikanischen Küsten sowie bei
etwa 30°N in Asien. Vorgeschobene, teilweise isolierte Vorkommen der Gattung gibt es
noch im Mittelmeer (*Laminaria rodriguezii* in größerer Tiefe in der Straße von Messina)

und an der marokkanischen Atlantikküste (*Laminaria lejolisii*). Die Arten- und Gattungs-
vielfalt der Laminariales ist auf der Nordhalbkugel im Pazifik größer als im Atlantik, wobei von den auf die Nordhalbkugel beschränkten Gattungen nur *Undaria* ausschließlich in
Asien vorkommt. Die Gattung *Agarum* ist im Nordpazifik verbreitet; eine Art, *Agarum
cribosum*, findet sich außerdem an der Nordatlantikküste Amerikas bis etwa $50°$N und
an den südgrönländischen Küsten. Als Wanderweg vom Pazifik in den Atlantik ist die
Beringstraße anzusehen, deren Funktion für einen Florenaustausch zwischen beiden Meeren (hauptsächlich in west-östlicher Richtung) durch weitere Beispiele wahrscheinlich
gemacht werden konnte; der Meeresraum von den grönländischen zu den isländischen und
nordeuropäischen Küsten konnte von *Agarum* jedoch nicht überwunden werden. Er stellt
eine Verbreitungsschranke für die Gattung dar.

Eine Reihe von Algen hat eine zirkumantarktische Verbreitung mit Vorkommen im
südlichen Südamerika, Südafrika, Neuseeland und teilweise auch Südaustralien. Hierzu
zählen die Laminariales *Lessonia* und die wirtschaftlich wichtige *Macrocystis*, die außer in
den aufgezählten Gebieten an der amerikanischen Pazifikküste weit nach Norden vordringen konnten. *Macrocystis* ist heute bis $55°$N verbreitet, mit einer Unterbrechung ihres
Areals von etwa $0°$ bis $20°$N (Bild 69). Die Ausbreitung nach Norden wurde durch kühle
Meeresströmungen (Humboldtstrom, Kalifornienstrom) an der amerikanischen Pazifikküste begünstigt. Die Überbrückung des tropischen Bereiches muß zu einer Zeit erfolgt
sein, nachdem die mittelamerikanische Landbrücke im Pliozän endgültig geschlossen war,
sonst wäre das Auftreten der Art auch im Nordatlantik zu erwarten, und als die Wasser-
temperaturverhältnisse im tropischen Abschnitt der Küste günstig für die Entwicklung von
Macrocystis waren. Schon eine pleistozäne Temperaturerniedrigung von 2 bis 3 $°$C hätte
wahrscheinlich ausgereicht, die für *Macrocystis* gegenwärtig bestehende, durch hohe See-
wassertemperaturen bedingte tropische Verbreitungsbarriere zu beseitigen. Für die Wahrscheinlichkeit einer derartigen Annahme spricht auch die disjunkte Verbreitung zahlreicher Algenarten mit Vorkommen vor der kalifornischen Küste einerseits und der chilenischen andererseits. Eine solche Verbreitung ließe sich leicht erklären, wenn man davon
ausginge, daß infolge niedrigerer Temperaturen beide Florengebiete einmal ein zusammen-
hängendes Areal gebildet hätten. Ein weiteres Argument ist die erstaunliche Artenarmut
der Algenflora der tropischen amerikanischen Pazifikküste im Vergleich zu der der Atlantikküste. Eine Reihe von Arten kommt sowohl in der Karibischen See als auch in tropischen Gebieten des Indischen und Pazifischen Ozeans vor, sie fehlen jedoch an der amerikanischen Pazifikküste. Da die mittelamerikanische Landbrücke verhältnismäßig jung ist
und, wie noch zu zeigen sein wird, zahlreiche Taxa aus dem indopazifischen Raum über
das Gebiet des heutigen Mittelamerika in die Karibische See eingewandert sind, muß man
annehmen, daß die Algenflora der tropischen Pazifikküste sekundär verarmt ist. Auch
hierfür würde das eiszeitliche Verschwinden einer tropischen Flora eine Erklärung liefern.

Durch die Nord-Süd-Erstreckung der großen Landmassen der Erde (Amerika; Eurasien/
Afrika) ist ein Faunen- und Florenaustausch zwischen dem indopazifischen Raum und
dem Atlantik für wärmeliebende Arten erschwert. Da der indopazifische Raum wegen
seines größeren Alters (direkt von der Panthalassia herleitbar) als das Entstehungszentrum
der Mehrzahl der marinen Organismensippen anzusehen ist, erscheint der besonders in
seinem tropischen Teil im Vergleich zum Pazifik geringere Artenreichtum des Atlantiks
verständlich. Hinzu kommt, daß schon unter den gegenwärtig herrschenden Klimabedin-
gungen die jahreszeitlichen Temperaturschwankungen im Atlantik stärker sind als an den
Küsten des Indischen und Pazifischen Ozeans, und man kann daher annehmen, daß sich
im Atlantik auch die pleistozänen Temperaturerniedrigungen noch stärker ausgewirkt
haben als im indopazifischen Raum.

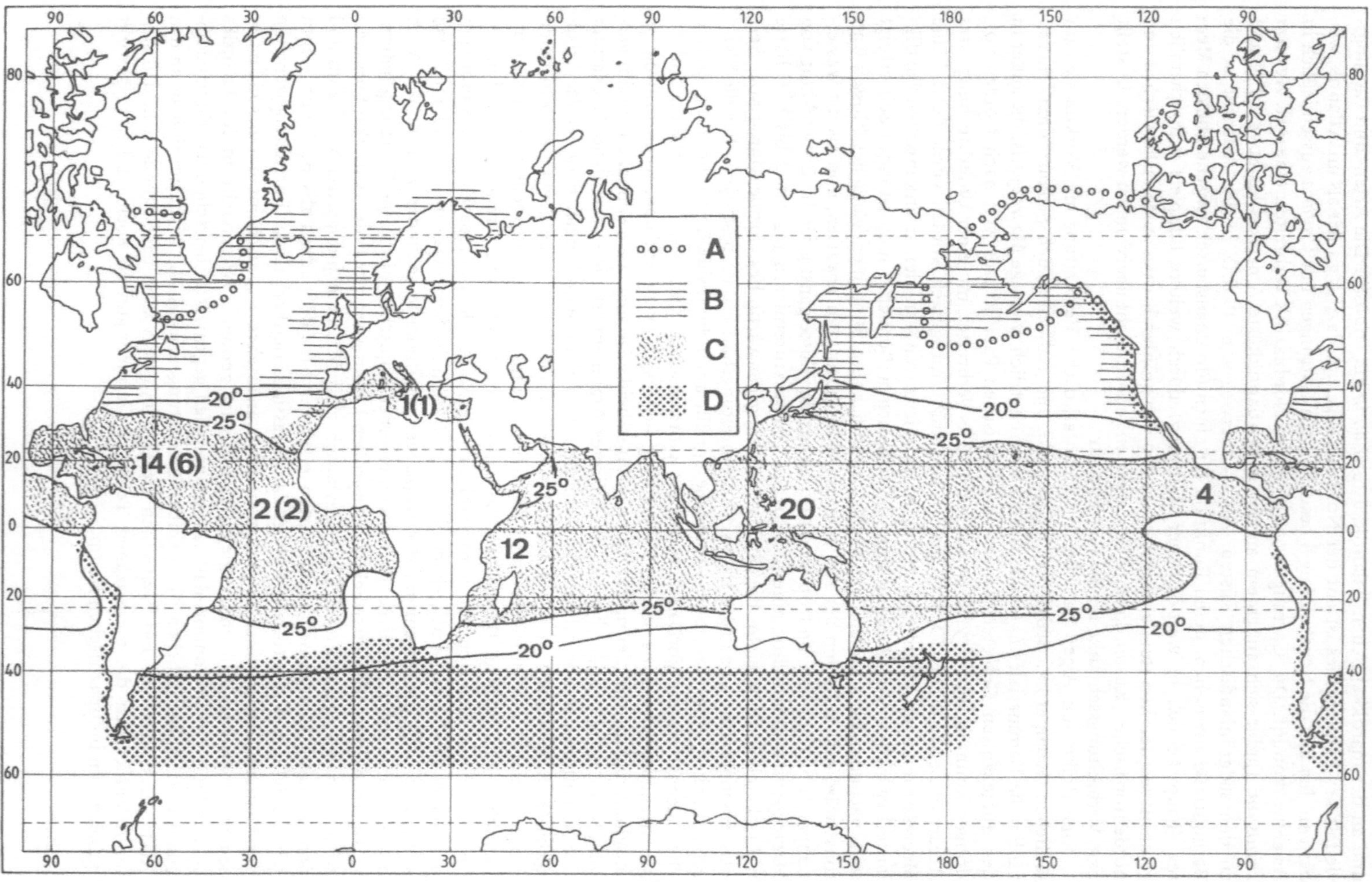
A
B
C
D
14 (6)
2 (2)
1 (1)
12
20
4

Ein sehr bemerkenswertes marines Florengebiet ist das der Karibischen See, welches sich durch einen hohen Artenreichtum auszeichnet. Eine große Artenzahl ist endemisch, weitere Taxa kommen außerdem im Indischen und Pazifischen Ozean vor, fehlen aber an der westafrikanischen Küste. Eine indopazifisch-karibische Verbreitung läßt sich innerhalb mehrerer Verwandtschaftskreise nachweisen; sie soll jedoch hier exemplarisch für einige Arten der Gattung *Halimeda* dargestellt werden (Bild 69). Die Verbreitung dieser Spezies ist darauf zurückzuführen, daß die mittelamerikanische Landbrücke erst seit dem Ende des Tertiärs endgültig geschlossen wurde. Neben auf beiden Seiten identischen Arten kommen auch offenbar sehr nahe miteinander verwandte Formen in der Karibischen See und im Pazifik vor, so etwa in der Gattung *Udotea*. Auf mögliche Ursachen des Verschwindens einer artenreichen tropischen Flora auf der amerikanischen Pazifikseite wurde bereits hingewiesen. Selbst wenn man annimmt, daß der Atlantik im Pleistozän eine stärkere Abkühlung erfahren hat als der Pazifik, so müssen wenigstens in Teilen des karibischen Raumes auch unter eiszeitlichen Bedingungen Verhältnisse geherrscht haben, die einen Fortbestand der tropischen Arten ermöglichten. Zweifellos ist es aber auch in der Karibik in vielen Gebieten zu einer pleistozänen Abkühlung gekommen. Hierfür spricht die disjunkte Verbreitung von Arten aus warm-temperierten Gebieten und einigen Endemiten im Bereich von Auftriebswassergebieten der Karibischen See, wie etwa vor der venezolanischen und östlichen kolumbianischen Küste und bei Puerto Rico.

Ein Meeresgebiet mit artenreicher Flora ist auch das Mittelmeer, dessen Besiedlung vom Atlantik und außerdem vom Indischen Ozean aus über das Rote Meer und eine Meeresverbindung im Bereich des heutigen Suezkanals erfolgte, welche ebenfalls vom Ende des Tertiär an geschlossen war. Für letzteren Wanderweg lassen sich mehrere Beispiele anführen, von denen hier nur die Rotalge *Acanthophora delilei* erwähnt sei. Die einzige im Mittelmeer vorkommende *Halimeda*-Art (*H. tuna*) dürfte ebenfalls auf diesem Weg den Raum erobert haben und von hier aus in den östlichen Atlantik vorgedrungen sein. Bemerkenswert ist eine im Mittelmeer entstandene große Artenvielfalt innerhalb der Gattung *Cystoseira*. Der Artbildungsprozeß hält dort bis heute an.

Bild 69 Verbreitung einiger Algensippen. Die Ordnung der Laminariales (Phaeophyceae) hat eine bipolare Verbreitung und kommt in mittleren bis hohen Breiten beider Hemisphären vor; die einzelnen Laminariales-Gattungen sind dagegen in der Regel auf die Süd- oder Nordhalbkugel beschränkt.
Mit mehreren Arten ist die Gattung *Agarum* im Nordpazifik vertreten, von denen nur *A. cribrosum* über die Beringstraße den westlichen Nordatlantik erreichte (A Begrenzung des Verbreitungsgebietes von *Agarum*).
Die Gattung *Laminaria* hat eine ähnliche Verbreitung wie die Gattung *Fucus* (B Verbreitung von *Fucus*, Fucales); nur sehr wenige *Laminaria*-Arten kommen auf der Südhalbkugel (Brasilien, Südafrika) vor. Charakteristische Laminariales-Gattungen der Südhalbkugel sind *Macrocystis* (D Verbreitung von *Macrocystis*), *Lessonia* und *Ecklonia*. Am weitesten verbreitet ist *Macrocystis pyrifera*, die an der Westküste des amerikanischen Kontinents zusammen mit *Eisenia* (Laminariales), *Iridaea cordata* (Gigartinales, Rhodophyceae) und anderen Taxa überwiegend subantarktischer Verbreitung weit nach Norden vorgedrungen ist.
Eine pantropische Verbreitung hat die Gattung *Halimeda* (Caulerpales, Chlorophyceae; C), deren Vorkommen überwiegend innerhalb der 25 °C-Jahresisothermen des Oberflächenwassers liegt. Aufgrund der großen Artdiversität im malayischen Raum kann dieses Gebiet als Entstehungszentrum der Gattung (und auch anderer tropischer Sippen, z.B. Mangrovepflanzen) angesehen werden. Ein zweites Entfaltungszentrum von *Halimeda* befindet sich an den tropischen amerikanischen Ostküsten, die vom Pazifik aus besiedelt wurden. Die *Halimeda*-Artenzahlen im Atlantik werden durch die Angabe des Anteils der auch im Pazifik auftretenden Arten (in Klammern gesetzte Zahlen) ergänzt.
Die Phaeophyceen-Gattung *Sargassum* ist in ihrer Verbreitung etwa durch die 20 °C-Jahresisothermen des Oberflächenwassers nach Norden und Süden begrenzt.

Zur Charakterisierung eines mehr wärme- oder kälteliebenden Meeres führte Feldmann (1937) einen Wert ein, der sich aus dem Verhältnis der Rot- zu Braunalgenarten (R/P-Wert) errechnet. Ein niedriger Wert kennzeichnet eine Algenflora hoher Breiten, ein hoher eine solche aus niederen. Tatsächlich lassen sich solche Werte zur Charakterisierung der Algenfloren atlantischer Gebiete verwenden, wie nachstehende Aufstellung verdeutlicht:

Island	1,1
Schwedische Westküste	1,1
Isle of Man	1,6
Baskische Küste Frankreichs	2,3
Kanarische Inseln	3,7
Banyuls	2,9
Neapel	2,9
Kephallinia (Ionische Inseln)	3,4
Florida	4,3

Der Wert nimmt nach Süden und im Mittelmeer auch nach Osten zu. Das Verfahren ist jedoch nicht auf alle Meeresgebiete zu übertragen. Eine Berechnung für die südaustralische Algenflora, die sich durch sehr hohen Artenreichtum und durch die lange Zeit andauernde Isolierung durch besonders viele Endemiten auszeichnet, würde trotz der dortigen schon relativ niedrigen Wassertemperaturen einen Wert von über 4 ergeben und damit tropische Verhältnisse vortäuschen.

2. Verbreitung von Tieren

Wie bereits erwähnt wurde, ist die Verteilung der Tierarten in den Weltmeeren besser bekannt als die der Pflanzen, wenn auch noch nicht im wünschenswerten Umfang. Die tierischen Leitformen sind im allgemeinen leichter zu unterscheiden als die pflanzlichen und daher von größerer praktischer Bedeutung. Am besten sind die benthischen Gemeinschaften in ihrer Verteilung untersucht, insbesondere im Eu- und Sublitoral. Eine grundlegende Schwierigkeit ergibt sich daraus, daß die Meeresorganismen nur stichprobenartig entnommen werden, die Verbreitungskarte also eigentlich nur aus Punkten mit viel zu großen Abständen besteht, und daß die Verbreitungsgrenzen extrapoliert werden. So sind die wirklichen Verbreitungsareale oft nicht zuverlässig bekannt. Eine weitere Schwierigkeit ergibt sich daraus, daß Spezialisten nur einzelne Tiergruppen bearbeiten (z.B. bestimmte Krebse, Weichtiere oder Fische), während die meisten anderen Gruppen unberücksichtigt bleiben, günstigenfalls als Biomasse angegeben werden. Daher ist zur Zeit eine zu detaillierte Untergliederung nicht sinnvoll.

Besondere Probleme bereitet die Definition von Regionen im Pelagial. Wasserkörper mit ihrer charakteristischen Planktonzusammensetzung können durch Strömungen sehr weit von ihrem Ursprungsort weggetrieben werden und kommen so mit ihrer Fauna in andere Meeresgebiete. Es resultieren daraus Unterschiede in zoogeographischer Hinsicht zwischen Atlantik und Pazifik.

Drei große Reiche sind zu unterscheiden: Das Tropische Reich um den Äquator, sich nach N und S jeweils bis zur 20°-Isotherme erstreckend; das Nördliche Reich, die nördlich des Tropischen Reiches gelegenen Meeresteile umfassend; und das Südliche Reich mit den Meeresgebieten der südlichen Erdhalbkugel vom Pol bis zur südlichen 20°-Isotherme. (Das Nördliche Reich wird in der Literatur auch als Boreales Reich bezeichnet, das Südliche als Antiboreales Reich. Der Begriff „boreal" wird jedoch auch in anderem Sinne benutzt und daher hier vermieden.) Da die 20°-Isotherme nicht breitengradparallel verläuft, weil die Strömungen in den Weltmeeren die Temperaturgrenzen beeinflussen, verlaufen die Grenzen der drei Reiche unregelmäßig.

Ein Vergleich der eu- und sublitoralen Faunen der drei Reiche zeigt, daß das Tropische Reich die größte Artenfülle aufweist. Dafür gibt es wohl mehrere Gründe. Das Tropische Reich ist — anders als das Nördliche und Südliche — über lange erdgeschichtliche Perioden hinweg ein Lebensraum mit stabilen abiotischen Faktoren gewesen. Während in den kühleren Meeren die abiotischen Faktoren (insbesondere die Temperatur) die Evolution wesentlich bestimmten, wird in den Tropen vor allem die interspezifische Konkurrenz selektiv wirksam gewesen sein und zur Besetzung immer neuer ökologischer Nischen geführt haben. Auch die Größe des Lebensraumes spielt eine Rolle: je größer der Lebensraum, umso mehr Arten können entstehen. Das wurde zunächst für einige Inseln festgestellt, läßt sich aber sicher verallgemeinern. Korallenriffe haben wegen ihrer Vielgestaltigkeit besonders viele ökologische Lizenzen anzubieten, je größer sie sind, umso mehr. Die Korallenriffe des Indo-Pazifik umfassen etwa 125 000 km^2, die der Karibik 25 000 km^2. Die Artendiversität ist jeweils proportional dieser Fläche (untersucht an Korallen, Kaurischnecken, Seeigeln, Fischen).

Für die Erschließung neuer Lebensräume sind bei vielen Arten, insbesondere den benthischen, schwimmfähige Larvalstadien bedeutsam. Die planktischen Larven können durch Wasserströmungen aus dem Lebensbereich der Adulten heraus- und in neue Biotope hineingeführt werden, die sie bei günstigen Bedingungen besiedeln. Der Ausbreitungsmöglichkeit sind jedoch auch Grenzen gesetzt durch die Entwicklungsgeschwindigkeit der Larven, die temperaturabhängig ist. Die pelagischen Larven von etwa 80 % der Boden-Evertebraten leben weniger als 6 Wochen im Plankton. Selbst wenn durch niedrige Temperaturen diese Zeit verdoppelt wird oder wenn die Larven in eine besonders schnelle Strömung geraten, reicht die Entwicklungszeit nicht aus, um die großen Ozeanbecken zu überqueren. Da die Tiefen der Ozeanbecken für die litoralen Organismen keine Lebensmöglichkeiten bieten, stellen sie für die meisten Arten kaum zu überschreitende Barrieren dar. Nur einige Prosobranchia und Decapoda haben Larven, die für die Überwindung großer Entfernungen „eingerichtet" sind. Solche Arten sind in den gemäßigten und kalten Zonen selten.

2.1 Die Regionen des Pelagial

Trotz der oben erwähnten Schwierigkeiten, das Pelagial zu untergliedern, lassen sich doch eine Reihe von Aussagen zum typischen Verbreitungsbild vor allem der Zooplankton- und Fischarten machen (Karte Bild 70). Das Nördliche Reich umfaßt die arktischen Meere, den N-Atlantik und den N-Pazifik; das Tropische Reich erstreckt sich zwischen etwa 20°N und 30°S; zum Südlichen Reich gehören S-Atlantik, S-Pazifik und die antarktischen Meere.

In den kalten Regionen vorkommende Arten dringen oft in Richtung Äquator vor, leben dann jedoch in immer größeren Tiefen. Diese „äquatoriale Submergenz" demonstriert eindrucksvoll den Einfluß der Temperatur auf die pelagischen Organismen. Auf die Einwirkung der abiotischen Faktoren ist es zurückzuführen, daß die Faunenzusammensetzung im Epi-, Meso- und Bathypelagial unterschiedlich ist. Im folgenden werden nur die Verhältnisse im Epipelagial geschildert. Die Grenzen der Regionen sind aus der Karte zu entnehmen.

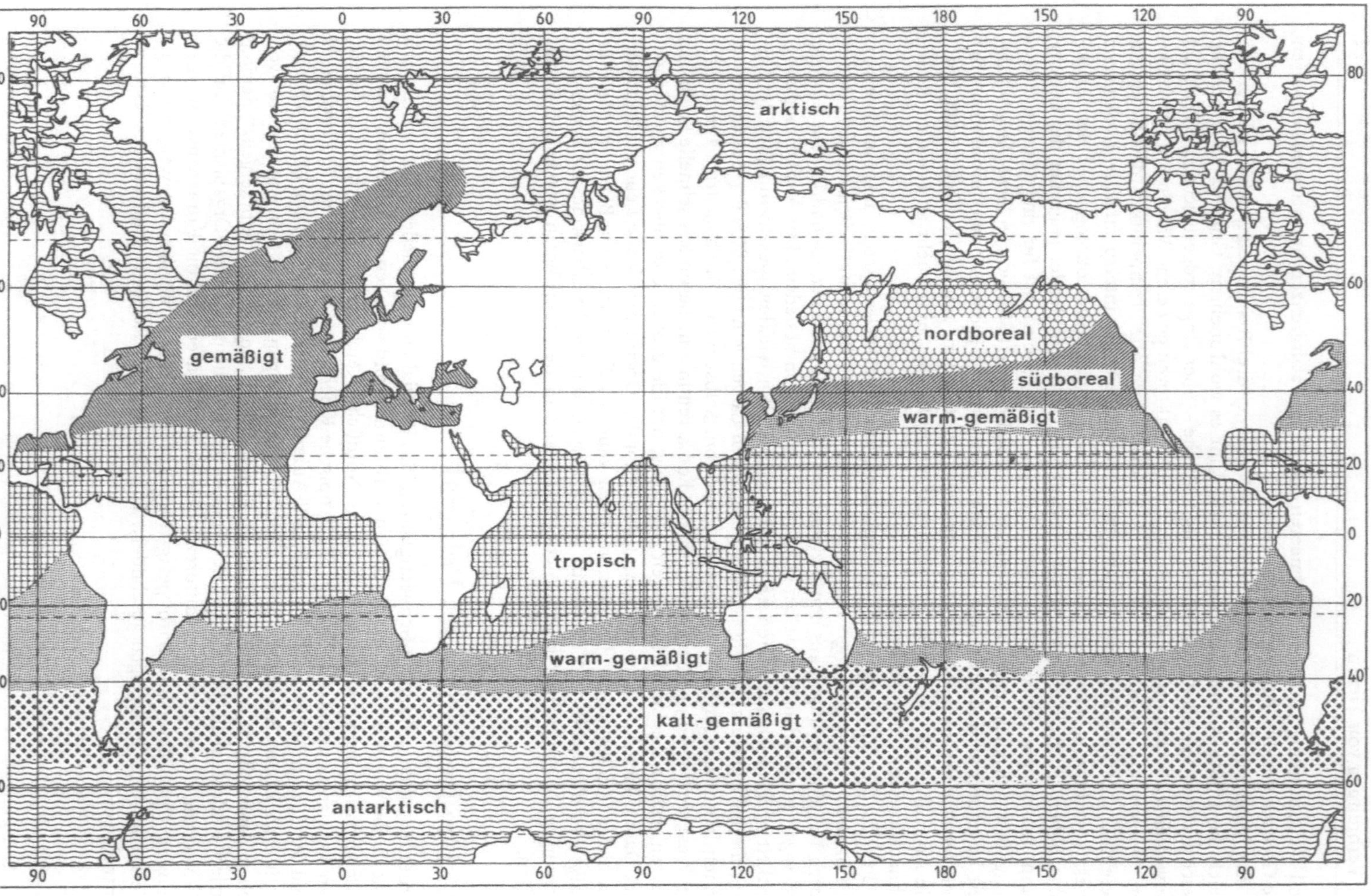

Bild 70 Die Regionen des Pelagial

2.1.1 Das Nördliche Reich des Pelagial

Das arktische Unterreich

Die arktische Region. In der Arktis gibt es freies, nicht vereistes Epipelagial in relativ geringem Umfange. Die Artenzahl ist gering, dafür kommt es zu Massenentwicklungen einzelner Arten. Eine Leitform dieser Region ist die Rippenqualle *Mertensia ovum*, im übrigen sind hier die Crustacea mit typischen Arten vertreten. Von 40 Copepoda sind 20 endemisch, darunter *Calanus glacialis* und *hyperboreus*. Unter den Flohkrebsen sind *Parathemisto libellula* (Hyperiidea) und *Gammarus wilkitzkii* bezeichnend, unter den Fischen die arktischen Dorsche *Arctogadus glacialis* und *Boreogadus saida*.

Das nordatlantische Unterreich

Die gemäßigte Region. Die Faunengrenze zwischen der arktischen und den südlich angrenzenden Regionen ist ausgeprägt. Im nordatlantischen Bereich schließt sich dann nach S ein großer Lebensraum an, der schwer weiter zu untergliedern ist und daher hier zusammenfassend als „gemäßigte Region" bezeichnet wird. Im Süden wird die Grenze durch die 20°-Isotherme gebildet, die N-Grenze verläuft — den von SW nach NO gerichteten warmen Strömungen entsprechend — in einem weiten Bogen in die westliche Barents-See (ca. 72°N).

Die Faunenelemente der gemäßigten Region lassen sich nach ihrem Verbreitungsschwerpunkt drei Hauptgruppen zuordnen: der arktisch-borealen, der eurytherm-gemäßigten und der eurytherm-tropischen. Bemerkenswert ist, daß bestimmte tropische Arten weit nach N vordringen, wie z.B. die Pfeilwürmer *Sagitta lyra* (Bild 14:10) und *hexaptera*, der Thunfisch *Thunnus thynnus* (Bild 20:7) und der Schwertfisch *Xiphias gladius* (Bild 20:5). Der Anteil der eurytherm-tropischen Arten nimmt in der gemäßigten Region nach S hin zu. So treten im warm-gemäßigten, südlichen Gebiet weitere Chaetognatha auf (*Sagitta bipunctata*, *minima* und *enflata*), ferner Blauhaie (*Prionace glauca*, *Carcharhinus longimanus*), Thunfische (*Thunnus alalunga*, *Katsuwonus pelamis*) und Goldmakrelen (*Coryphaena hippurus*). Beschränkt auf dieses warm-gemäßigte Gebiet sind der Eckschwanz (*Tetragonurus cuvieri*) und der Fliegende Fisch *Prognichthys rondeleti*.

Mittelmeer und Schwarzes Meer gehören zu diesem warmgemäßigten Gebiet. In ihnen treten dieselben drei Faunenelemente auf, und zwar auch etwa im gleichen Verhältnis.

Das nordpazifische Unterreich

Anders als der N-Atlantik weist der N-Pazifik besser ausgeprägte Faunengrenzen auf, die etwa breitengradparallel verlaufen. Das kalt-gemäßigte (boreale) Gebiet läßt eine weitere Unterteilung zu, so daß insgesamt drei Regionen zu unterscheiden sind.

Die nordboreale Region. Ein besonderes Merkmal dieser Region ist, daß der Salzgehalt an der Oberfläche unter 34‰ liegt. Die S-Grenze der Region verschiebt sich in Abhängigkeit von den Jahreszeiten. Die Salzgehalts- und Temperaturverhältnisse bedingen eine ganz charakteristische Fauna, die durch das Auftreten der Lachse *Oncorhynchus keta*, *gorbuscha* und *nerka* und die Atka-Makrele *Pleurogrammus monopterygius* und durch fünf Zooplankter gekennzeichnet wird (*Euphausia pacifica*, *Thysanoessa longipes*, *Tessarabrachion oculatus*, *Sagitta elegans*, *Limacina helicina*). Selbstverständlich gibt es auch in der nordborealen Region Tiere, die weiter verbreitet sind. So kann man die Flügelschnecke *Limacina helicina*, den Pfeilwurm *Sagitta elegans* (Bild 14:9), die Euphausiacea *Thysanoessa longipes*, *raschii* und *inermis*, den Hering *Clupea harengus* (Bild 19:6) und den Saibling *Salvelinus malma* einer arktisch-borealen Gruppe zuordnen. Daneben gibt es

Arten von gesamt-borealer Verbreitung, wie etwa den planktischen Polychaeten *Tomopteris pacifica* (Bild 71), die Tintenschnecke *Moroteuthis robusta*, den Leuchtkrebs *Tessarabrachion oculatus*, die Lachse *Oncorhynchus tschawytscha* und *kisutch* sowie die Regenbogenforelle *Salmo gairdneri*. Dazu kommen weiter eurytherm-gemäßigte Arten: *Euphausia pacifica*, der Heringshai *Lamna ditropis*, der Riesenhai *(Cetorhinus maximus)* und der Stöcker *Trachurus symmetricus*.

Die südboreale Region. Diese Region wird oft nur als Übergangszone angesehen, enthält aber doch so viele eigene Faunenelemente, daß sie hier als eigene Region gewertet wird. Als Leitformen sind *Sagitta scrippsae* (Bild 71) und der Leuchtkrebs *Nematoscelis difficilis* (Bild 72) anzusehen. Hinzu kommen auch hier die für die nordboreale Region genannten Arten weiterer Verbreitung. Von großer wirtschaftlicher Bedeutung (in Japan) ist die Tintenschnecke *Todarodes pacificus*. Auch dringen zahlreiche eurytherm-tropische Arten in die südboreale Region vor: *Clausocalanus farrani* (Copepoda), *Lopadorhynchus uncinatus* (Polychaeta), *Krohnitta subtilis*, *Sagitta bipunctata* und *minima* (Chaetognatha), *Euphausia gibboides* und *mutica*, *Nematoscelis microps* (Euphausiacea), der Blauhai *Prionace glauca* und die Thune *Thunnus alalunga* und *thynnus*.

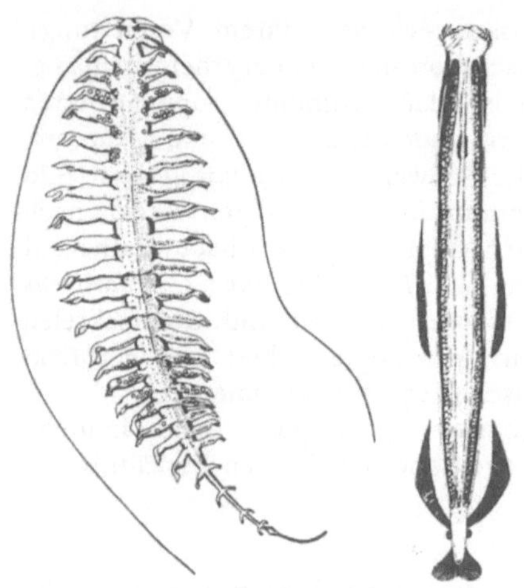

Bild 71
Zwei Charakterarten des nordpazifischen Unterreichs
Links: *Tomopteris pacifica* (nordpazifisch-boreal).
Rechts: *Sagitta scrippsae* (nordpazifisch-südboreal).
(aus *Briggs* 1974)

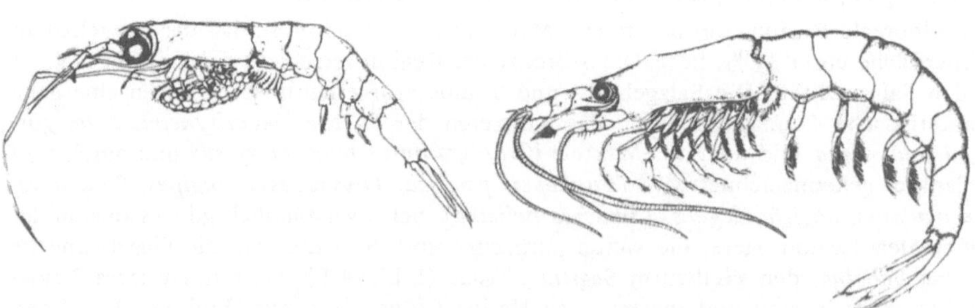

Bild 72 Leuchtkrebse. Links: *Nematoscelis difficilis* (nordpazifisch-südboreal). Rechts: *Thysanopoda acutifrons* (in den kalt-gemäßigten Regionen beider Hemisphären).   (aus *Briggs* 1974)

Die nördliche warm-gemäßigte Region. Sie ist u.a. gekennzeichnet durch die Fliegenden Fische *Prognichthys rondeleti, Cypselurus pinnatibarbatus* und *heterurus*. Dazu kommen zahlreiche eurytherm-tropische Arten, von denen hier nur *Sagitta ferox* und *Pterosagitta draco, Euphausia eximia* und *brevis*, der Gestreifte Marlin *Makaira audax* und die Thune *Thunnus albacares* und *lineatus* genannt seien.

2.1.2 Das Tropische Reich des Pelagial

Das Tropische Reich, sich zu beiden Seiten des Äquators erstreckend, weist als Hauptbarrieren für die Verbreitung der Arten Mittel- und S-Amerika sowie Afrika auf. Das Kap der Guten Hoffnung ist offenbar leichter zu umrunden als Kap Horn. Insgesamt sind die Unterschiede bei den Evertebrata nicht so ausgeprägt wie bei den Fischen, doch sind auch hier noch zahlreiche weitere Untersuchungen nötig. Von den 6 tropischen Chaetognathen-Arten ist eine Art nur im Atlantik verbreitet *(Sagitta hispida)*, vier sind indopazifisch *(S. robusta, neglecta, regularis, pulchra)* und eine ist zirkum-tropisch *(Krohnitta pacifica)*. Im tropischen Atlantik leben 50 Spezies der Carangidae, 10 davon kommen auch im Indopazifik vor.

Die atlantische Region. Diese Region weist sehr viel weniger Arten auf als die indopazifische. Innerhalb des tropischen Atlantik sind die meisten Arten in der gesamten Region von der O-Küste S-Amerikas bis zur W-Küste Afrikas verbreitet. Neben der schon erwähnten *Sagitta hispida* seien als charakteristische Arten noch angeführt *Thysanopoda tricuspidata* (Euphausiacea), 16 Arten Fliegender Fische, 5 Hornhechte (Belonidae) und 16 Makrelen (Scombridae).

Besondere Erwähnung verdient die *Sargassum*-Fauna, die ihrem Charakter nach zwar ins Phytal zu rechnen ist, jedoch im Pelagial — insbesondere der Sargassosee — anzutreffen ist. Die Faunenelemente zeigen daher auch nicht pelagialen, sondern phytalen Charakter *(Syngnathus pelagicus, Pterophryne histrio)*.

Die indopazifische Region. Die indopazifische Region umfaßt einen gewaltigen Lebensraum von der O-Küste Afrikas bis zur W-Küste Kolumbiens, sie ist die artenreichste Region überhaupt. Die Region wird durch die Ostpazifische Barriere, die etwa auf der Länge der Osterinsel und von Sala y Gómez (105° W) verläuft, in zwei Provinzen unterteilt: die ostpazifische und die indowestpazifische.

> **Die ostpazifische Provinz.** Sie wird im wesentlichen durch einige kleinere Fischarten gekennzeichnet: 15 Carangidae und 3 von 6 tropischen Fliegenden Fischen sind hier endemisch.

> **Die indo-westpazifische Provinz.** Sie macht den Hauptteil der Region aus. Zahlreiche Arten sind innerhalb dieser Provinz über alle Längengrade verbreitet, andere (wie *Tetragonurus pacificus* von der afrikanischen Küste bis Polynesien) bewohnen den größten Teil der Provinz. Die reichste pelagische Fauna kommt im Gebiet zwichen Indien und den Philippinen vor.

> Das Rote Meer wird zu dieser Provinz gerechnet. Im Mesopelagial weist es zwar eine abweichende Fauna auf, für das Epipelagial müssen jedoch erst weitere Untersuchungen klären, ob es berechtigt ist, das Rote Meer als eigene Provinz zu führen.

2.1.3 Das Südliche Reich des Pelagial

Das Südliche Reich wird weniger durch Kontinentalbarrieren unterteilt als das Nördliche und das Tropische.

Das südlich-gemäßigte Unterreich

Die warm-gemäßigte Region. Sie schließt sich südlich an die tropische Konvergenz an und erstreckt sich bis zur gemäßigten (= subtropischen) Konvergenz, die ziemlich gleichmäßig bei 40° S verläuft. S-Amerika und Australien unterbrechen diese Region, die im übrigen als Band zirkumglobal verläuft. Kalte Strömungen erweitern die Region an den W-Küsten Afrikas und insbesondere S-Amerikas weit nach N. Eine Reihe pelagischer Polychaeta und die Leuchtkrebse *Euphausia hemigibba, recurva, spinifera* und *lucens* gehören in diese Region und sind meist zirkumglobal verbreitet, wie das auch für die Fische gilt, von denen hier der Borstenschnepfenfisch *Notopogon fernandezius*, der Eckschwanz *Tetragonurus cuvieri*, der Fliegende Fisch *Prognichthys rondeleti* und der Blauflossen-Thun *Thunnus maccoyii* genannt seien.

Die kalt-gemäßigte Region. Sie wird im N von der subtropischen, im S von der antarktischen Konvergenz begrenzt. Ein charakteristisches Faunenelement ist der Leuchtkrebs *Thysanopoda acutifrons*, der auch in der nordpazifischen kalt-gemäßigten Region auftritt, so daß dorthin vermutlich eine isotherme Submergenz als Verbindung existiert. Weitere Charakterarten sind *Euphausia longirostris, Calanus australis* und *tonsus*, dagegen fehlen endemische epipelagische Fische. Ergänzt wird der Faunenbestand durch eurytherm-gemäßigte und antarktisch-kaltgemäßigte Arten. Insbesondere die letztgenannte Gruppe ist zahlreich vertreten: *Euphausia vallentini* und *triacantha, Sagitta gazellae, Salpa thompsoni* und die Flügelschnecken *Limacina helicina* und *Clio sulcata*.

Das antarktische Unterreich

Die antarktische Region. Diese südlichste Region erstreckt sich von der antarktischen Konvergenz bei 55 bis 60° S bis zum antarktischen Kontinent. Im Winter kühlt das Wasser auf −1,9 °C ab, im Sommer erwärmt es sich auf +4 °C. Schon seit langem ist bekannt, daß die Phyto- und Zooplankter dieser Region zirkumpolar verbreitet sind. Die meisten Zooplanktonarten sind endemisch. Unter den Charakterarten seien an erster Stelle der Krill genannt *(Euphausia superba)* und die verwandte *Euphausia frigida*, ferner die Hydromedusen *Calycopsis borchgrevincki* und *Pantachogon scotti*, die Polychaeten *Vanadis antarctica* und *Tomopteris carpenteri*, der Muschelkrebs *Conchoecia belgicae*, eine Reihe von Copepoda, darunter *Calanus propinquus* und *acutus, Euchaeta antarctica* u.a.m., und *Sagitta marri*. Es ist zu erwarten, daß durch die internationalen Forschungsprogramme zur Nutzung des Krill unsere Kenntnisse der Fauna der antarktischen Region in den nächsten Jahren stark erweitert werden.

2.2 Die Regionen des litoralen Benthos

Über die Fauna des Benthal im Bereich des Kontinentalschelfs gibt es eine umfangreiche Literatur. Entsprechend groß ist aber auch die Vielzahl der Meinungen, wieviele Regionen auf welche Weise abzugrenzen seien. Je nach der bearbeiteten Tiergruppe ergeben sich bestimmte Auffassungen, die voneinander abweichen. Je besser unsere Kenntnisse der Verbreitung einzelner Arten werden, umso geringer wird die Anzahl der „Regionen". Im folgenden wird im wesentlichen die übersichtliche Darstellung von BRIGGS (1974) zugrundegelegt, dessen Einteilung vor allem auf der Verbreitung der Fischarten basiert. Es werden aber auch die Evertebrata berücksichtigt (Bilder 73 und 74).

2.2.1 Das Nördliche Reich des litoralen Benthos

Das Nördliche Reich umfaßt die Schelfbereiche der zum Teil stark gegliederten Kontinentalküsten vom Nordpol nach Süden bis zur nördlichen 20°-Isotherme für den kältesten

Monat. Es gehören also die arktischen, nordpazifischen und nordatlantischen Küstenbereiche dazu. Bei vergleichender Betrachtung ist evident, daß der N-Pazifik ein Zentrum der evolutionären Radiation darstellt, von dem aus die arktischen Meere und über diese der N-Atlantik faunistisch beeinflußt worden sind.

Das arktische Unterreich

Die arktische Region. Entgegen früheren Auffassungen ist die arktische Region zirkumpolar, eine weitere Unterteilung erscheint nicht berechtigt. Sie umfaßt die Nordmeere bis etwa zur Bering-Straße im Pazifik, während ihre atlantische S-Grenze im weiten Bogen vom N-Ufer des St. Lawrence-Golfs (Strait of Belle Isle) bis zur Barents-See im O verläuft. Damit gehören auch Labrador und Grönland sowie die N-Küste Islands in diese Region.

In der arktischen Region gibt es Brackwassergebiete, die durch typische Biocönosen gekennzeichnet sind, wie z.B. die Macoma calcarea- und die Portlandia arctica-Gemeinschaften. Weitere Brackwassertiere sind die Arktische Flunder *(Liopsetta glacialis)* und der Vierhörnige Seeskorpion *(Myoxocephalus quadricornis)*. Beispiele für endemische Arten der Region sind *Hydractinia monocarpa, Eudendrium caricum, Campanularia groenlandica* (Hydrozoa), *Scalpellum cornutum* (Cirripedia), *Urasterias, Icasterias* und *Cucumaria glacialis* (Echinodermata). Von den Säugern sind charakteristisch die Sattelrobbe *(Pagophilus groenlandicus)*, das Walroß *(Odobenus rosmarus)*, der Grönlandwal *(Balaena mysticetus)*, der Narwal *(Monodon monoceras)* und der Weißwal *(Delphinapterus leucas)*. Es wird geschätzt, daß 14 % der Mollusken- und 20 % bis 25 % der Fischarten der arktischen Region endemisch sind.

Das nordatlantische Unterreich

Die westatlantisch-boreale Region. Sie wird durch südwärts gerichtete Ausläufer des kalten Labradorstromes beeinflußt, die um Neufundland herumströmen und durch etwas niedrigere Salzgehaltswerte ausgezeichnet sind. Von der Strait of Belle Isle erstreckt sich diese Region nach Süden bis ins Gebiet von Cape Hatteras. In dieser Region sind etwa 30 % der Mollusken und 25 % der Fische endemische Arten. Beide Tiergruppen lassen eine weitere Untergliederung der Region nicht sinnvoll erscheinen.

Die ostatlantisch-boreale Region. Auf der Ostseite des Atlantik bringt der Norwegenstrom wärmeres Wasser weit nach N. Dadurch kommen die W- und S-Küste Islands, Großbritannien und die skandinavische N-Küste bis zur Barents-See sowie Nord- und Ostsee in diese Region. Da die meisten Arten über das ganze Gebiet verbreitet sind, wird es nicht mehr unterteilt. Die Ostsee nimmt durch den nach O abnehmenden Salzgehalt und die damit verbundenen physiologischen Folgen eine Sonderstellung ein. Für zahlreiche polystenohaline Arten endet das Verbreitungsgebiet am Eingang zur Ostsee. Korallen, Echinodermen, Gymno- und Thecosomata, Scaphopoda, Cephalopoda und Selachier fehlen der Ostsee. Dafür haben sich einige Glazialrelikte erhalten (z.B. *Halicryptus spinulosus, Astarte borealis, Mysis oculata, Myoxocephalus quadricornis, Phoca hispida)*.

Eine interessante Zwischenstellung kommt Island zu. Hier mischen sich Faunenelemente unterschiedlicher Herkunft. So sind beispielsweise 11 % der Prosobranchia boreal, 15 % arktisch, 36 % arktisch-boreal und 30 % eurytherm-gemäßigt. Ähnlich ist der Bestand an Bivalvia zusammengesetzt, und entsprechenden Mischcharakter zeigen auch die Echinodermen und die Fische.

In der ostatlantisch-borealen Region sind 23 % der (57) Echinodermen und 28 % der (93) Fische endemisch. Viele Arten sind amphiatlantisch verbreitet. Das Zentrum scheint im NO-Atlantik zu liegen, von wo aus die Verbreitung nach W erfolgt ist.

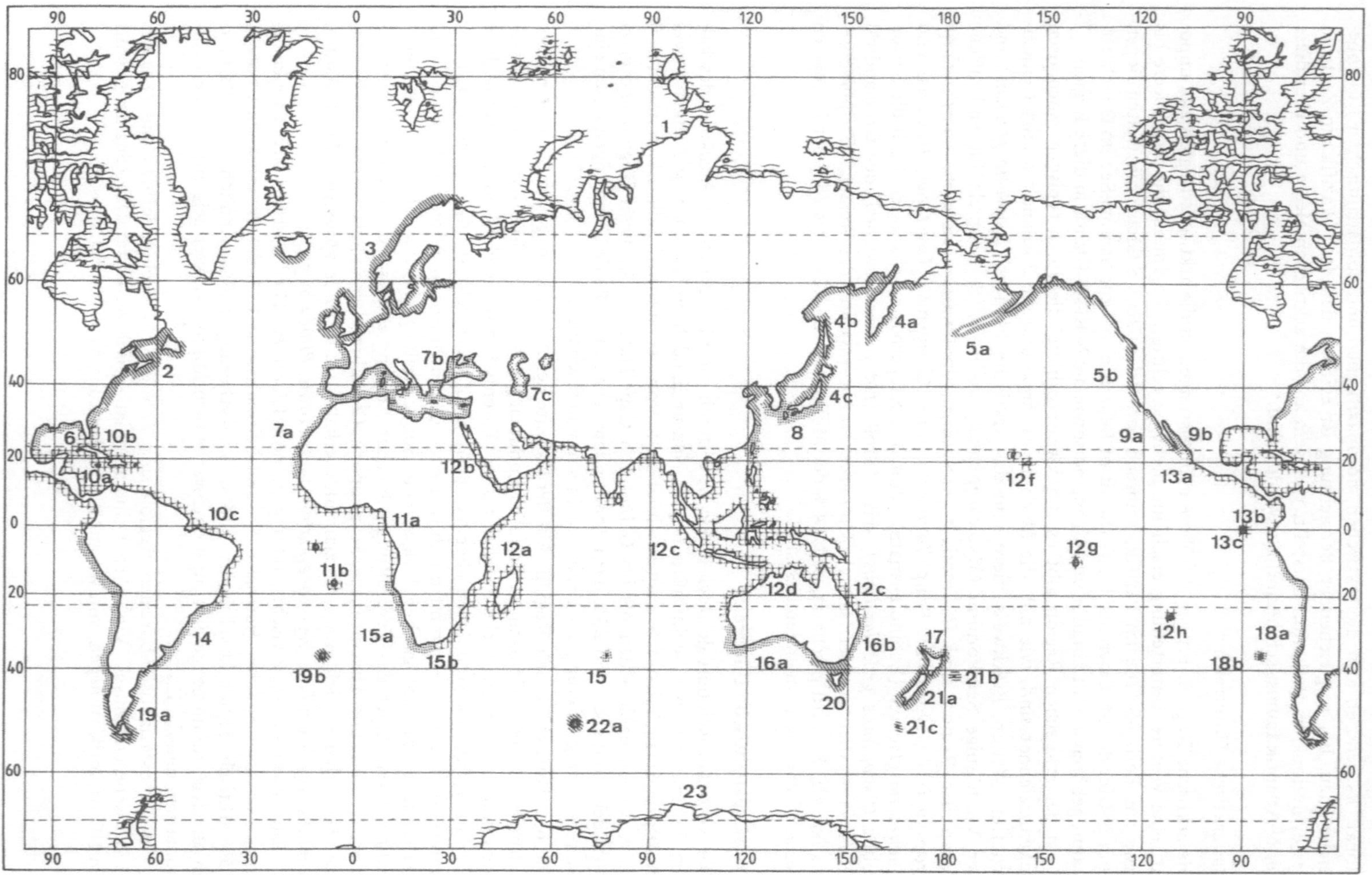
1
2
3
4a
4b
4c
5a
5b
6
7a
7b
7c
8
9a
9b
10a
10b
10c
11a
11b
12a
12b
12c
12d
12f
12g
12h
13a
13b
13c
14
15
15a
15b
16a
16b
17
18a
18b
19a
19b
20
21a
21b
21c
22a
23

Bild 73 Übersicht über die zoogeographischen Regionen des Benthal (südpolare Regionen, vgl. Bild 74)

1	arktische Region		12 f	hawaiische Provinz
2—5	nördliche kalt-gemäßigte Regionen:		12 g	Provinz der Marquesas-Inseln
2	westatlantisch-boreale Region		12 h	Provinz der Osterinsel
3	ostatlantisch-boreale Region		13	ostpazifische Region
4	westpazifisch-boreale Region		13 a	mexikanische Provinz
4 a	Kurilen-Provinz		13 b	panamaische Provinz
4 b	ochotskische Provinz		13 c	Galápagos-Provinz
4 c	orientalische Provinz		14—18	südliche warm-gemäßigte Regionen:
5	ostpazifisch-boreale Region		14	südwestatlantische Region
5 a	aleutische Provinz		15	südafrikanische Region
5 b	Oregon-Provinz		15 a	südwestafrikanische Provinz
6—9	nördliche warm-gemäßigte Regionen:		15 b	Agulhas-Provinz
6	karolinische Region		15 c	Provinz der Inseln Amsterdam und St. Paul
7	mediterran-atlantische Region		16	südaustralische Region
7 a	mediterran-lusitanische Provinz		16 a	südwestaustralische Provinz
7 b	Schwarzmeer-Provinz		16 b	südostaustralische Provinz
7 c	sarmatische Provinz		17	nordneuseeländische Region
8	japanische Region		18	peruanisch-chilenische Region
9	kalifornische Region		18 a	peruanisch-chilenische Provinz
9 a	San Diego-Provinz		18 b	Provinz Juan Fernández
9 b	cortesische Provinz		19—22	südliche kalt-gemäßigte Regionen:
10—13	tropische Regionen:		19	Region des südlichen Südamerika
10	westatlantische Region		19 a	Magellan-Provinz
10 a	karibische Provinz		19 b	Tristan-Gough-Provinz
10 b	westindische Provinz		20	tasmanische Region
10 c	brasilianische Provinz		21	südneuseeländische Region
11	ostatlantische Region		21 a	Cook-Provinz
11 a	westafrikanische Provinz		21 b	Chatham-Provinz
11 b	Provinz von St. Helena und Ascension		21 c	Antipoden-Provinz
12	indo-westpazifische Region		22	subantarktische Region
12 a	indisch-madagassische Provinz		22 a	Kerguelen-Provinz
12 b	Provinz des Roten Meeres		22 b	Macquarie-Provinz
12 c	indo-polynesische Provinz		23	antarktische Region
12 d	nordwestaustralische Provinz		23 a	südpolare Provinz
12 e	Provinz der Inseln Lord Howe und Norfolk		23 b	südgeorgische Provinz
			23 c	Bouvet-Provinz

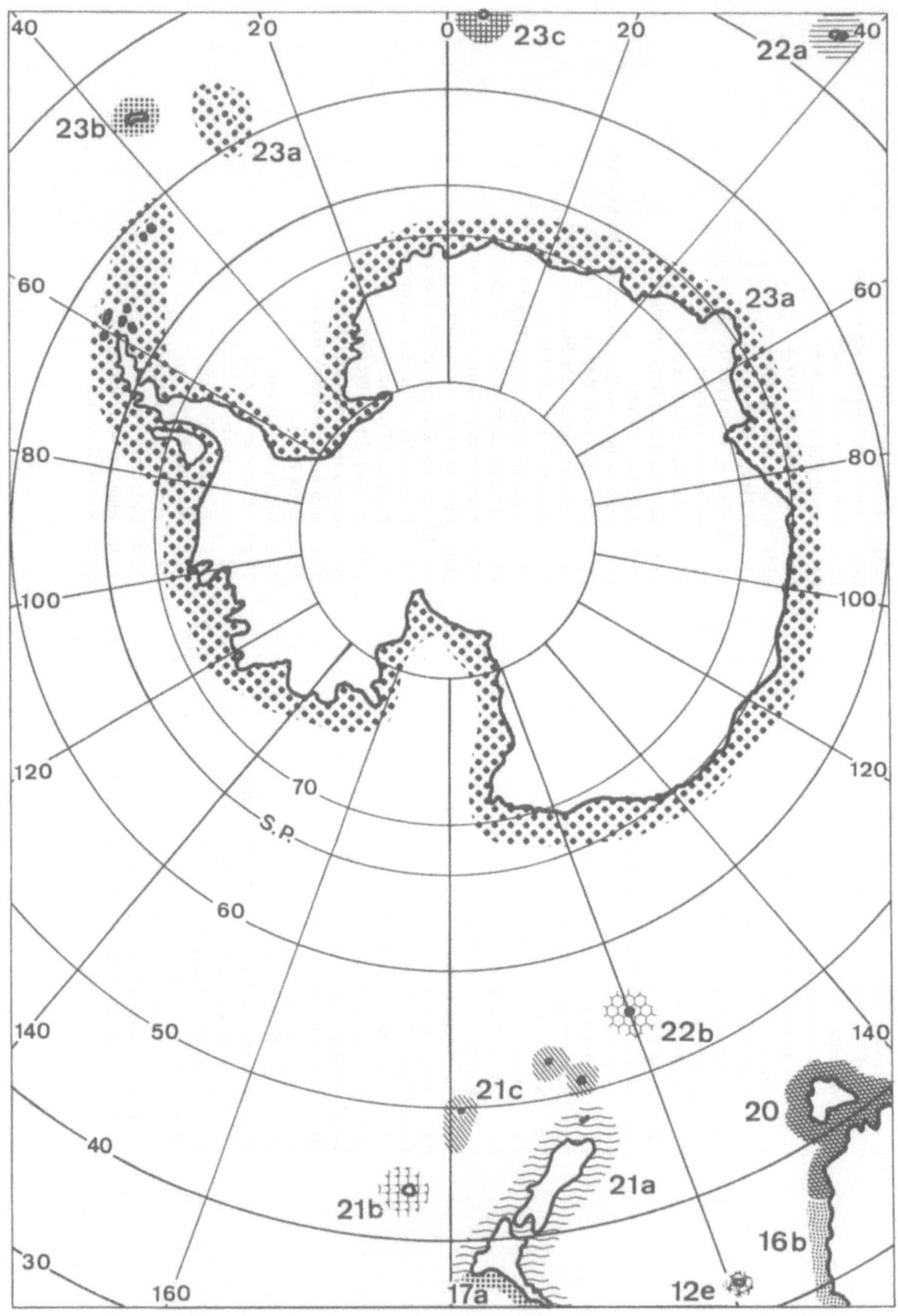

Bild 74 Zoogeographische Regionen des Benthal in der Antarktis. Erläuterungen s. Bild 73

Die nördlichen warm-gemäßigten Regionen des Atlantik sind schwierig von den benachbarten abzugrenzen. Die zahlreichen eurytherm-tropischen und tropischen Arten, die in diese Regionen vordringen, überlagern die endemischen Elemente sehr stark. Zwei Regionen haben im Atlantik warm-gemäßigten Charakter: im W die karolinische, im O die mediterran-atlantische Region.

Die mediterran-atlantische Region. Sie ist global die größte warm-gemäßigte Region und erstreckt sich vom W-Eingang des Ärmelkanals bis zu den Kapverden und umfaßt auch das Mittelmeer, das Schwarze und das Kaspische Meer und die Aralsee. Da dieses große Gebiet trotz aller Übereinstimmungen auch regionale Verschiedenheiten aufweist, wird es in drei Provinzen unterteilt.

Die mediterran-lusitanische Provinz. Sie umfaßt die ostatlantischen Küsten vom Ärmelkanal bis zu den Kapverden, Madeira und die Azoren und das Mittelmeer. Das Mittelmeer ist besonders artenreich und weist viele Endemismen auf: 27% der 192 Hydrozoa, 13% der 129 Decapoda, 26% der 107 Echinodermata, 50% der 132 Ascidiacea und 14% der Fische sind endemische Arten. Offenbar stellt das Mittelmeer ein Evolutionszentrum dar, von dem auch die atlantischen Küsten besiedelt worden sind. Für die gesamte Provinz werden 40% der Echinodermata und 50% der Fische als endemisch angegeben. Bekannte Charakterarten sind die Edelkoralle (*Corallium rubrum*), die Krabben *Maja squinado*, *Dromia vulgaris*, *Calappa granulata* und *Pachygrapsus marmoratus*, die Muscheln *Spondylus gaederopus* und *Glycimeris glycimeris*, die Schnecke *Charonia nodifera*, die Seeigel *Paracentrotus lividus* und *Sphaerechinus granularis* und die Seegurke *Holothuria tubulosa*. Von den Fischen seien die Sardine (*Sardina pilchardus*, Bild 74:11) und die Sardelle (*Engraulis encrasicholus*, Bild 74:12) erwähnt, die in den letzten Jahren weit nach N vordringen und wirtschaftlich den seltener gewordenen Hering ablösen.

Die Schwarzmeer-Provinz. Das Schwarze Meer hat einen auf durchschnittlich 17 bis 18‰ erniedrigten Salzgehalt, und ab etwa 150 m Tiefe herrscht O_2-Mangel, dafür tritt dort H_2S auf. Diese Faktoren zusammen sind wohl dafür verantwortlich, daß die Artenzahl geringer ist als in der mediterran-lusitanischen Provinz, mit der aber viele Gemeinsamkeiten bestehen. Es fehlen im Schwarzen Meer ganze Gruppen mariner Tiere, wie die Scaphopoda, Theco- und Gymnosomata, Cephalopoda und Brachiopoda. Von den 140 Fischarten sind 24% endemisch.

Das Asowsche Meer weist eine Reihe von Besonderheiten auf, die u.a. mit der besseren vertikalen Zirkulation, dem starken Süßwassereinstrom aus dem Don und dem dadurch auf etwa 11‰ herabgesetzten Salzgehalt zusammenhängen. Es ist eine Zone hoher Produktion. Unter seinen Faunenelementen sind sarmatische Arten erwähnenswert, deren Auftreten hier unmittelbar aus der gemeinsamen erdgeschichtlichen Vergangenheit zu erklären ist.

Die sarmatische Provinz. Sie umfaßt das Kaspische Meer und die Aralsee. Beide Meere haben nicht nur einen auf 12 bis 13‰ bzw. 10‰ herabgesetzten Salzgehalt, sondern die Ionen-Zusammensetzung unterscheidet sich von der des Meerwassers: es sind weniger Na^+- und Cl^--, aber mehr Ca^{++}- und SO_4^{--}-Ionen vorhanden. Unter 600 m Tiefe findet sich eine H_2S-reiche Wasserschicht mit entsprechend ausgeprägter azoischer Tendenz. Zahlreiche mediterrane Arten sind vorhanden, einige Tiergruppen fehlen völlig (Anthozoa, Polyplacophora, Cephalopoda, Echinodermata). Die Anzahl der endemischen Arten im Kaspischen Meer ist hoch: 23 von 50 Copepoda, 38 von 72 Amphipoda, 50 von 58 Mollusca und 25 von 78 Fischen sind endemische Spezies. Daneben gibt es Glazialrelikte: den Polychaeten *Manayunkia caspia*, die Fische *Stenodus leucichthys* und *Salmo trutta* und die Kaspi-Ringelrobbe *Pusa caspica*. Ein vergleichsweise hoher Prozentsatz der Bewohner der Aralsee leitet sich von Süßwasserarten ab.

Die karolinische Region. Diese warm-gemäßigte Region des W-Atlantik wird durch die S-Spitze Floridas räumlich in zwei Abschnitte getrennt: den nördlichen Teil des Golfs von Mexico von Cabo Rojo bei Tampico bis Cape Romano (W-Florida) und den atlantischen Teil von Cape Hatteras im N bis zum Cape Kennedy im S. Die angegebenen Grenzen der Region ergeben sich aus dem Verbreitungsmuster der Mollusca, aber auch der Decapoda und der Fische. Insgesamt kann man schätzen, daß 30 bis 40% der Arten (Evertebraten und Fische) endemisch sind. Der nördliche Golf ist reicher an Arten als der atlantische Abschnitt und stellt ein Evolutionszentrum dar.

Das nordpazifische Unterreich

Das nordpazifische Unterreich umfaßt auf jeder Seite des Ozeans je eine boreale, aus zwei bis drei Provinzen bestehende, und eine warm-gemäßigte, weniger unterteilbare Region. Im Bereich südlich der Bering-Straße sind 40 bis 50% der Fauna amphi-pazifisch verbreitet, nach S nimmt der Differenzierungsgrad zu.

Die westpazifisch-boreale Region. Sie kann in drei Provinzen unterteilt werden.

    Die orientalische Provinz. Sie umfaßt das Gelbe Meer, die zentrale Japansee und die O-Küste von Honshu. Von den Fischen sind 15 bis 20% endemisch, im übrigen sind die faunistischen Verhältnisse noch sehr wenig bekannt, was insbesondere für die koreanische Küste gilt.

    Die ochotskische Provinz. Sie wird vom Ochotskischen Meer gebildet, das faunistisch zwar der Japansee ähnelt, sich aber durch eine Reihe von Endemismen von ihr unterscheidet. Etwa 15% der 33 Ascidien, 40% der Pycnogonidae, 9% der Polychaeta und 30% der Fische sind endemische Arten.

    Die kurilische Provinz. Diese Provinz erstreckt sich von der südlichen Bering-Straße etwa bis Kap Oljutorsky und schließt außer den Kurilen auch Hokkaido ein. Die Anzahl der Endemismen wird auf 30 bis 40 % geschätzt.

Die ostpazifisch-boreale Region. Sie wird in der neueren Literatur in zwei Provinzen unterteilt.

    Die aleutische Provinz. Die Nordgrenze dieser Provinz liegt etwa bei der Insel Nunivak (60° N), die Südgrenze bei Dixon-Entrance, SO-Alaska. Von den Mollusken sind rund 24% endemisch.

    Die Oregon-Provinz. Sie zieht sich von Dixon-Entrance bis Point Conception, Kalifornien, hin. Hier sind 29% der Mollusken und 50% der Fische endemische Arten. Bemerkenswert ist u.a. die Gattung *Sebastodes* (Scorpaenidae: Drachenköpfe), die in der Provinz mit etwa 50 Spezies vertreten ist.

Die japanische Region. Diese warm-gemäßigte Region erstreckt sich etwa von Kap Inubo im N bis zur W-Küste von Taiwan und umfaßt die S-Spitze Koreas. Der warme Kuroshio-Strom bringt viele tropische Arten in die Region, die aber auch zahlreiche Endemismen enthält. Charakterarten der Region sind 108 von 240 Krabben, 28% der Echinodermen, unter den Fischen 16 von 30 Bothidae, 21 von 45 Scorpaenidae, 8 von 15 Triglidae, 8 von 11 Cottidae und alle 6 Atherinidae.

Die kalifornische Region.

    Die San-Diego-Provinz. Sie schließt bei Point Conception an die boreale Oregon-Provinz an und reicht auf der offenen pazifischen Seite fast bis zur S-Spitze Kaliforniens. Ihre Fauna wird noch stark von den kalten nördlichen Gewässern bestimmt, enthält aber etwa 21% endemische Mollusken und 40% endemische Fische.

    Die cortesische Provinz. Sie umfaßt den Golf von Kalifornien (die See des Cortés) und unterscheidet sich von der vorgenannten Provinz dadurch, daß sie zum wesentlichen Teil vom südlich anschließenden Tropischen Reich her besiedelt wurde. Etwa 1/3 der Pflanzenarten, 35% der Brachyura und 17% (von 526) Fischen sind endemisch.

2.2.2 Das Tropische Reich des litoralen Benthos

Der Artenreichtum des Tropischen Reiches, das sich zwischen den $20°$-Isothermen des kältesten Monats um den Äquator erstreckt, wurde schon einleitend besprochen. Zwei Lebensgemeinschaften sind besonders charakteristisch: die der Mangrove und die der Korallenriffe.

Die Mangrove gedeiht an schlammreichen Ufern. Sie wird wesentlich von *Rhizophora*- und *Avicennia*-Arten gebildet, deren typische Stelz- und Luftwurzeln dem Gezeitenwechsel ausgesetzt sind. Die Lebensgemeinschaft der Mangrove ist artenarm, aber individuenreich. Manche Arten leben in einem begrenzten Niveau in bestimmter Höhe zum Wasserspiegel (einige Prosobranchia). Bekannte Tierformen sind die Winkerkrabben *(Uca)*, die Krabben *Sesarma* und *Cardisoma* sowie die Schlammspringer *(Periophthalmus, Boleophthalmus)*, kleine Fische, die amphibisch leben.

Die Korallenriffe bieten im Gegensatz zur Mangrove einer Fülle von Arten Lebensraum. Ihre Erzeuger bilden die typischen Riff-Formen nur in Gebieten, in denen die Temperatur nicht unter 20,5 $°C$ sinkt, die polyhalines, klares und damit sonnendurchflutetes Wasser bieten. Die riffbildenden (hermatypischen) Arten leben zwar zum Teil auch in kühlerem Wasser, dort aber vereinzelt. Die meisten Riffe werden von Steinkorallen gebildet, es gibt aber auch einige andere Urheber. Im Gebiet der Malediven und der Sundasee sind Kalkalgen als Rifferzeuger wesentlich, zumindest auf einigen Fidschi-Inseln (Funafuti) übertreffen Foraminiferen die Steinkorallen an Masse. Riffbildend können auch Alcyonarien (Blaue Korallen: *Heliopora*; Orgelkorallen: *Tubipora*) und athecate Hydrozoa sein (Feuerkorallen: *Millepora*, besonders oft in Westindien: *M. alcicornis*). Korallenriffe bieten eine Fülle von engen und weiten Hohlräumen, unterschiedlichste Strömungs- und Lichtverhältnisse, verschiedenartige Ansatzflächen und Einbohrmöglichkeiten und eröffnen damit eine große Anzahl ökologischer Nischen. Von Bohrmuscheln ausgebohrte Gänge dienen anderen Arten oft als Wohnraum (z.B. für die Käferschnecke *Cryptoplax*, Großes Barriere-Riff), größere Vertiefungen sind oft von Seeigeln (z.B. *Diadema, Eucidaris)* besetzt. Freilebende Bewohner des Korallenriffs sind oft sehr farbig: Turbellaria, Opisthobranchia und eine Vielzahl von „Korallenfischen" (Borstenzähner: Chaetodontidae, Papageifische: Scaridae, Kofferfische: Ostraciontidae, u.a.m.).

Zirkumglobal sind im Tropischen Reich vier Regionen zu unterscheiden, die durch Land- und Seebarrieren deutlich getrennt sind. Die Regionen werden hier jeweils einem atlantischen und pazifischen Unterreich zugeordnet, obwohl im mittelamerikanischen Bereich — aufgrund der erdgeschichtlichen Vergangenheit — die ostpazifische und die westatlantische Fauna viele Gemeinsamkeiten zeigen.

Das atlantisch-tropische Unterreich

Die westatlantische Region. Zu ihr gehören als nördlicher Vorposten die Bermudas, sie erstreckt sich von den Bahamas und der Südspitze Floridas durch den südwestlichen Golf von Mexico an der Küste Südamerikas entlang bis Cabo Frio (östlich von Rio de Janeiro) und umfaßt auch die Westindischen Inseln, Fernando de Noronha und die brasilianischen Trinidade-Inseln. Die Region zeichnet sich aus durch ihren Reichtum an Gorgonarien *(Rhipidogorgia)*.

Die karibische Provinz. Die karibische Provinz umfaßt die S-Spitze Floridas und die Kontinentalküste von Cabo Rojo bis zur Mündung des Orinoco. Während der nördliche Teil der Provinz faunistisch gut bearbeitet ist, läßt sich das von dem südlichen nicht sagen. Einigermaßen ausreichend bekannt sind die Mollusken und die Fische, es ist zur Zeit jedoch noch nicht möglich, den Prozentsatz an Endemismen anzugeben. Künftige Untersuchungen werden zeigen müssen, ob die Provinz weiter unterteilt werden muß. Zumindest für einige Mollusken *(Voluta)* scheint östlich von Santa Marta, Kolumbien, eine Verbreitungsgrenze zu verlaufen. Als Beispiele für Charakterarten der Provinz seien genannt die Fächerkoralle *Rhipidogorgia flabellum* mit der häufig auf ihr zu findenden Schnecke *Cyphoma gibbosum*, die Grüne Spitzkreiselschnecke *Tegula viridula*, die Maus-Kaurie *Cypraea mus*, die Karibische Purpurschnecke *Murex woodringi*, die Karibische Olive *(Oliva scripta)* und die Randschnecke *Prunum prunum*.

Die brasilianische Provinz. Sie erstreckt sich vom Mündungsdelta des Orinoco bis Cabo Frio und schließt auch die Inseln Fernando de Noronha und die Trinidade-Gruppe ein. Im N der Provinz wird die Salinität durch die großen Wassermassen der einströmenden Flüsse herabgesetzt. Dieses Gebiet trennt die karibischen Korallenriffe von den südlicheren brasilianischen, deren Fauna anders zusammengesetzt ist. Für die Provinz sind 10 von 14 hermatypischen Korallen und 26 von 116 Hydrozoa als endemisch zu bezeichnen. Unter den Mollusken sind einige Polyplacophora *(Ischnochiton moreirai, marcusi, Lepidochitona montoucheti)* und Prosobranchia auf die Provinz beschränkt. Von den Fischen sind die meisten der 36 Umberfische und einige Sardellenarten endemisch.

Die westindische Provinz. Sie schließt die Bermudas, die Bahamas und die Westindischen Inseln ein. Im Bereich der Bermudas ist die Feuerkoralle *Millepora alcicornis* in besonderem Maße riffbildend. Bemerkenswert sind auch die aus Polychaeten-Röhren gebildeten Serpuliden-Atolle, die bis zu 30 m Durchmesser erreichen können. In der Provinz sind 185 von 760 Mollusken, 18 von 116 Echinodermen und 87 von 466 Fischen endemisch.

Die ostatlantische Region. Sie ist eine schmale tropische Region, da sie durch kalte Strömungen von N (Kanarenstrom) und S (Benguelastrom) eingeengt wird. Das tropisch-warme Wasser erreicht auch nur geringe Tiefen (ca. 35 m), und möglicherweise hängt es damit zusammen, daß Korallenriffe in der Region fehlen. Als Grenzen werden im N die Kapverden, im S Mossâmedes, Angola, angenommen, und es werden die Inseln St. Helena und Ascensión dazugerechnet.

Die westafrikanische Provinz. Sie umfaßt die Kapverdischen Inseln und die westafrikanische Festlandsküste in den angegebenen Grenzen. In ihr sind 50% der Korallen, 18% der Schwämme, 17% der Polychaeten, 40% der Decapoda, 60% der Ascidien, 57% der Echinodermen und 46% der Prosobranchia endemisch. Besonders erwähnt sei die flaschenförmige Seewalze *Rhopalodina lageniformis*. Charakterarten unter den Fischen sind 4 Schnapper (Lutjanidae), 6 Korallenbarsche (Pomacentridae), 3 Barracudas (Sphyraenidae), 3 Papageifische (Scaridae) und 3 Borstenzähner *(Chaetodon)*.

Provinz St. Helena und Ascensión. Neben einer Reihe von Besonderheiten weisen die beiden Inseln so viele Gemeinsamkeiten auf, daß sie zur Zeit in einer Provinz vereinigt werden. Etwa 50% der Echinodermen und 6 Fische sind endemisch. 4 Fischarten der Provinz kommen auch im Indopazifik vor, während andererseits zahlreiche Mollusken mit westindischen Arten verwandt sind.

Das pazifische Unterreich

Die indo-westpazifische Region. Diese Region ist die weitaus größte und auch artenreichste. Sie erstreckt sich über mehr als den halben Erdumfang, nämlich von der ostafrikanischen Küste bis nach Polynesien und zur Oster-Insel und im Durchschnitt über 60 Breitengrade.

Viele Arten sind über das ganze Gebiet verbreitet, das „das Reich der riffbildenden Korallen" darstellt. Es gibt etwa 500 hermatypische Korallen (darunter besonders zu erwähnen die *Acropora*-Arten), die Hornkieselschwämme (Dictyceratida) haben hier ihr Hauptverbreitungsgebiet, mehr als 1000 Muschel- und 3000 Fischarten sind bisher aus der Region bekannt. Als charakteristisch seien genannt die Riesenmuscheln *(Tridacna)*, das Perlboot *(Nautilus)*, die Schwimmkrabbe *Portunus pelagicus*, der Palmendieb *Birgus latro* (Brachyura), die Languste *Panulirus japonicus*, zahlreiche Fischfamilien (Pegasidae, Silliginidae, Kraemeriidae, Siganidae, Plesiopidae), etwa 50 Seeschlangen (nur eine davon, *Pelamis platurus*, auch im O-Pazifik) und der Dugong (Dugongidae: Seekühe).

Die indisch-madagassische Provinz. Diese Provinz bildet den westlichsten Teil der Region vom Golf von Oman um die Arabische Halbinsel, das Horn von Afrika, die ostafrikanische Küste entlang bis zur Mündung des Kei River (75 km nördlich von East London). Sie umfaßt außerdem Madagascar, die Comoren, Seychellen, Aldabra und die Mascarenen. Sie wird in der Literatur auch „Western Indian Ocean Province" genannt, hier jedoch, um Verwechslungen mit der westindischen zu vermeiden, als indisch-madagassisch bezeichnet. Große Teile der Provinz sind ungenügend bekannt, so daß die Endemismen quantitativ schwer abzuschätzen sind. 4 von 24 Fechterschnecken (Strombidae), 15 von 59 Kaurischnecken (Cypraeidae), 75 von 312 Echinodermen und etwa 40% der Fische scheinen auf die Provinz beschränkt zu sein.

Provinz des Roten Meeres. Das Rote Meer ist durch hydrographische Besonderheiten ausgezeichnet, u.a. durch hohe Salzgehaltswerte (bis über 42‰). Es enthält eine Reihe von endemischen Arten: 15 von 75 Riffkorallen, 5 von 33 Kaurischnekken, 28 von 181 Echinodermen, 45% der vorkommenden Cephalopoden und 15% der Fische, davon die zwei Schildfische (Gobiesocidae) und die eine Sandtaucher-Art (Trichonotidae).

Hier sei kurz auf die Bedeutung des Suezkanals für die Ausbreitung von Arten hingewiesen. Nach der Eröffnung des Kanals bildeten die Bitterseen mit ihrem hohen Salzgehalt (68‰) eine offenbar nicht zu überwindende Barriere. Die löslichen Komponenten wurden langsam ausgespült: 1924 waren es nur noch 52‰, 1974 dagegen nur noch 41‰. Damit fiel die trennende Schranke. Inzwischen sind von der israelischen Mittelmeerküste 30 Fischarten aus dem Roten Meer bekanntgeworden, während umgekehrt nur ein Sägebarsch (*Dicentrarchus punctatus*, Serranidae) aus dem Mittelmeer in den Golf von Suez vorgedrungen ist. Insgesamt wird die Anzahl der Evertebrata und der Fische, die durch den Suezkanal in das Mittelmeer eingewandert sind, zur Zeit auf 140 Arten geschätzt.

Die indo-polynesische Provinz. Sie nimmt den größten Teil der Region ein und ist besonders artenreich. Vom Golf von Oman um die Küsten Indiens herum, über Ceylon und Insulinde erstreckt sie sich bis nach Polynesien. Sie enthält die südjapanischen Amami-Inseln, die O-Küste Taiwans, die Philippinen und die NO-Küste Australiens. Endemisch sind 22 von 43 *Strombus*-Arten, 47 von 127 Kaurischnecken, 3 von 6 Tridacnidae, 30 von 39 Volutidae, 90% der Haarsterne, 50% der Seeigel und 6 von 10 Schildfischen (Gobiesocidae).

Die nordwestaustralische Provinz. Zu ihr gehört das Gebiet von der Shark Bay im Westen Australiens über die N-Küste bis Cape York, Torres-Straße. Sie ist noch wenig erforscht. Etwa 14% der Kaurischnecken und 40% der Echinodermen scheinen endemisch zu sein.

Provinz der Inseln Lord Howe und Norfolk. Beide Inseln liegen schon in der südlichen gemäßigten Zone, doch weist auch die südlichere, Lord Howe, Korallenriffe und eine Reihe tropischer Arten auf. In den Gewässern von Lord Howe sind 10 von 59 Echinodermen und 22% der Fische endemisch.

Hawaiische Provinz. Hawaii und die rund 835 km südlich davon gelegene Johnston-Insel stimmen faunistisch zum großen Teil überein. Für die Provinz kann man 20% der Mollusken, 45% der Crangonidae, 30% der See- und Schlangensterne und 34% der Fische als endemisch ansehen.

Die Provinz der Oster-Insel. Die Oster-Insel und die auch in diese Provinz gerechnete Insel Sala y Gómez sind faunistisch wenig bekannt. 30 bis 40% der Fische werden für endemisch gehalten.

Die Provinz der Marquesas-Inseln. Auch sie ist völlig unzureichend bekannt. Etwa 20% der Mollusken und einige Schleimfische (*Entomacrodus:* Blenniidae) werden als endemisch angegeben.

Künftige Untersuchungen werden vielleicht ergeben, daß andere, abgelegene Inselgruppen ebenfalls eigenständige Faunenelemente haben. Zur Zeit ist wegen mangelnder Bearbeitung dieser abgelegenen Gebiete keine begründete Aussage zu machen.

Die ostpazifische Region. Die ostpazifische Region nimmt die amerikanische W-Küste vom südlichen Teil des Golfs von Kalifornien bis zum Golf von Guayaquil ein. Die Region wird in drei Provinzen unterteilt.

Die mexikanische Provinz. Sie erstreckt sich von der Spitze von Niederkalifornien bis zur Tangola-Tangola-Bay am Golf von Tehuantepec. Hier sind neben einer Reihe von *Gorgonia*-Arten 6 von 9 Schildfischen (Gobiesocidae) endemisch.

Die panamaische Provinz. Sie bildet den Südteil der Region von der Tangola-Tangola-Bay bis zum Golf von Guayaquil. An den Mangrove-Ufern findet sich die Höhlen-Krabbe *Ucides occidentalis*, von den Fischen sind 12 von 14 Gobiesocidae, 4 von 5 *Malacoctenus*-Arten und 5 von 10 Chaenopsidae endemisch.

Die Galápagos-Provinz. Die Galápagos, etwa 1000 km westlich der südamerikanischen Küste am Äquator gelegen, weisen eine eigentümliche Fauna auf, bedingt durch den Einfluß einer kalten Strömung, die Arten das Leben ermöglicht, die man nicht in den Tropen erwartet und von denen vor allem Seelöwen (*Zalophus wollebaeki*) und Seebären (*Arctocephalus galapagoensis*) auffällig sind. 36% der marinen Algen, 16% der Mollusken, 15% der Brachyura, 30% der Steinkorallen und 23% der Fische sind endemisch. Im Felslitoral fallen die großen Käferschnecken (*Chiton goodalli* und *sulcatus*) auf. An kleineren endemischen Vertretern der Polyplacophora seien *Leptochiton albemarlensis*, *Callistochiton carmenae* und *Acanthochitona jacquelinae* genannt.

2.2.3 Das Südliche Reich des litoralen Benthos

Das Südliche Reich läßt sich zur Zeit in 5 warm-gemäßigte und 4 kalt-gemäßigte Regionen sowie das antarktische Gebiet gliedern. Da die trennenden Kontinentalmassen auf der Südhalbkugel weniger ausgeprägt sind, sind viele Tierarten über mehrere Regionen verbreitet. So gibt es in den warm-gemäßigten Regionen zirkumglobal die Kap-Languste (*Jasus*) und den Fisch *Xiphiurus blacodes*. Entsprechend ist eine Zuordnung der Regionen zu

Unterreichen auf der südlichen Halbkugel nicht sinnvoll. Die warm- und die kaltgemäßigten Regionen werden daher im folgenden nacheinander aufgeführt, jeweils im westatlantischen Bereich beginnend und nach Osten fortschreitend. Wir beginnen mit den warmgemäßigten Regionen.

Die Südwestatlantische Region. Diese Region ist bisher kaum bearbeitet worden. Als N-Grenze ist Cabo Frio anzunehmen, die S-Grenze liegt wahrscheinlich im Mündungsgebiet des Rio de la Plata. Für die Mollusken ist eine Verbreitungsgrenze bei der Valdés-Halbinsel, Argentinien (42° S) erkennbar, für andere Tiergruppen ergeben sich andere Grenzen. Nach der derzeitigen Kenntnis sind das Lanzettfischchen *Branchiostoma platae*, die Sardellen *Anchoa marinii* und *howelli*, einige Rochen (Rajidae) und der Meeraal *Conger orbignyanus* als endemisch anzusehen.

Die südafrikanische Region. Sie erstreckt sich von Mossâmedes, Angola, um die S-Spitze Afrikas herum bis zur Mündung des Kei River. Es sind drei Provinzen abgrenzbar.

> **Die südwestafrikanische Provinz.** Sie nimmt das Gebiet von Mossâmedes bis zum Kap der Guten Hoffnung ein und ist wenig faunistisch bekannt. Unter den Fischen dominieren die Beschuppten Schleimfische (Clinidae) mit 33 Arten, von denen 6 bis 7 endemisch sind.

> **Die Agulhas-Provinz.** Sie nimmt die südafrikanische Küste vom Kap der Guten Hoffnung bis zum Kei River ein und weist eine hochendemische Fauna auf. Über 50 % der 68 Ascidien, 12 von 33 Clinidae und 8 von 13 Gobiidae kommen nur hier vor.

> **Provinz der Inseln Amsterdam und Saint Paul.** Diese Inseln vulkanischen Ursprungs, über 5000 km von Südafrika entfernt, zeigen dennoch zahlreiche Übereinstimmungen mit der südafrikanischen Fauna. Wahrscheinlich hängt das mit der Verfrachtung von Arten durch die Westwinddrift zusammen. 4 von 14 Fischen werden als endemisch angegeben.

Die südaustralische Region. Die südaustralische Region wird durch die Küste von Victoria in eine südwest- und eine südostaustralische Provinz zweigeteilt. Dennoch handelt es sich um eine Region, die durch eine Reihe von Arten gekennzeichnet wird. 13 Echinodermen (darunter der Seeigel *Heliocidaris erythrogramma* und der Seestern *Patiriella gunnii*), die Krabben *Leptograpsus variegatus* und *Cancellus typus* sowie 38 Fische sind als Charakterarten anzusehen.

> **Die südwestaustralische Provinz.** Sie erstreckt sich von der Shark-Bay im W bis Robe, S.A. Als Beispiele für endemische Arten seien genannt: die Polyplacophora *Clavarizona hirtosa* und *Onithochiton occidentalis*, die Gastropoden *Ninella torquata whitleyi* und *Dicathais aegrota*, die Seeigel *Holopneustes porosissimus* und *inflata*, insgesamt 21 von 166 Echinodermen und 72 von 253 Fischen.

> **Die südostaustralische Provinz.** Sie zieht sich von der Küste bei Fraser Island, Queensland, hin bis Bermagui, N.S.W. Als Endemismen werden u.a. angeführt 21 von 107 Echinodermen, 3 von 6 Ammenhaien (Orectolobidae), 5 von 7 Seezungen (Soleidae) und 11 von 22 Seenadeln (Syngnathidae), insgesamt sind etwa 30% der Fische auf die Provinz beschränkt.

Die nordneuseeländische Region. Sie umfaßt den nördlichsten Teil Neuseelands und die Kermadec-Inseln und wird entsprechend in zwei Provinzen unterteilt.

> **Die Auckland-Provinz.** Sie nimmt den Nordteil von Neuseeland ein, südlich bis etwa in Höhe Auckland und East Cape. Etwa 40% der Mollusken und 50 Fischarten sind in der Provinz endemisch, die im übrigen zahlreiche Beziehungen zur südostaustralischen Provinz aufweist.

Die Kermadec-Provinz. Die vulkanischen Kermadec-Inseln zeigen trotz der Entfernung von rund 930 km von Neuseeland Beziehungen zur Auckland-Provinz. 5 von 13 Echinodermen und 85 Mollusken sind endemisch.

Die peruanisch-chilenische Region. Die Region wird beeinflußt durch kaltes Aufstiegswasser, das Nährstoffe aus der Tiefe bringt und so eine hohe Produktion ermöglicht, aber auch die Grenze der Region weit nach N bis zum Golf von Guayaquil (3° S!) verschiebt.

Die peruanisch-chilenische Provinz. Während die Nordgrenze im Golf von Guayaquil deutlich ist, ist die Südgrenze unklar, vielleicht auch für verschiedene Tiergruppen unterschiedlich. Eine Mehrheit von Autoren sieht einen Faunenwechsel im nördlichen Bereich der Insel Chiloé (41°05' S). Die Fauna ist aus der Provinz nur stichpunktartig bekannt, was die Schwierigkeiten erhöht, ein zutreffendes Verbreitungsbild der Arten zu bekommen. Als Endemismen werden 315 von 566 Mollusken, 16 von 30 Anomura, 14 von 60 Brachyura und etwa 50% der Fische angesehen.

Die Provinz Juan Fernández. Die Insel Juan Fernández liegt etwa 750 km von der chilenischen Küste entfernt und weist zahlreiche endemische Arten auf: 32% der marinen Algen, 3 von 5 Käferschnecken, 20 von 39 Conchifera, 4 von 15 Krabben, 4 von 5 Seesternen und 19 von 34 litoralen Fischen.

Die Fauna der kalt-gemäßigten und der antarktischen Gebiete war bis vor wenigen Jahren kaum bekannt. Im Zusammenhang mit den inzwischen angelaufenen internationalen Forschungsprogrammen sind hier eine Reihe neuer Erkenntnisse gewonnen worden. Danach lassen sich die kalt-gemäßigten Gebiete in vier Regionen unterteilen, während die Antarktis eine Einheit bildet. Die kalt-gemäßigten Regionen sind von der Antarktis und vom Norden, insbesondere vom N-Pazifik her, besiedelt worden.

Die Region des südlichen Südamerika.

Die Magellan-Provinz. Diese Provinz zieht sich vom nördlichen Chiloé um die Südspitze des Kontinents herum bis zur Mündung des Rio de la Plata und schließt auch die Falkland-Inseln ein. 30 von 66 Isopoda, 2 von 6 Anomura, 72 von 117 Bivalvia und 63 von 128 Fischen sind endemisch.

Die Provinz Tristan-Gough. Die Provinz, etwa 4600 km von Südamerika, 3300 km von Südafrika entfernt, umfaßt die Vulkaninseln von Tristan da Cunha, Nightingale, Inaccessible und Gough. Trotz der großen Entfernung von Südamerika weist die Fauna Beziehungen zur Magellan-Provinz auf. Der Endemismus wird auf ca. 25% geschätzt.

Bild 75 Mediterran-lusitanische Faunenelemente (Auswahl)

1 *Corallium rubrum* (Kolonie bis 50 cm hoch)
2 *Maja squinado* (Carapax 18 cm lang)
3 *Dromia vulgaris* (Carapax 8 cm lang)
4 *Calappa granulata* (Carapax 11 cm lang)
5 *Spondylus gaederopus* (7 cm)
6 *Glycimeris glycimeris* (6 cm)
7 *Charonia nodifera* (30 cm)

8 *Sphaerechinus granularis* (⌀ 12 cm)
9 *Paracentrotus lividus* (7 cm)
10 *Holothuria tubulosa* (25 cm)
11 *Sardina pilchardus* (16 cm)
12 *Engraulis encrasicholus* (16 cm)
(n. *Nordsieck* 1968, *Riedl* 1963)

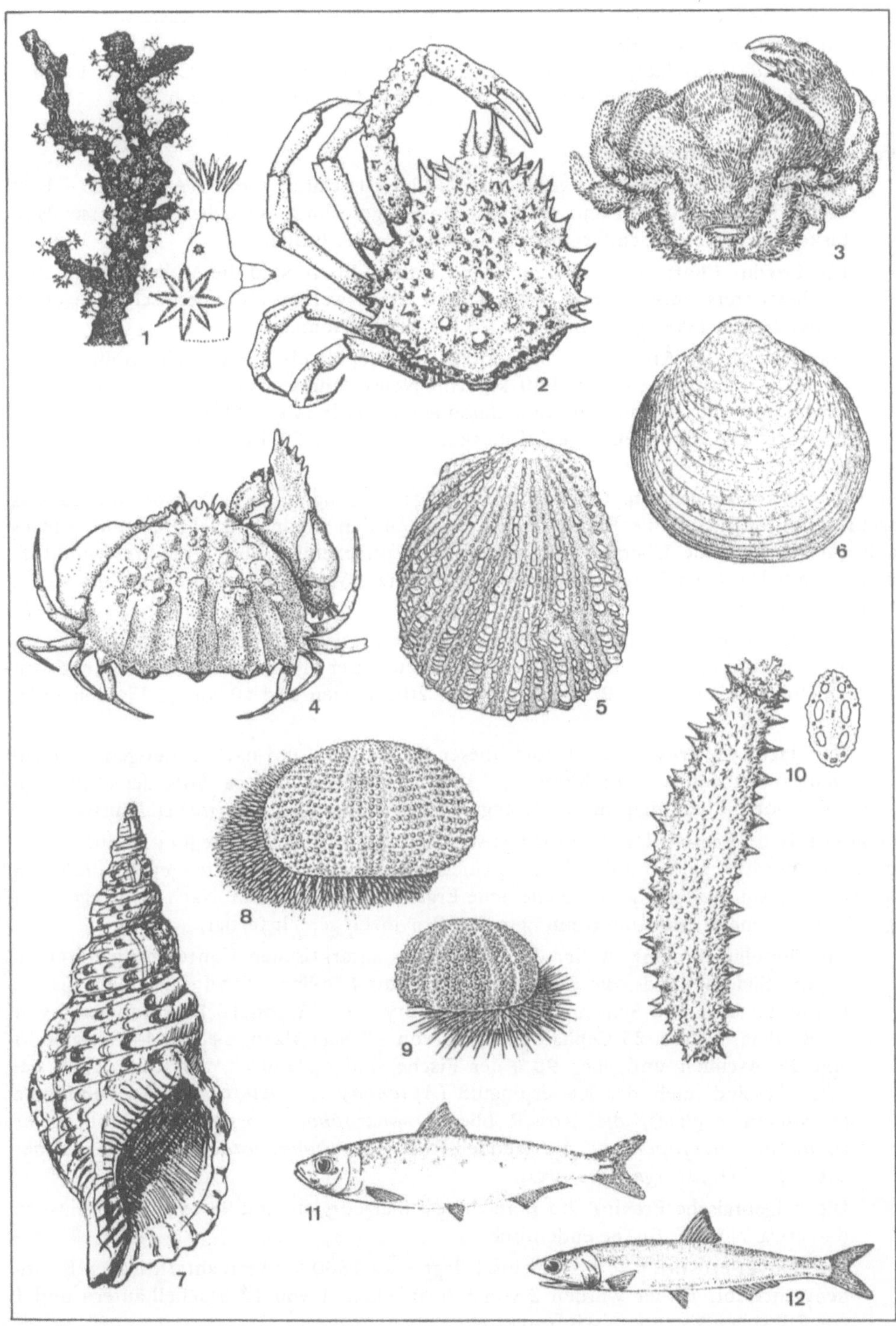

Bild 75

Die tasmanische Region. Außer Tasmanien gehört zu dieser Region die Küste von Victoria zwischen Robe, S.A., und Bermagui, N.S.W. 4 Algen, 14 Mollusken und 3 Echinodermen, 4 von 7 Rochen (Rajidae), 10 von 13 Beschuppten Schleimfischen (Clinidae), 1 von 2 Bovichthyidae und 3 von 5 Kofferfischen (Ostraciontidae) sind endemisch.

Die süd-neuseeländische Region.

> **Die Cook-Provinz.** Zu ihr werden der Teil Neuseelands südlich Auckland — East Cape, die Stewart-Insel und die Snares-Inseln gerechnet. 33% der Flachwasser-Mollusken und 5 von 8 Schildfischen sind Leitarten der Provinz.

> **Die Provinz Chatham.** Im Bereich der Chatham-Inseln sind die Mollusken zur Zeit die bestuntersuchte Gruppe: 49 von 320 Arten werden als endemisch angegeben, ferner 10 von 190 Algen und 5 von 22 Kieselschwämmen.

> **Die Provinz der Antipoden.** Sie umfaßt die Auckland-, Antipoden-, Bounty- und Campbell-Inseln, die bis zu 900 km von Neuseeland entfernt sind. Die Fauna ist soweit bekannt, daß die Zusammenfassung der Inseln in einer Provinz als gerechtfertigt erscheint. Etwa 50% der Mollusken und 6 von 27 Echinodermen sind endemisch.

Die subantarktische Region. Diese ist die einzige zoogeographische Region, die nur aus Inseln besteht. Obwohl die Entfernungen zwischen den Inseln beträchtlich sind, gibt es zahlreiche faunistische Übereinstimmungen, die wahrscheinlich durch die Westwinddrift bedingt sind. Die Oberflächentemperatur des offenen Wassers schwankt zwischen +2 °C im Winter und +5 °C im Sommer.

> **Die Kerguelen-Provinz.** Außer den Kerguelen werden die McDonald-, Heard-, Marion-, Prince Edward- und Crozet-Inseln zu dieser Provinz gerechnet, in der 5 von 18 Holothurien, 5 von 9 Seeigeln, 6 von 20 Ascidien und 10 von 15 Fischen endemisch sind.

> **Die Macquarie-Provinz.** Im Gebiet dieser Inselgruppe sind nach bisherigen Untersuchungen 11 von 16 Amphipoden, 5 von 6 Echinodermen, ca. 50% der Mollusken und 1 von 4 Pinguinen (der Eselspinguin *Pygoscelis papua taeniata*) endemisch.

Die antarktische Region. Das Oberflächenwasser der antarktischen Region ist durch häufig auftretendes Packeis und durch relativ niedrige Salinität gekennzeichnet. Besonders in dieser Region sind zukünftig zahlreiche neue Ergebnisse zu erwarten. Nach dem gegenwärtigen Stand erscheint eine Unterteilung in drei Provinzen gerechtfertigt.

> **Die südpolare Provinz.** Außer den Küsten des antarktischen Kontinents gehören zu ihr die Süd-Shetland-, die Süd-Orkney- und die Süd-Sandwich-Inseln. Mehr als die Hälfte der über 300 Schwämme, 58% der Bryozoa, 11 von 16 Brachiopoda, 7 von 36 Bivalvia, 19 von 25 Cephalopoda, 22 von 38 Seewalzen, 34 von 44 Seeigeln, 8 von 27 Ascidien und über 90% der Fische sind endemisch. Auf das Gebiet beschränkt sind auch der Kaiserpinguin *(Aptenodytes forsteri)*, der Adelie-Pinguin *(Pygoscelis adeliae)*, die Ross-Robbe *(Ommatophoca rossi)*, der Krabbenesser *(Lobodon carcinophagus)*, die Weddell-Robbe *(Leptonychotes weddelli)* und der Seeleopard *(Hydrurga leptonyx)*.

> **Die südgeorgische Provinz.** Im Bereich von Südgeorgien sind 98 von 164 Mollusken und etwa 34% der Fische endemisch.

> **Die Bouvet-Provinz.** Die Bouvet-Insel liegt etwa 1800 km vom antarktischen Kontinent entfernt. Bisher wurden 2 von 5 Schnecken, 1 von 12 Stachelhäutern und 1 von 2 Fischen als endemisch festgestellt.

Weiterführende Literatur

Über das Gesamtgebiet der Meeresbiologie und über Teilaspekte gibt es eine Fülle von Literatur, die hier nicht aufgeführt werden kann. Die im folgenden genannten Werke sollen dem Interessierten ermöglichen, weitere Auskünfte zu Spezialfragen zu erhalten; sie sind zum Teil mit umfangreichen Literaturhinweisen versehen.

I. Allgemeines, Lehrbücher, einzelne Lebensräume

Abrahamse, J., et al. (Hrsg.), 1977: Wattenmeer. Ein Naturraum der Niederlande, Deutschlands und Dänemarks. Wachholtz: Neumünster.

Ax, P., H.P. Bulnheim et al., 1973: Das Meer. in: Grzimeks Tierleben, Ergänzungsband: Unsere Umwelt als Lebensraum. Kindler: München.

Coker, R.E., 1954: Das Meer — der größte Lebensraum. (übers. von I. und G. Hempel) Parey: Hamburg.

Cushing, D.H. und J.J. Walsh (Hrsg.), 1976: The ecology of the seas. Blackwell scientific Publications: Oxford.

Deacon, G.E.R. (Hrsg.), 1970: Die Meere der Welt. Scherz: Bern.

Dietrich, G., K. Kalle, W. Krauss und G. Siedler, 1975: Allgemeine Meereskunde. Borntraeger: Berlin.

Engel, L. (Hrsg.), 1963: Das Meer. Das Reich der Natur in Farben. Deutsche Buch-Gemeinschaft: Berlin.

Flemming, N.C. und J. Meincke (Hrsg.), 1977: Das Meer. Enzyklopädie der Meeresforschung und Meeresnutzung. Herder: Freiburg.

Friedrich, H., 1965: Meeresbiologie. Eine Einführung in die Probleme und Ergebnisse. Borntraeger: Berlin.

Grimpe, G., E. Wagler und A. Remane, 1925—40: Die Tierwelt der Nord- und Ostsee. Akad. Verlagsgesellschaft Becker & Erler: Leipzig. 6 Bände.

Hertling, H., 1953: Einführung in die Meeresbiologie. Duncker & Humblot: Berlin.

Keegan, B.F., P.O. Ceidigh und P.J.S. Boaden (Hrsg.), 1976: Biology of benthic organisms. Pergamon Press: Oxford.

Kinne, O. (Hrsg.), ab 1975: Marine ecology. A comprehensive, integrated treatise on life in oceans and coastal waters. Wiley & Sons: London. 4 Bände.

— (Hrsg.), ab 1980: Diseases of marine animals. Wiley & Sons: Chichester.

Lewis, J.R., 1964: The ecology of rocky shores. English Univ. Press: London.

Macdonald, A.G., 1975: Physiological aspects of deep sea biology. Cambridge Univ. Press: Cambridge.

MacGinitie, G.E. und N. MacGinitie, 1949: Natural history of marine animals. MacGraw-Hill: New York.

Marshall, N.B., 1979: Developments in deep-sea biology. Blandford Press: Poole, Dorset.

McConnaughey, B.H., 1978: Introduction to marine biology. Mosby: Saint Louis, Missouri.

Menzies, R.J., R.Y. George und G.T. Rowe, 1973: Abyssal environment and ecology of the world oceans. Wiley & Sons: New York.

Miller, R.C., 1969: Das Meer. Knaurs Naturgeschichte in Farben. Droemer-Knaur: München.

Moore, H.B., 1958: Marine ecology. Wiley & Sons: New York.

Newell, R.C., 1972: Biology of intertidal animals. P. Elek Ltd.: London.

Parsons, T.R., M. Takahashi und B. Hargrave, 1977: Biological oceanographic processes. Pergamon Press: Oxford.

Pax, F. (Hrsg.), 1962: Meeresprodukte. Ein Handwörterbuch der marinen Rohstoffe. Borntraeger: Berlin.

Reineck, H.E. (Hrsg.), 1970: Das Watt. Ablagerungs- und Lebensraum. Kramer: Frankfurt.

Riedl, R., 1966: Biologie der Meereshöhlen. Parey: Hamburg.

Russel, F.S. und C.M. Yonge, 1975: The seas. An introduction to the study of life in the sea. Warne: London.

Schlieper, C., 1968: Methoden der meeresbiologischen Forschung. Fischer: Jena.

Schumacher, H., 1976: Korallenriffe. Ihre Verbreitung, Tierwelt und Ökologie. BLV: München.

Tait, R.V., 1971: Meeresökologie. Eine Einführung. (Übersetzt von W.E. Krumbein) Thieme: Stuttgart.

Tardent, P., 1979: Meeresbiologie. Eine Einführung. Thieme: Stuttgart.

Thorson, G., 1976: Life in the sea. World Univ. Library, MacGraw-Hill: New York.

UNESCO (Hrsg.), ab 1973: Monographs on oceanographic methodology. Page Brothers: Norwich.

Vernberg, W.B., 1974: Symbiosis in the sea. Baruch Library in Marine Sciences 2, University of South Carolina Press: Columbia, S.C.

Yonge, C.M., 1966: The sea shore. Collins: London.

Zaitsev, Yu.P., 1971: Marine neustonology. Israel Program sci. Translations, Jerusalem.

II. Faunen und Floren einzelner Meeresgebiete

Arndt, E.A., 1964: Tiere der Ostsee, Neue Brehm-Bücherei 328, Ziemsen: Wittenberg.

Barrett, J.H. und C.M. Yonge, 1973: Collins Pocket Guide to the sea shore. Collins: London.

Bennett, I., 1971: The Great Barrier Reef. Landsdowne: Melbourne.

Børgesen, F., 1925 — 1930: Marine algae from the Canary Islands. I. Chlorophyceae. Kgl. Danske Videnskab. Selskab. Biol. Medd. 5(3), 1—123, 1925. — II. Phaeophyceae. Ebenda 6(2), 1—112, 1926. — III. Rhodophyceae, I. Bangiales and Nemalionales, Ebenda 6(6), 1—97, 1927. — III. Rhodophyceae, II. Cryptonemiales, Gigartinales and Rhodymeniales. Ebenda 8(1), 1—97, 4 Taf., 1929. — III. Rhodophyceae, III. Ceramiales. Ebenda 9(1), 1—159, 1930.

Børgesen, F. und P. Frémy, 1936: Marine algae from the Canary Islands. IV. Cyanophyceae. Kgl. Danske Videnskab. Selskab. Biol. Medd. 12(5), 1—43.

Brohmer, P., 1955: Meeresstrand. Deutschlands Pflanzen- und Tierwelt. Quelle & Meyer: Heidelberg.

Bruce, J.R., J.S. Colman und N.S. Jones, 1963: Marine fauna of the Isle of Man and its surrounding seas. Liverpool University Press: Liverpool.

Campbell, A.C., 1977: Der Kosmos-Strandführer. Franckh: Stuttgart.

Dixon, P.S. und L.M. Irvine, 1977: Seaweeds of the British Isles, 1(1). British Museum: London.

Duncker, G. und W. Ladiges, 1960: Die Fische der Nordmark. De Gruyter: Hamburg.

Eales, N.B., 1967: The littoral fauna of the British Isles. Cambridge University Press: London.

Frémy, P., 1929—1933: Cyanophycées des côtes d'Europe. Mem. Soc. Nation. Sci. Nat. Math. Cherbourg 41, 1—233, 66 Taf. (Reprint Asher: Amsterdam 1972).

Funk, G., 1955: Beiträge zur Kenntnis der Meeresalgen von Neapel, zugleich mikrophotographischer Atlas. Pubbl. Staz. Zool. Napoli 25, Suppl., I—X, 1—178, 30 Taf.

Gams, H., 1974: Makroskopische Meeresalgen. In: H. Gams: Kleine Kryptogamenflora. G. Fischer: Stuttgart.

Gayral, P., 1966: Les algues des côtes françaises. Éd. Doin: Paris.

Gosner, K.L., 1971: Guide to identification of marine and estuarine invertebrates. Cape Hatteras to the Bay of Fundy. Wiley-Interscience: New York.

Hauck, F., 1885: Die Meeresalgen Deutschlands und Österreichs. In: L. Rabenhorst's Kryptogamen-Flora von Deutschland, Oesterreich und der Schweiz. 2. Aufl., Band 2. E. Kummer: Leipzig (Reprinted 1971: Johnson Reprint Corp.: New York, London).

Kornmann, P. und P.-H. Sahling, 1977: Meeresalgen von Helgoland. Benthische Grün-, Braun- und Rotalgen. Helgol. wiss. Meeresunters. 29, 1—289.

Kuckuck, P., 1980: Der Strandwanderer. 11. Aufl., Parey: Hamburg, Berlin.

Kylin, H., 1944: Die Rhodophyceen der schwedischen Westküste. Lunds Univ. Årsskr. N.F. Avd. 2, 40(2), 1—104, 32 Taf.

Kylin, H., 1947: Die Phaeophyceen der schwedischen Westküste. Lunds Univ. Årsskr. N.F. Avd. 2, 43(4), 1—99, 18 Taf.

Kylin, H., 1949: Die Chlorophyceen der schwedischen Westküste. Lunds Univ. Årsskr. N.F. Avd. 2, 45(4), 1—79.

Luther, W. und K. Fiedler, 1961: Die Unterwasserfauna der Mittelmeerküsten. Parey: Hamburg.

Mann, G., 1948: Biologia de la Antártica suramericana. Imprenta Universitaria: Santiago de Chile.

Möller Christensen, J., 1977: Die Fische der Nordsee. Kosmos-Feldführer. Franckh: Stuttgart.

Marine Biological Association of the United Kingdom (Hrsg.), 1957: Plymouth marine fauna. Plymouth.

Newton, L., 1931: A handbook of the British seaweeds. British Museum: London (Reprinted 1962).

Pankow, H., 1971: Algenflora der Ostsee, I. Benthos. G. Fischer: Stuttgart.

Ricketts, E.F., J. Calvin und J.W. Hedgpeth, 1968: Between Pacific tides. Stanford University Press: Stanford, California.

Riedl, R., 1963: Fauna und Flora der Adria. Ein systematischer Meeresführer für Biologen und Naturfreunde. Parey: Hamburg.

Rosenvinge, L.K.,1909–1931: The marine algae of Denmark, I. Rhodophyceae. Kgl. Danske Vid. Selsk. Skr., 7. R., Nat. Math. Afd., 7(1)–(4).

Rosenvinge, L.K. und S. Lund, 1941–1947: The marine algae of Denmark, II: I–III. Phaeophyceae. Kgl. Danske Vid. Selsk., Biol. Skr. 1(4), 2(6), 4(5).

Sauer, F., 1977: BLV Naturführer Strand + Küste. Pflanzen und Tiere nach Farbfotos bestimmen. BLV: München.

Smith, R.J. und J.T. Carlton, 1975: Intertidal invertebrates of the Central California coast. Light's Manual. University of California Press: Berkeley.

Stephenson, T.A. und A. Stephenson, 1972: Life between tidemarks on rocky shores. Freeman: San Francisco.

Stresemann, E.(Hrsg.): Exkursionsfauna von Deutschland. Band: Wirbellose I, 1957; Band: Wirbeltiere, 1955. Volk und Wissen: Berlin.

Taylor, W.R., 1960: Marine algae of the eastern tropical and subtropical coasts of the Americas. University of Michigan Press: Ann Arbor, Mich.

Terofal, F., 1978: BLV Naturführer Fische. BLV: München.

Voss, G.L., 1976: Seashore life of Florida and the Caribbean. Seemann: Miami.

Wilson, D.P., 1951: Life of the shore and shallow sea. Nicholson & Watson: London.

Zeitzschel, B. und S.A. Gerlach (Hrsg.), 1973: The biology of the Indian Ocean. Springer: Berlin.

Ziegelmeier, E., 1957: Die Muscheln (Bivalvia) der deutschen Meeresgebiete. Biologische Anstalt Helgoland: Hamburg.

—, 1966: Die Schnecken (Gastropoda Prosobranchia) der deutschen Meeresgebiete und brackigen Küstengewässer, Biologische Anstalt Helgoland: Hamburg.

III. Plankton

Brandt, K. und C. Apstein (Hrsg.), 1911–42: Nordisches Plankton. Lipsius & Tischer: Kiel, Leipzig. 8 Bände.

Conseil Permanent International pour l'Exploration de la Mer (Hrsg.): Fiches d'Identification du Zooplancton. Kopenhagen.

Drebes, G., 1974: Marines Phytoplankton. Thieme: Stuttgart.

Fraser, J., 1965: Treibende Welt. Eine Naturgeschichte des Meeresplanktons. (übersetzt von I. und G. Hempel). Verständliche Wissenschaft 85. Springer: Berlin.

Hardy, A., 1964: The open sea. The world of plankton. Collins: London.

Hickel, W., 1975: The mesozooplankton in the wadden sea of Sylt (North Sea). Helgoländer wiss. Meeresunters. 27, 254–262.

Isaacs, J.D., 1977: The life of the open sea. Nature (London) 267, 778–780.

Johnstone, J., A.L.S. Scott, H.C. Chadwick, 1924: The marine plankton. University Press: Liverpool.

Körte, F., 1966: Plankton- und Detritusuntersuchungen zwischen Island und den Färöer im Juni 1960. Kieler Meeresforsch. 22, 1–27.

Künne, C., 1952: Untersuchungen über das Großplankton in der Deutschen Bucht und im Nordsylter Wattenmeer. Helgoländer wiss. Meeresunters. 4, 1–54.

Newell, G.E. und R.C. Newell, 1977: Marine plankton. A practical guide. Hutchinson: London.

Pankow, H., 1976: Algenflora der Ostsee, II. Plankton. G. Fischer: Stuttgart.

Roger, C. und R. Grandperrin, 1976: Pelagic food webs in the tropical Pacific. Limnol. Oceanogr. 21, 731–735.

Spoel, S. van der, und A.C. Pierrot-Bults, 1980: Zoogeography and diversity in plankton. Arnold: London.

Trégouboff, G. und M. Rose, 1957: Manuel de planctonologie méditerranéenne. Centre National de la Recherche Scientifique: Paris. 2 Bände.

Wickstead, J.H., 1976: Marine zooplankton. Arnold: London.
Wimpenny, R.S., 1966: The plankton of the sea. Faber & Faber: London.

IV. Meeressäuger

Andersen, H.T. (Hrsg.), 1969: The biology of marine mammals. Acad. Press: New York.
Dozier, T.A., 1980: Wale und andere Säugetiere des Meeres. Die Welt der wilden Tiere. Christian: München.
Harrison, R.J. und J.E. King, 1980: Marine mammals. Hutchinson University Library. Hutchinson: London.
Schevill, W.E. (Hrsg.), 1974: The whale problem. A status report. Harvard University Press: Cambridge, Mass.
Slijper, E.J., 1962: Riesen des Meeres. Eine Biologie der Wale und Delphine. Verständliche Wissenschaft. Springer: Berlin.

V. Bakterien, Pilze

Breed, R.S., E.D.G. Murray und N.R. Smith, 1974: Bergey's manual of determinative bacteriology. 8. Aufl., Buchanan and Gibbons: Baltimore.
Buchner, P., 1953: Endosymbiose der Tiere mit pflanzlichen Mikroorganismen. Birkhäuser: Basel.
Daubner, J. und H. Peter, 1974: Membranfilter in der Mikrobiologie des Wassers. De Gruyter: Berlin, New York.
Fjerdingstad, E., 1980: Sulfur bacteria. STP 650. Heyden & Sohn: London.
Kriss, A.E., 1961: Meeresbiologie. Tiefseeforschung. Fischer: Jena.
Kriss, A.E., 1963: Marine microbiology (deep sea). Oliver & Boyd: London.
Loutit, M.W. und J.A.R. Miles (Hrsgb.), 1978: Microbial ecology. Springer: Berlin, Heidelberg, New York.
Rheinheimer, G., 1975: Mikrobiologie der Gewässer. 2. Aufl. Fischer: Stuttgart.
Rheinheimer, G., 1977: Microbial ecology of a brackish water environment. Springer: Berlin, Heidelberg, New York.
Rodina, A.G., 1972: Methods in aquatic microbiology. London.
Seki, H., 1974: Petroleumlytic bacteria in different watermasses of the Pacific Ocean in January 1973. La Mer, 12(1), 16–19.
Wood, E.J.F., 1965: Marine microbial ecology. Rheinhold Publ. Comp.: New York und Chapman and Hall Ltd.: London.
ZoBell, C.E., 1946: Marine microbiology. Verdon: Waltham, Mass.
ZoBell, C.E. und H.C. Upham, 1944: A list of marine bacteria including descriptions of sixty new species. Bull. Scripps Inst. Oceanogr., 5, 239–292.
ZoBell, C.E. und R.Y. Morita, 1959: Deep-sea bacteria. Galathea Report, Kopenhagen, 1, 139–154.

VI. Marine Biogeographie

Briggs, J.C., 1974: Marine zoogeography. MacGraw-Hill: New York.
Dawson, E.Y., 1960: A review of the ecology, distribution, and affinities of the benthic flora. Symp. Biogeogr. Baja California and adjacent Seas, II. Syst. Zool. 9, 93–100.
Ekman, S., 1935: Tiergeographie des Meeres. Akad. Verlagsgesellschaft: Leipzig.
–, 1953: Zoogeography of the sea. Sidgwick & Jackson: London.
Hoek, C. van den, 1979: The phytogeography of *Cladophora* (Cladophoraceae) in the northern Atlantic Ocean, in comparison to the other benthic algal species. Helgoländer wiss. Meeresunters. 32, 374–393.
Knox, G.A., 1960: Littoral ecology and biogeography of the Southern Oceans. Proc. roy. Soc., Ser. B, 152, 577–624.
Müller, P., 1980: Biogeographie. Uni-Taschenbücher 731. Ulmer: Stuttgart.

Anschriften meeresbiologischer Forschungs-einrichtungen

Die Meeresbiologie ist in besonderem Maße eine internationale Wissenschaft. Die folgenden Anschriften sollen dem Interessierten eine erste Kontaktaufnahme erleichtern. Die Liste ist nur eine kleine Auswahl aus der großen Anzahl marinbiologischer Forschungseinrichtungen und enthält überwiegend an den Küsten gelegene Stationen. Meeresbiologische Forschungsarbeiten werden auch an vielen staatlichen und Universitäts-Instituten im Binnenland durchgeführt, Spezialisten für marine Organismen sind an zahlreichen Museen tätig. Ein umfassendes Verzeichnis meeresbiologisch tätiger Wissenschaftler („International Directory of Marine Scientists") wird von der FAO herausgegeben (Anschrift siehe „Internationale Organisationen").

Antillen

Caribbean Marine Biological Institute
Pescadera Bay
P.O.Box 2090
Curaçao

Argentinien

Centro de Investigación de Biología Marina
Libertad 1235
Buenos Aires

Instituto Antártico Argentino
Cerrito 1248
Buenos Aires

Instituto de Biología Marina
Casilla
Playa Grande, Mar del Plata

Australien

Australian Institute of Marine Science
P.O.Box 1104
Townsville, Qld. 4810

Heron Island Research Station
University of Queensland,
Heron Island via Gladstone, Qld. 4680

Western Australian Museum
Francis Street
Perth, W.A. 6000

Bermudas

Bermuda Biological Station for Research, Inc.
St. George's 1—15

Brasilien

Laboratorio de Ciências do Mar
Universidade Federal do Ceará
Av. Abolição 3207
Fortaleza, Ceará

Base de Pesquisa Cananeia
Av. Prof. Wladimir Besnard
Cananeia, São Paulo

Fundação Universidade do Rio Grande
R. Luiz Lorea 261
Rio Grande, 96200 RS

Canada

Bamfield Marine Station
Bamfield, B.C. VOR 1 BO

Institute of Ocean Science
1230 Government Street
Victoria, B.C. V8W 1Y4

Pacific Biological Station
P.O.Box 100
Nanaimo, B.C. V9R 5K6

Pacific Environment Institute
4160 Marine Drive
West Vancouver, B.C. V7V 1N6

Department of Biology
Dalhousie University
Halifax, Nova Scotia B3H 4J1

Biological Station
St. Andrews, New Brunswick EOG 2XO

Biological Station
St. John's, Newfoundland A1C 1A1

Marine Sciences Research Laboratory
Memorial University of Newfoundland
St. John's, Newfoundland A1C 5S7

Chile

Departamento de Pesquerías
Universidad del Norte
Casilla 1287
Antofagasta

Departamento de Oceanología
Universidad de Chile
Casilla 13-D
Viña del Mar
(mit Estación de Biología Marina MONTEMAR)

Instituto Central de Biología
Universidad de Concepción
Casilla 1367
Concepción

Instituto de Zoología
Universidad Austral de Chile
Casilla 567
Valdivia
(mit Laboratorio Costero, Mehuín)

Colombia

Centro de Investigaciones Marinas
INDERENA
Apartado Aéreo 2459
Cartagena

Instituto de Investigaciones Marinas de Punta de
Betín
Apartado Aéreo 1016
Santa Marta, Magd.

Dänemark

Danmarks Fiskeri- og Havundersogelser
Charlottenlund Slot
2920 Charlottenlund

Marinbiologisk Laboratorium
University of Copenhagen
Strandpromenaden
3000 Helsingör

Universitets Zoologiske Museum
Universitetsparken 15
2100 Copenhagen Ø

Deutschland

a) Bundesrepublik Deutschland

Biologische Anstalt Helgoland
Notkestr. 31
2000 Hamburg 52
(mit Meeresstation Helgoland und Litoralstation
List/Sylt)

Bundesforschungsanstalt für Fischerei
Palmaille 9
2000 Hamburg 50

Institut für Meereskunde
Heimhuderstr. 71
2000 Hamburg 13

Institut für Hydrobiologie und
Fischereiwissenschaft
Königstr. 16 A
2000 Hamburg 50

Institut für Meereskunde
Düsternbrooker Weg 20
2300 Kiel

Institut für Vogelforschung, Inselstation
Postfach 1220
2192 Helgoland

Institut für Vogelforschung
Vogelwarte Helgoland
2940 Wilhelmshaven

Institut für Meeresgeologie und Meeresbiologie
Senckenberg
Schleusenstr. 39 A
2940 Wilhelmshaven

Institut für Meeresforschung
Am Handelshafen 12
2850 Bremerhaven

Alfred-Wegener-Institut für
Polarforschung
Columbus-Center
2850 Bremerhaven

Forschungsstelle für Insel- und Küstenschutz
An der Mühle 5
2982 Norderney

b) Deutsche Demokratische Republik

Institut für Meereskunde
Akademie der Wissenschaften der DDR
253 Rostock — Warnemünde

Institut für Hochseefischerei und
Fischverarbeitung
2500 Rostock — Marienehe

Sektion Biologie
Wilhelm-Pieck-Universität
Wismarsche Str. 8
2500 Rostock

Biologische Forschungsanstalt Hiddensee
2346 Kloster

Frankreich

Station Biologique de Roscoff
Université de Paris VI
29211 Roscoff

Laboratoire de Biologie Marine
Collège de France
B.P. 38
29180 Concarneau

Institut de Biologie Marine
Université de Bordeaux
2 Rue de Professeur Jolyet
33120 Arcachon

Station Marine d'Endoume
Rue de la Batterie des Lions
13007 Marseille

Laboratoire Arago
Université de Paris VI
66650 Banyuls-sur-Mer

Station Zoologique
Université de Paris VI
06230 Villefranche-sur-Mer

Griechenland

Institut Hellénique d'Hydrobiologie,
Batassi Str. 51,
Piraeus

Großbritannien

Marine Biological Association of the U.K.
The Laboratory
Citadel Hill
Plymouth, Devon PL1 2PB

Fisheries Laboratory
Lowestoft, Suffolk NR33 OHT

Marine Laboratory
P.O.Box 101
Aberdeen AB9 8DB

Dunstaffnage Marine Research Station
P.O.Box 3
Oban, Argyll PA34 4AD

Marine Science Laboratories
Menai Bridge, Anglesey, N. Wales

University Marine Biological Station Millport
Isle of Cumbrae KA28 OEG

Marine Biological Laboratory
Port Erin, Isle of Man

Indien

Central Marine Fisheries Research Substation
Waltair, Vishakhapatnam 530003

Central Marine Fisheries Research Institute
Mandapom Camp, Madras State

Indonesien

Marine Fisheries Research Institute
Jalan Kerapu 12
Sunda Kelapa, Jakarta

Department of Biology
Bandung Institute of Technology
Jalan Ganesha 10
Bandung

Israel

Heinz Steinitz Marine Biology Laboratory
Eilat

Japan

Algae Research Institute
Muroran, Hokkaido

Tohoku Regional Fisheries Research Laboratory
Niihama-cho 3
Shiogama, Miyagi 985

Japan Sea Regional Fisheries Research
Laboratory
Hamaura, Nishifunami-cho
Niigata 951

Seto Marine Biological Station
Shirahama-cho
Wakayama 649—22

Ocean Research Institute
1-15-1 Minamidai, Nakano-ku
Tokyo 164

Misaki Marine Biological Station
Misaki, Kanagawa 238—02

National Pearl Oyster Research Laboratory
Kashikojima, Mie-ken

Faculty of Fisheries
Nagasaki University
Bunkyo-machi 1—14
Nagasaki 852

Fisheries University of Shimonoseki
Yoshimi
Shimonoseki-shi, Yamaguchi 759—65

Hiroshima Prefectural Fisheries Experimental
Station
Tomokura, Ondo-cho
Aki-gun, Hiroshima 737–12

Faculty of Fisheries
Kagoshima University
Kagoshima 890

Kanada s. Canada

Kolumbien s. Colombia

Malaysia

Marine Fisheries Research Department
Changi Fisheries Complex
300-C Nicoll Drive
Singapore 17

Fisheries Research Institute
Calthrop Road
Clugor, Penang

Mexiko

Instituto Nacional de Pesca
Ap. Postal 1306
Ensenada, B.C.

Monaco

Centre Scientifique de Monaco
16 Boulevard de Suisse
Monaco

Neuseeland

N.Z. Oceanographic Institute
P.O.Box 12–346
Wellington North

Department of Zoology
Private Bag
Auckland

Department of Zoology
Private Bag
Christchurch

Niederlande

Netherlands Institute for Sea Research
P.O.Box 59
Texel

Nigeria

Nigerian Institute for Oceanography and Marine
Research
Victoria Island
P.M.B. 12729
Lagos

Norwegen

Fiskeridirektoratets Havforskningsinstitutt
P.O.Box 2906
5011 Bergen Nordness

Marinbiologisk Stasjon
Universitetet i Tromsö
9000 Tromsö

Polen

Morski Instytut Rybacki
P.O.Box 184
81–345 Gdynia

Rumänien

Institutul Roman de Cercetari Marine
Bulevardul Lenin 300
Constanta

Schweden

Kristineberg Marine Biological Station
450 34 Fiskebackskil

Institute of Marine Research
453 00 Lysekil

Sierra Leone

Institute of Marine Biology and Oceanography
Fourah Bay College
Freetown

Spanien

Instituto Español de Oceanografía,
Alcalá 27–4,
Madrid 14
(mit 6 Außenstationen)

Laboratorio del Noroeste
Apartado 130
La Coruña

Laboratorio de Santander
Lealtad 13
Santander

Laboratorio de Baleares
Apartado 291
Palma de Mallorca

Südafrika

National Research Institute for Oceanology
P.O.Box 320
Stellenbosch 7600

Department of Industries
Sea Fisheries Branch
P.O.Box 251
Cape Town 8000

Oceanographic Research Institute
P.O.Box 736
Durban 4000

Thailand

Phuket Marine Biological Center
P.O.Box 200
Phuket

Türkei

Hidrobiyoloji Arastirma Enstitusu Direktorlugu
Istanbul Universitesi
Istanbul

UdSSR

Arctic and Antarctic Research Institute
34 Fontanka
Leningrad D-104, 192 104

Knipovitch Polar Research Institute of Marine
Fisheries and Oceanography
6 Knipovitch Street
Murmansk 183 038

Alexander Kovalevsky Institute of Biology of
Southern Seas
2 Nakhimov Prospekt
Sevastopol 335 000

Institute of Marine Biology
159 Stoletia Vladivostoka Prospekt
Vladivostok 690 022

USA

Friday Harbor Laboratories
Friday Harbor, Wash. 98250

Marine Science Institute
University of California
Santa Barbara, Calif. 93106

Scripps Institution of Oceanography
University of California
La Jolla, Calif. 92093

Gulf Coast Research Laboratory
Ocean Springs, Miss. 39564

Department of Marine Science
University of South Florida
Tampa, Florida 33620

Institute of Marine Science
University of North Carolina
Chapel Hill, N.C. 27514

Virginia Institute of Marine Science
Gloucester Point, Virg. 23062

Woods Hole Oceanographic Institution
Woods Hole, Mass. 02543

Smithsonian Tropical Research Institute
Balboa, Canal Zone 92661

Hawaii Institute of Marine Biology
University of Hawaii
Honolulu, Hawaii 96822

Venezuela

Instituto Oceanográfico
Universidad de Oriente
Apartado Postal 94
Cumaná

Internationale Organisationen

FAO-UN Fishery Resources and Environment
Division
Viale Terme di Caracalla
00100 Roma

IOC-UNESCO
7 Place de Fontenoy
75007 Paris

International Council for the Exploration of the
Sea
Charlottenlund Slot
2920 Charlottenlund, Dänemark

International Whaling Commission
Great Westminster House
Horseferry Road
London, S.W. 1P 2AE

International Commission for the Conservation
of Atlantic Tunas
General Mola 17
Madrid 1

International Commission for the Northwest
Atlantic Fisheries
800 Windmill Road
Dartmouth, N.S. B2Y 3Y9, Canada

International North Pacific Fisheries Commission
6640 N.W. Marine Drive
Vancouver, B.C. V6T 1X2, Canada

International Pacific Halibut Commission
P.O.Box 5009
Seattle, Wash. 98105, USA

International Pacific Salmon Fisheries
Commission
P.O.Box 30
New Westminster, B.C. V3L 4X9, Canada

Inter-American Tropical Tuna Commission
c/o Scripps Institution of Oceanography
La Jolla, Calif. 92037

Verzeichnis der wissenschaftlichen Namen

Halbfette Ziffern beziehen sich auf Bildnummern

Verzeichnis der deutschen Namen

Sachwortverzeichnis